まちづくり
デザインの
プロセス

Process of Urban Design

日本建築学会
Architectural Institute of Japan

まえがき

　「まちづくり」という語が一般化して、みずからの「まち」について考えることがより身近になってきている。「まち」の主役は、改めて言うまでもなく、そこに住み、そこで働き、そこを訪れる市民であり、将来、どんな「まち」にしたいかを考えるのは、それら市民の権利であり、また義務でもある。これまでは、行政がブラックボックスの中でやってきた「都市計画」はこの20年ほどで大きく変貌を遂げ、市民がみんなで一緒に考える時代になってきたのである。

　この『まちづくりデザインのプロセス』は、市民が主体的にまちづくりを進めるプロセスを想定して、調査から実現のシナリオづくりや空間づくりまでを一貫して解説するものである。もちろん、その中にはこれまでの多くのトライ＆エラーを通じて確立してきたワークショップ手法などの各種技術も盛り込んである。対象とする読者は、将来「まち」「まちづくり」をリードするであろう大学や大学院で都市デザイン・まちづくりを学ぶ学生（理系・文系を問わず）が中心である。しかし、「まち」で活動する市民の方々やそれをサポートする行政職員やNPO、コンサルタントなどにも大いに役立つと考えているので、ぜひそうした方々にも一読していただきたい。

　『まちづくりデザインのプロセス』がデザインの対象としている「まち」は、私たちの生活の場としての身近な近隣のスケールである。具体的には、○町△丁目ぐらいまでの範囲、せいぜい数千㎡～数ha程度までの範囲であり、日常生活の中での行動範囲と一致する。こうした身近なスケールの生活空間を、人々がより楽しくいきいきと活動し、快適に住み続けることのできる空間にすることが「まちづくり」である。そして、単に将来の夢を語り合うだけではなく、その将来像を描き、その将来像を実現するシナリオをつくり、みんなで合意することまでが「まちづくりデザイン」である。

　本書で学んだ学生諸君が、将来、コンサルタントやNPOなどのまちづくりのプロとして、あるいはまちで暮らす一市民として、その知識や技術を生かしながら、率先してまちづくりをリードする役を担っていってほしいと願っている。

2004年12月

日本建築学会

本書の構成と使い方

　本書は、目次を見ておわかりのとおり、まちづくりの手順に応じた5つのプロセス（Process 1〜5）と、それらを横断的に、かつ実例を紹介しながら解説した実践編（Studio & Practice、Communication & Presentation）で構成されている。
　以下に、それぞれのプロセスの概要を解説する。

□Process 1　まちを調べる
　まちを多角的な視点から調べてみる。現地調査、資料調査、既存計画のレビューなどを通して、現在そのまちが置かれている状況を把握する。

□Process 2　まちを分析・評価する
　Process 1で調べた内容をもとに、さまざまな情報を解きほぐして整理したり、あるいは重ね合わせて新たな情報をつくったりして分析を進める。分析結果をもとに、良い点・悪い点など、評価を含めて整理し、将来像の提案につながるキーワードを抽出する。

□Process 3　まちの将来像を構想する
　Process 2までの成果を踏まえて、さらに人口や土地利用などのまちの諸元の将来フレームを設定し、マスタープランをつくっていく。

□Process 4　まちの空間をデザインする
　まちを構成する各要素や、ポイントとなる空間をどのようにデザインしていくか。Process 3で描いたマスタープランを具体化するための絵を描く。

□Process 5　まちづくりのルールをつくる
　Process 4までで描いた将来の姿をいかに実現していくのか。将来像を実現する主体（組織）や、将来像へ誘導するための種々のルールを作成してみる。

◇Studio & Practice　まちづくりを実践しよう
　実践事例をProcess 1〜5と照らし合わせて紹介する。ここまで各Process毎に概念的に説明してきたものを、より具体的なものとして理解していく。

◇Communication & Presentation　コミュニケーションの手法
　調査結果も、将来像の提案も、相互に自分の意見を交換しながら、合意を形成していかなければならない。また、合意された結果を、的確に第三者に伝えることも実現に向けて必要となる。そうしたさまざまな段階・場面で、人に伝えるテクニックを学ぶ。

　本書は必ずしも最初から最後まですべてを読み通して、この順序の通りに実践してみる必要はない。大学であれば課題の内容に応じて、自治体職員や市民が使う場合には必要な部分を抜粋して用いれば良い。ただし、本書は単なる読み物ではないので、これを参考に体を動かし、手を動かし、口を動かし、五感を働かせながら、実践してみることによって成果が得られる。実践してみて、わからないことが出てきたら、また本書を開き、本書で不足する部分は紹介されている参考文献にもぜひ当たってみてほしい。また、本書では触れられないが、各段階で適宜フィードバックし、行きつ戻りつしながら作業を進める姿勢を持ってもらいたい。
　以下に、参考として本書の使用例をあげておく。

使用例1：まちの現状を診断する（Process 1＋2）
　まちを知り、将来像を考えていく前段階として、調査・分析・評価を行う。生活の場としてのまちに意識を向け、その良さや問題点を再認識する。建築を学ぶ学生にとっては、ひとつの敷地が周辺との関係の中で存在していることが理解できるであろう。
　［想定される成果］まちの資源マップ作成、まち探検の報告
　　　　　　　　　会開催　など

使用例2：まちの将来像を描く（Process 1＋2＋3）
　まちの現状を診断し、その良さや問題点を把握した上で、将来像を描いてみる。10年後、20年後、あるいは50年、100年後にどのようなまちになっていてほしいのか。設定する時間の長さに応じた実現可能性をも考慮して、将来のよりよいまちの姿を描き出す。
　［想定される成果］地区マスタープランの作成、行政へ案
　　　　　　　　　の提起・働きかけ　など

使用例3：マスタープランを実現段階に進める（Process（3）＋4＋5）
　既につくられている都市計画マスタープランを、実現に向けて進める提案を作成する。マスタープランの作成にあたっては、十分な調査に基づき市民参加の議論を経ているので、Process 3まで進んでいると考えられる。
　したがって、これを実現するためには、このマスタープランをどのようなルールに落とし込んでいくか、どんなプロジェクトを立ち上げるか、などについて議論を深め、より具体的な提案としてまとめていく。
　［想定される成果］地区計画の策定、協定の締結、公園な
　　　　　　　　　どの公共空間の設計　など

使用例4：事例から学ぶ（Studio & Practice）
　まだ具体的なフィールドがないとき、自分のまちを動かしたいけれども動きそうにない場合、全体を通読するのも一案であるが、紹介されているさまざまな事例から多くを学ぶことができる。自分のまちでは何ができそうか、などの視点で見てみるとおもしろい。

CONTENTS 目次

■Process 1　まちを調べる

1-1 まち歩きの準備をする ………………………………… 8
1-2 現地で調べる………………………………………… 10
1-3 歴史を読みとる……………………………………… 12
1-4 統計資料などを調べる……………………………… 14
1-5 規制内容・既存計画を知る ………………………… 16

■Process 2　まちを分析・評価する

2-1 調査結果を整理・加工する ………………………… 22
2-2 まちを分析する……………………………………… 24
2-3 まちの現状を評価する……………………………… 28
2-4 まちづくりのテーマをまとめる ……………………… 30

■Process 3　まちの将来像を構想する

3-1 人口と土地利用の将来フレームを設定する………………… 34
3-2 マスタープランをつくる ……………………………… 36
3-3 まちの将来像を空間概念図にまとめる……………………… 38

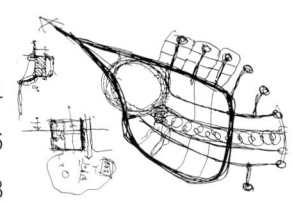

■Process 4　まちの空間をデザインする

4-1 機能の配置と交通動線を計画する………………………… 42
4-2 地区の構造やパタンを計画する……………………… 44
4-3 街区の形態と空間像をデザインする………………… 46
4-4 まちなみ景観をデザインする………………………… 48
4-5 にぎわう空間をつくり出す…………………………… 50
4-6 公園をデザインする………………………………… 52

■Process 5　まちづくりのルールをつくる

- 5-1 まちづくりを担う組織と仕組みをつくる …………………56
- 5-2 計画からルールへ展開する…………………58
- 5-3 デザインガイドラインをつくる…………………60
- 5-4 まちづくりの協定をつくる …………………62
- 5-5 地区計画をつくる…………………64

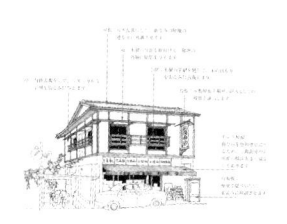

■Studio & Practice　まちづくりを実践しよう

- S-1 まちづくりを実践しよう …………………70
- S-2 商店街のリノベーションとにぎわい景観を
   デザインする …………………72
- S-3 住民・利用者参加でコミュニティの公園を
   デザインする …………………76
- S-4 地域文化を反映させた街路環境と景観を
   デザインする …………………80
- S-5 シャレット・ワークショップで
   歴史的まちなみの修復を図る …………………84
- S-6 歴史的建築の保全・再生により
   地域交流館をデザインする …………………88
- S-7 都心居住を促進するために更新のプロセスを
   シミュレートする …………………92
- S-8 都市の将来ビジョン具体化のために
   戦略的なデザインを考える …………………96
- S-9 シャレット・ワークショップにより
   環境改善の提案をする …………………100
- S-10 計画のプロセスをスケッチで記録する …………………106

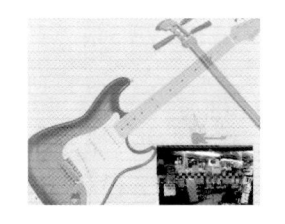

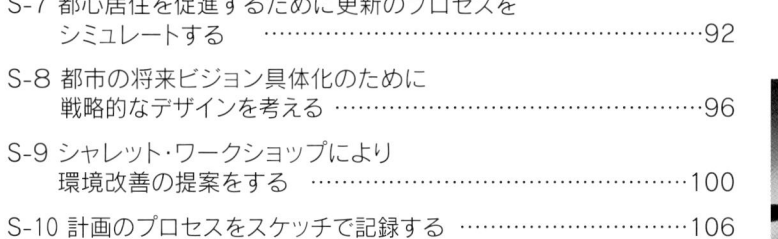

■Communication & Presentation　コミュニケーションの手法

- C-1 図面で表現する／口頭で発表する …………………112
- C-2 模型のシミュレーションを活用する …………………116
- C-3 VRシミュレーションを活用する …………………118
- C-4 WEBを活用する…………………120

■Appendix　さまざまなグラフィックの事例…………122

Process 1
まちを調べる

- 1-1 まち歩きの準備をする
- 1-2 現地で調べる
- 1-3 歴史を読みとる
- 1-4 統計資料などを調べる
- 1-5 規制内容・既存計画を知る

Process 2
まちを分析・評価する

Process 3
まちの将来像を構想する

Process 4
まちの空間をデザインする

Process 5
まちづくりのルールをつくる

Studio & Practice
まちづくりを実践しよう

Communication & Presentation
コミュニケーションの手法

1-1. まち歩きの準備をする

■まち歩きに出かける前に（準備）

　まちを調査するには、何の準備もなしにそのまちを訪ねても、あまり成果は期待できない。持ち物の準備はもちろんのこと、あらかじめ地図からまちの状況を読みとったり、グループで調査をしたりする場合には、それぞれの役割分担を決めておくなどの準備が必要である。時間が許せば、とりあえず現地に行って自らの感覚でまちを捉え、その後ここで述べる準備をして調査を実施する方法もある。

■地図を読みとる

　地区スケールでの作業に用いる地図は、一般には1／2,500地形図を使う。その他に、住宅地図や他のスケールの地図（例えば1／10,000など）も市販されており、こうしたものもあると便利である。

　1／2,500地形図では、建築物の外形線、道路、公園、大きな樹木、田畑、標高などが記されており、この地形図を丹念に読みとるだけでも、かなりの情報を得ることができる。住宅地図からは、建物用途や階数を知ることができる。また、1／10,000地形図は、1／2,500地形図からはわからない広い範囲の中での対象地区の位置づけを知るのに役立つ。いずれの地図もある一時点のものであり、現場に行って建替更新さ

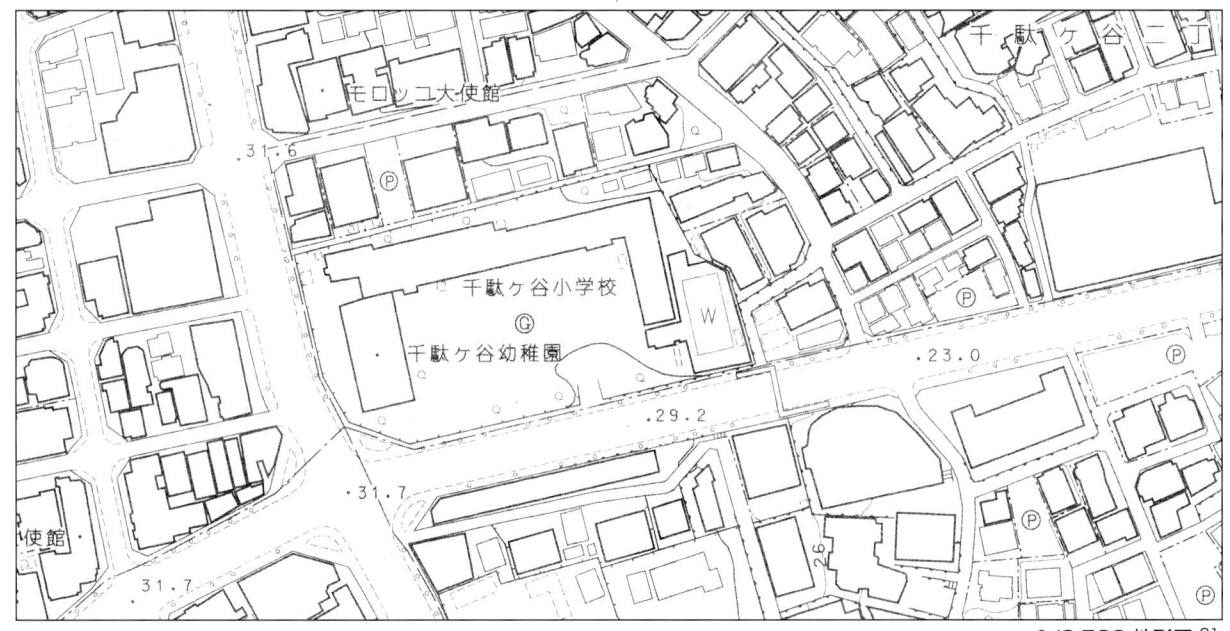

1/2,500 地形図 01

住宅地図（1/2,000） 02

1/10,000 地形図 03

| PROCESS-1 まちを調べる | PROCESS-2 | PROCESS-3 | PROCESS-4 | PROCESS-5 | Studio & Practice | Communication & Presentation |

れている建物などを見つけた際には更新しておく。近年は、デジタル・マップも普及してきているので、適宜、目的や環境に合わせて利用する。

■**現地調査に必要な道具を用意する**

準備の一環として、持ち物をチェックしてみる。

地図はそれだけで持ち歩くと書き込むのに不便なので、画板に挟み込んで持ち歩く。筆記具は、何色かのペン（4色ボールペンは1本で4倍使えて便利）で、得られた情報を幾つかのカテゴリーに分類して、色で区別しておくとわかりやすい。例えば、良い点、悪い点、どちらにも取れる点のように大まかに分けて記録する。

調査の段階で、地図は汚くなってかまわないので、大いに汚してみよう。

長さを測る道具もあると良い。道路の幅員や建物の部分など必要な寸法を測定しておく。最近では赤外線などで瞬時に測定できる便利な機器も市販されている。

カメラや録音機器（テープレコーダー、ICレコーダーなど）も必要である。ただし、写真・録音に頼らず、みずからが現地で感じ取ったことを自分の言葉やスケッチで書き留めることのほうが重要であり、これらの機器に頼りすぎるのは禁物である。

グループで調査する
考えたことをその場で議論しながら歩く。発見したことはその場で記録する。

計測してみる
道幅や塀の高さなど、気になったところは実測する。

調査に行くときの装備

- かばんは手に持たず肩掛けに
- 歩きやすい靴
- 暑さ、雨への対策も忘れずに

調査の7つ道具

画板
地図のサイズにもよるが、A4版が扱いやすい。

4色ボールペン
書く内容と色との対応はあらかじめ決めておく。

カメラ
種類は何でも可。デジタルだと後の加工が容易。

付せん紙
地図に書ききれない情報を書き込む。これも内容と色との対応を決めておく。

録音装置
ヒアリングに用いても良いし、自分の声のメモとしても使える。

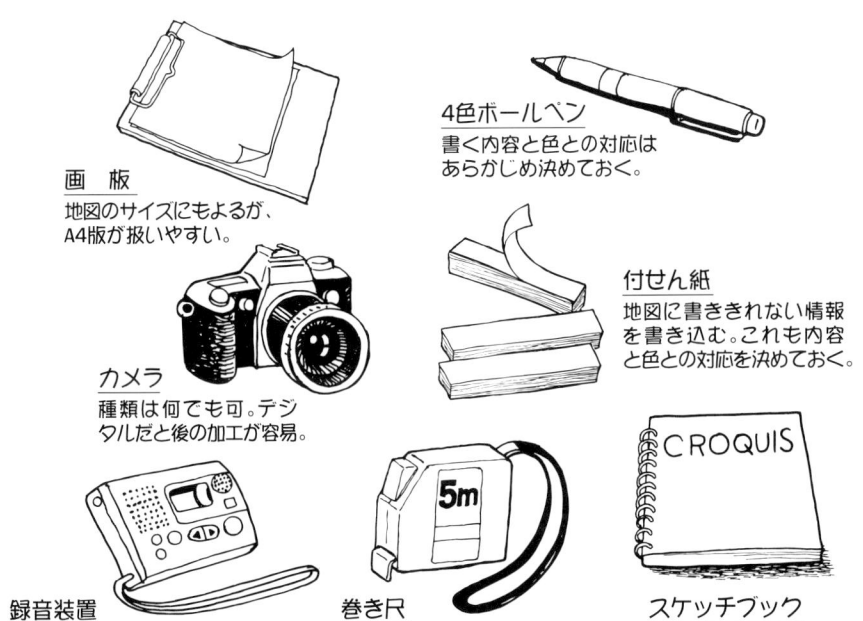

巻尺
5m前後のものが便利。道路幅員などの計測に使う。

スケッチブック
基本的に地図に書き込むが、持っていると便利。

1-2. 現地で調べる

　調査する内容は、検討しようとしている将来像や計画の内容によって異なるが、まちづくりに必要な基礎情報は非常に多岐にわたる。こうした項目をフィールド調査やヒアリング・アンケート調査、次の項目の資料調査から、できるだけ網羅的に調べていき、まちの状況を多角的に把握する。

　また、調査するときには、単に来街者としての視点からだけではなく、さまざまな立場でまちにかかわる人の視点を持って、さらにその人々のかかわり方に応じて、調査をし、考察してみる。

■フィールド調査

　現地で何にポイントをおいて調べるかは、事前によく考えておくべきである。調査に使う時間にもよるが、まず全体を見て回って、それから地区別にあるいは注目すべき部分を詳細に調査してみる方法や、グループの中で手分けして全体を詳細に調査する方法などがある。グループで手分けした場合には、調査の後でお互いに調査結果を説明しあい、自分が調査しなかった部分もよく理解しておく。一部分を見ただけで全体を判断することはできる限り避ける。

　注目する視点としては、物的な側面と非物的な側面

自然軸	空間軸	生活軸	歴史軸
地形 □地形上の位置 □土地の起伏 □地形の変遷 □地形の特徴	**道路** □幹線道路の構成 □道路網のまとまり □道路網の変遷 □道路網の特徴	**ひと** □地域住民の様相 □人の流れ □対象地への接近路 □人口等の変遷	**地域の歴史** □文献資料 □同一スケールの古地図
水 □水辺の位置 □水辺の形状 □水辺の変遷 □水辺の特徴	**建物** □建物群のまとまり □立面と断面の連なり □建物群の変遷 □建物群の特徴	**もの** □生活関連施設の分布 □表出した生活道具 等 □土地利用の変遷	**景観要素の変遷** □水辺の変遷 □緑地の変遷 □道路網の変遷 □市街地の変遷
緑 □緑の位置 □緑の分布 □緑の種類と形状 □緑の変遷 □緑の特徴	**空地** □空地の分布 □空地の断面 □空地の変遷 □空地の特徴	**こと** □日常的な活動 □非日常的な活動 □まちづくりの動き	**空間構造の変遷** □かつての空間構造 □空間タイプの変遷 □将来の空間構造
自然景観の特徴 □水と緑の位置関係 □水と緑と対象地の位置関係 □自然景観の特徴 □自然生態系や気候 等	**空間構造の特徴** □「自然軸」との重ね合わせ □平面的なまとまり □立体的な特徴	**生活風景の特徴** □生活空間のまとまり □生活動線の特徴 □特徴的な生活風景	**土地と施設の歴史** □土地と施設の歴史 □施設の歴史変遷 □過去の姿

調査する項目チェックリスト 04

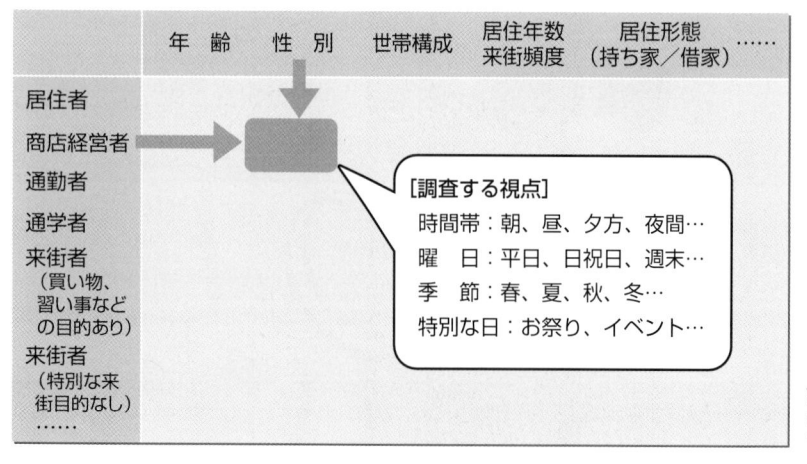

	年齢	性別	世帯構成	居住年数 来街頻度	居住形態 （持ち家／借家）	……
居住者						
商店経営者						
通勤者						
通学者						
来街者 （買い物、 習い事などの目的あり）						
来街者 （特別な来街目的なし） ……						

[調査する視点]
時間帯：朝、昼、夕方、夜間…
曜　日：平日、日祝日、週末…
季　節：春、夏、秋、冬…
特別な日：お祭り、イベント…

まちにかかわるさまざまな人々とそのかかわり方
まちとの関わり方の違いによって、まちの感じ方や、まちに対する考え方が異なる。

| PROCESS-1 まちを調べる | PROCESS-2 | PROCESS-3 | PROCESS-4 | PROCESS-5 | Studio & Practice | Communication & Presentation |

とにおおまかに分け、物的な側面としては、建築物の状況（道路沿いのファサード（建物壁面）のデザイン、建物の構造や老朽度、高さ、密度、建物用途など）、道路の状況（幅員、歩道の有無、ネットワーク構造など）、公園や緑道の整備状況、敷地内の建物位置や緑化の状況など、非物的な側面としては、車の流れや人々の活動の様子、交通規制、お祭りなどの年中行事などがあげられる。特に非物的なまちの様子は、季節や曜日、時間帯によって異なり、そこからまちの特徴を導き出すこともできるので、さまざまなシチュエーションで何回も足を運ぶことをお勧めする。

■ヒアリング・アンケート調査

　事情が許せば、ヒアリングやアンケート調査を実施する。そのまちに長くかかわっている方々からの話は、現地調査や資料調査以上の価値がある。アンケート調査を実施する場合には、その目的を明確にし、アンケート項目の精査や回答者の選び方など、有効な結果を得られるように十分な準備をしてから実施する。

　ヒアリングもアンケートも、その対象者・回答者がそのまちでどのような立場にあるかを把握し、偏った情報のみを得て、そこから間違った判断をしないように気を付けよう。

商店街
- 店の種類・業態は？
- 古くからある店か？
- お客さんの層はどうか？
- 連続性はあるか？
- わかりやすいサインは設置されているか？
- 住宅・オフィスと商店の混ざり度合いはどうか？

車道
- 幅員は？
- 交通量はどのくらい？
- どんな種類の車両が多いか？
- 路上駐車の状況は？

建築物
- 何階建て、高さ何mくらいか？
- 壁面線や高さは揃っているか？
- 構造は？
- 道路幅員との比（D/H）は？

景観
- 商店街の正面には何が見えるか？ランドマークはあるか？
- 商店街の景観はどうか？
- 電柱・電線の様子はどうか？

裏の敷地との関係
- 建築物の高さの関係は？
- 裏の建築物の日照条件はどうか？
- 騒音などはどうか？
- 商店街から裏側に行く通路はあるのか？

歩道
- 幅員は？ベビーカーや車いすも通れるか？
- 車道との境界は？
- 歩行を邪魔するもの（放置自転車・看板など）は？
- どんな人が歩いているか？

商店街（地区内幹線道路）を見るときの着眼点

建築物
- 住宅は一戸建てか、集合住宅か？
- 建築されてどのくらい経っているか？
- 構造は何か？
- 敷地と建築物の関係に余裕はあるか？

道路
- 幅員は？
- 交通量はどのくらい？
- 通過交通はあるのか？
- 各住宅の駐車場は？

植栽
- 庭はどのくらいの広さか？
- 植栽はどのくらいのボリューム・高さがあるか？
- 緑視率はどのくらい？

塀・生垣
- ブロック塀か、生垣か？
- 高さはどのくらいか？
- 空き巣などに狙われなさそうか？

住宅地（細街路）を見るときの着眼点

1-3. 歴史を読みとる

■古地図・歴史の文献を調べる

　まちの現在の性格を把握したり、これからのビジョンを検討したりするときには、まちの形成過程を知ることも必要となる。まちの現状の姿が、いつごろどのような理由ででき上がったのかを知ることで、まちの問題点解決の糸口をつかむことができたり、まちを活性化するための資源を発見できたりする可能性があるからである。

　古地図は、図書館や資料館などで閲覧できる。しかし、中世における詳細な地図がある都市はごく一部に限られている。江戸時代には、洛中洛外図や屏風絵のようににぎわいや生活風景を描いた図や、城下町の土地利用区分（武家地、町人地、寺社地など）を示した地図が描かれた。江戸の沽券絵図は、権力者である江戸町奉行所が名主に作成させた町割りおよび屋敷割りを示した地図で、屋敷の間口・奥行きや値段、所有者などを把握したものである。また、明治時代に作成された内務省による五千分壱実測図は、近代国家としての土台となったものである。

　古地図を調べるときには、作成された背景や時代状況を捉え、欠落している情報を適宜補いながら、現在の地図と重ね合わせて検討してみる。

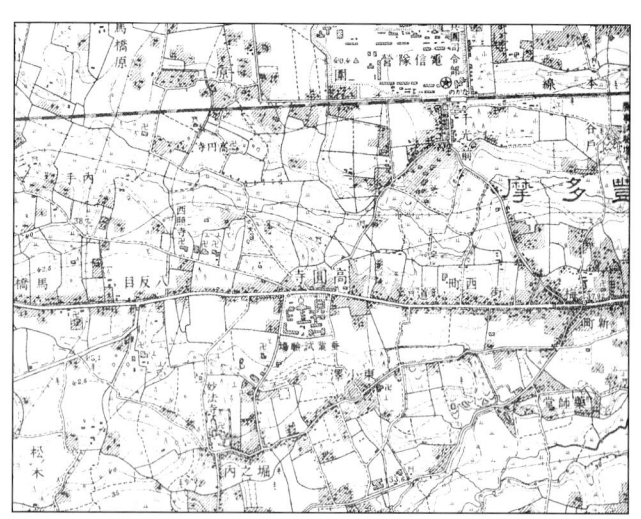

明治期（明治13-14年）

大正期（大正5-6年）

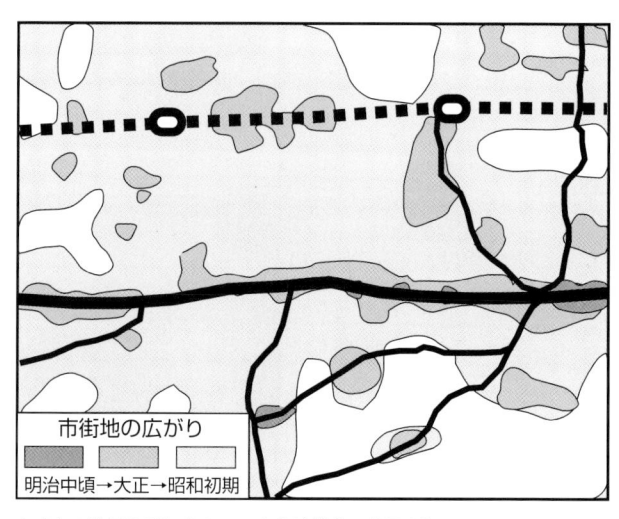

昭和初期（昭和7年）

3時点の地図を重ね合わせて市街地拡大の様子を知る

市街地の広がり
明治中頃→大正→昭和初期

古い地図を手がかりに市街地の変化を知る（東京都中野区・杉並区の変遷の例）05

PROCESS-1 まちを調べる

■歴史の痕跡を現場で見つける

　社寺や古民家など、ひと目で歴史的な建築物であることがわかる建造物などを調査することはもちろんのこと、今ではわからなくなってしまった痕跡を探っていくことも必要である。

　例えば、海沿いの埋め立てが行われたまちでは、埋め立てが拡張されるごとに、それまでの陸端が土手のように残る。また、北関東では、野間土手と呼ばれる放牧された馬が逃げないように囲った土手があり、現在それが緑のネットワークを形成していたりする。

　河川や水路は、今では暗きょとなって道路・公園・緑道になっていることも多い。周辺の道路パターンと無関係に曲がりくねった道路はその可能性が高い。

　小学校などの公共施設は、近年、閉校・転用される例も多いが、まちでは多くの人々の思い出のつまった重要な場所であり、まちの栄枯盛衰を如実に反映しているポイントである。

　単に現在の使われ方を見るだけではなく、過去の経緯やまちの様子を調べてみると、今の問題点やこれからのまちの発展の方向を考えるうえでのヒントを見つけることができるだろう。

野間土手の痕跡を緑道と一体として残し活用した例（野田市）
江戸時代、放牧場から馬が逃げないようにつくった土手の痕跡が緑地として残り、活用されている。

転用された小学校の例（元・新宿区立四谷第5小学校）
震災復興小学校のひとつ。現在は、日本語教室や新宿区の文化財関連施設などとして利用されている。

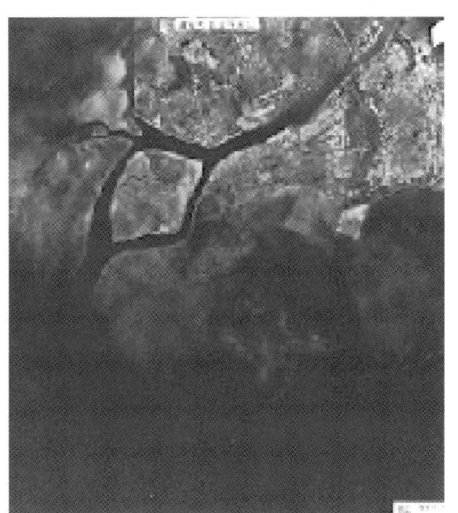

埋立地の広がり（浦安市） 06
何回かにわたって埋め立てが行われ、そのたびにそれまでの海岸線が土手のように残り、今もかつての様子をうかがい知ることができる。

1-4. 統計資料などを調べる

■国勢調査のデータ

　国勢調査は5年毎に全国で実施される全数調査である。10年毎（西暦年下1桁が0の年）に大規模調査、その間（西暦年下1桁が5の年）は簡易調査となっていて、質問項目が異なっている。まちづくりの最も基本となる人口・世帯数だけではなく、経済的属性や住宅に関する事項も調査している。大規模調査では、これらに加えて人口移動、教育の状況などを調査している。1920年以来、戦時中を除いて実施されているので、経時的な変化を知ることもできる。

　なお、人口・世帯については、住民基本台帳に基づくデータが地方自治体から毎月発表されているので、これと国勢調査の結果を混同して使わないように注意が必要である。

■土地・建物利用現況調査

　土地や建物に関する国勢調査とも言えるのが、この土地・建物利用現況調査である。これは、都市計画法第6条に基づいて、都道府県が概ね5年毎に実施する都市計画に関する基礎調査の一部として位置づけられる調査である。土地利用、建物用途の現況を調査し、5年前との変化の動向を読みとったり、現状を把握したりすることで、その後の都市計画立案・策定の基礎資料

世帯員に関する項目
氏名、男女の別、出生の年月、世帯主との続柄、配偶の関係、国籍、現在住居の居住期間、5年前の居住地、教育の状況、就業状態、就業時間、所属事業所の名称・種類、仕事の種類、地位、従業地・通学地、利用交通手段
世帯に関する項目
種類、世帯員数、家計収入の種類、住居の種類、住宅の床面積、住宅の建て方

国勢調査の調査項目（2000年度実施分）
（総務省統計局HP 07 を参考に作成）

総務省統計局関係
国勢調査
事業所・企業統計調査
住宅・土地統計調査
就業構造基本調査　　　　　他
国土交通省関係
建築物着工統計調査
住宅着工統計調査
住宅市場動向調査
住宅需要実態調査
パーソントリップ調査
全国道路・街路交通情勢調査　他
経済産業省関係
工業統計調査
商業統計調査
商工業実態基本調査
産業連関表　　　　　　　　他
厚生労働省関係
人口動態調査
国民生活基礎調査
出生動向基本調査
世帯動態調査
生命表　　　　　　　　　　他

まちづくりに関連する国レベルの調査
（各省HP 08 を参考に作成）

	土地利用分類
自然的土地利用	農地（田／畑）
	山林（平坦地山林／傾斜地山林）
	河川、水面、水路
	荒地、海浜、河川敷
都市的土地利用	住宅
	集合住宅用地
	併用住宅用地（店舗併用／作業所併用）
	併用集合住宅用地
	業務施設用地
	商業用地
	宿泊娯楽施設用地
	重化学工業用地
	軽工業用地
	運輸施設用地
	公共用地
	供給処理施設用地
	文教・厚生用地
	オープンスペース
	その他の空地
	防衛用地
	道路用地
	鉄道用地
	耕作放棄地
	農振農用地

土地・建物利用現況調査の土地利用分類
（川崎市HP 09 を参考に作成）

建物用途分類
住宅
集合住宅
店舗併用住宅
店舗併用集合住宅
作業所併用住宅
業務施設
商業施設（A）
商業施設（B）
商業施設（C）
宿泊施設
娯楽施設（A）
娯楽施設（B）
娯楽施設（C）
遊戯施設（A）
遊戯施設（B）
商業系用途複合施設
官公庁施設
文教厚生施設（A）
文教厚生施設（B）
運輸倉庫施設（A）
運輸倉庫施設（B）
重化学工業施設
軽工業施設
サービス工業施設（A）
サービス工業施設（B）
家内工業施設
処理施設（A）
処理施設（B）
処理施設（C）
農業施設
防衛施設

土地・建物利用現況調査の建物用途分類
（川崎市HP 09 を参考に作成）

とするものである。

この調査の結果は、都道府県や市町村にもよるが、デジタル・データ化されて地理情報システムに組み込まれ、計画行政に役立てられている。

■その他の統計調査のデータ

これ以外にも、まちの様子を知るうえで利用することのできる統計調査は数多く実施されている。国レベルで行われる統計調査だけでも、住宅・土地統計調査、事業所・企業統計調査、国民生活基礎調査、商業統計調査、住宅着工統計調査、パーソントリップ調査などさまざまである。また、さらに詳しく、あるいは地区を限定して地方自治体が調査を実施している場合も少なくない。こうした既存の調査の結果もよく調べて、大いに活用すれば、いろいろなまちの状況が見えてくる。

現在では、ここに紹介したさまざまな調査結果の一部または全部を、インターネット上で入手することも可能である。その際には、データがオリジナルのものなのか、誰かが加工したものなのか、調査の方法・背景なども把握して利用するように心がける。

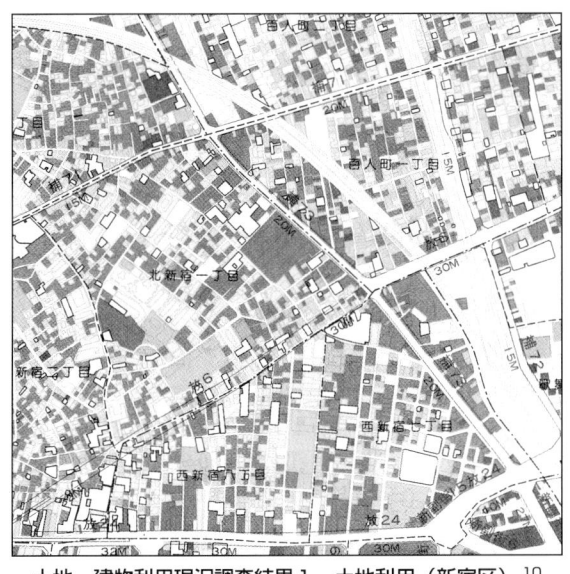

土地・建物利用現況調査結果1 土地利用（新宿区）[10]

土地・建物利用現況調査結果2 建物階数（新宿区）[11]

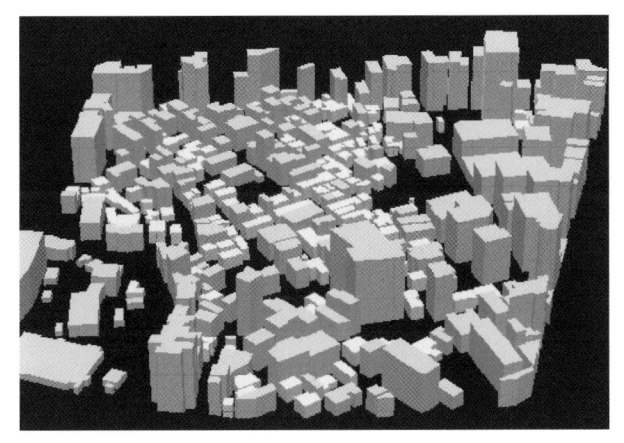

立体的に建物の現状を検証する[12]
土地・建物利用現況調査の建物階数データによって立体化してみることによって、ガワーアン構造を検証する。また、立体的な用途の調査結果を合わせたりすると、まちの立体的構造がより明確になってくる。

1-5. 規制内容・既存計画を知る

■建築の規制内容を知る

建築物や工作物は、地震などで倒壊したり、周囲に火災の被害を及ぼしたり、あるいは日照や通風を過度に遮ったりすることがないように、建築基準法にルールが定められている。

建築基準法の規制内容は、構造や防火、衛生という点から個別の建築物を対象とした単体規定と、市街地に秩序を与え、相隣環境を良好に保つための集団規定とからなる。これらは用途地域とセットで定められており、用途地域図を見るとその地区の規制内容を知ることができる。

■都市計画の内容を知る

都市計画法などに基づき都市計画として定められている内容は、地方自治体の発行する都市計画図で知ることができる。都市計画として定める内容は、線引き、地域・地区、道路・公園などの都市施設、土地区画整理事業、地区計画、市街地再開発事業などである。都市計画の内容・指定状況によって、建築行為に制限が加えられる場合があり、それがまちの将来像を考えるうえで制約条件となるので、あらかじめ把握しておかなければならない。

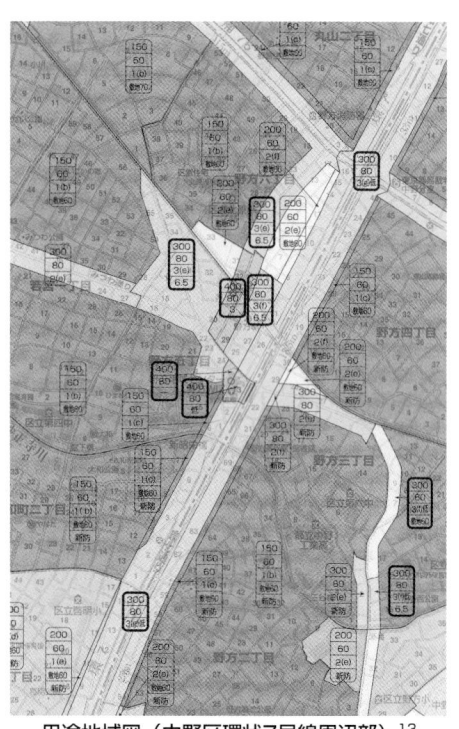

用途地域図（中野区環状7号線周辺部）[13]

形態規制の一覧（原則規定）[14]

*1：前面道路幅員Wが12m以下の場合、道路境界線から1/4W以上離れた区域については、1.5/1。
*2：第1種、第2種中高層住居専用地域では、日影規制が適用されている区域には適用されない。
*3：都市計画で1.5/1の勾配を定めた場合、適用距離は（　）内の数値をとる。

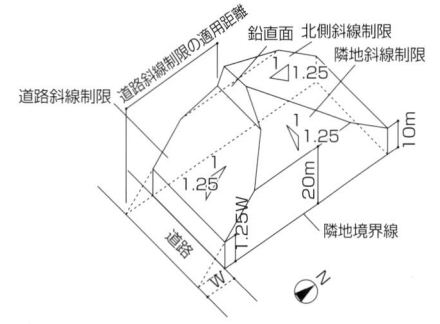

斜線制限の概念（第1種中高層住居専用地域の場合）[14]

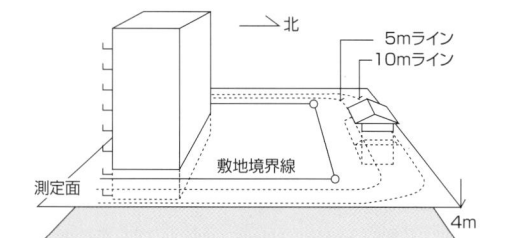

日影規制の概念（測定面高さ4mの場合）[13]

■関連する計画を調べる

地方自治体の計画の基本は、地方自治法を根拠とする基本構想である。また、都市計画に関連する最も基本的な計画は、都道府県が定める都市計画区域の整備、開発及び保全の方針である。

さらに、こうしたいわゆる大きな都市計画と整合性を持って、各市町村が独自に（通称）都市計画マスタープランを市民参加によって策定し、きめ細かくまちのあり方や将来像を示している。近年では、地方分権が進み、地方自治体が独自のまちづくりを展開していくために、まちづくり条例や景観条例を制定するケースも増えており、まちづくりを考える際には、こうしたものも知っておく必要があるだろう。

環境に関する法制度も整備されてきており、環境基本計画、みどりの基本計画などが、環境基本法や都市緑地法などに基づいて策定され始めている。その他、住宅マスタープラン、交通基本計画、景観基本計画などを持っている地方自治体もある。

こうした計画や条例は、Process3以降でまちの将来像を考えるときに、制約条件になるだけではなく、逆に実現を後押しするための手段としても用いることができる。

都市計画区域の整備、開発及び保全の方針		
区域区分（市街化区域／市街化調整区域）		
都市再開発方針等	都市再開発の方針、住宅市街地の開発整備方針、防災街区の整備の方針　など	
地域地区	用途地域	第1種・第2種低層住居専用地域、第1種・第2種中高層住居専用地域、第1種・第2種準住居地域、近隣商業地域、商業地域、準工業地域、工業地域、工業専用地域、特別用途地区
	容積地域	高層住居誘導地区、高度地区、高度利用地区、特定街区
	構造地域	防火地域、準防火地域
	景観地域	景観地区、風致地区、伝統的建造物群保存地区
	その他	都市再生特別地区、歴史的風土特別保存地区、緑地保全地区、流通業務地区、生産緑地地区　など
促進地区		
被災市街地復興推進地域		
地区計画　等	地区計画、防災街区整備地区計画、沿道地区計画、集落地区計画	
都市施設	交通施設（道路、鉄道、駐車場など）、公共空地（公園、緑地など）、供給処理施設、水路、教育文化施設、医療施設・社会福祉施設、市場・と畜場・火葬場、一団地の住宅施設、一団地の官公庁施設、流通業務団地　など	
市街地開発事業	土地区画整理事業、市街地再開発事業（第1種・第2種）、住宅街区整備事業　など	
区域	市街地開発事業等予定区域	
	促進区域	

都市計画として決められる内容
（神戸市ＨＰ[15]を参考に、都市計画法より作成）

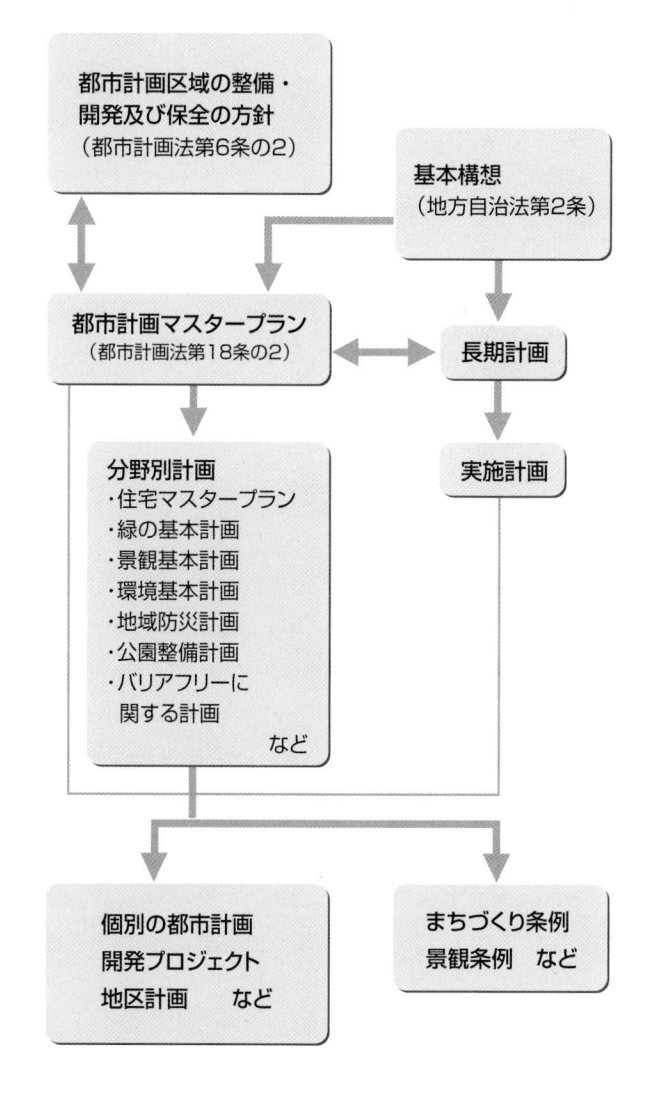

まちづくりにかかわるさまざまな計画
（中野区都市計画マスタープラン[16]を参考として作成）

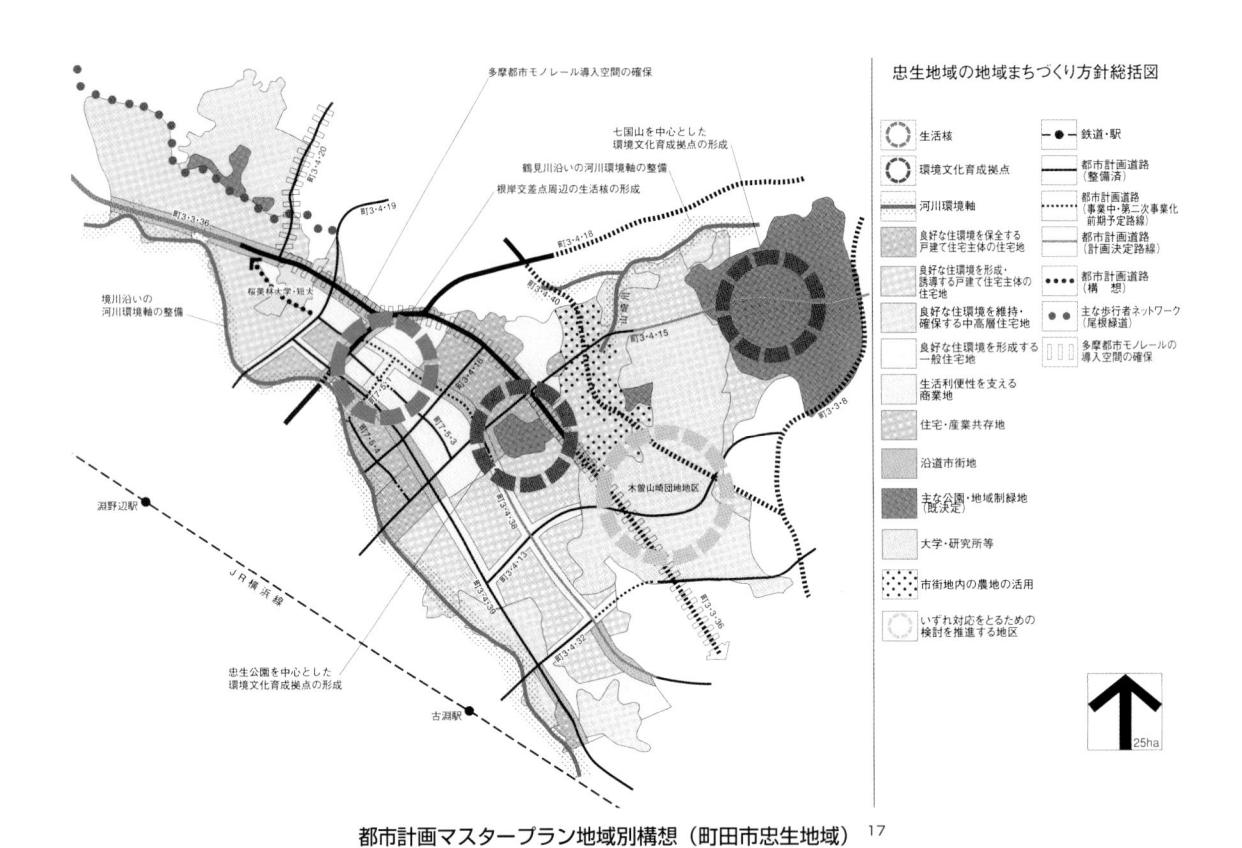

都市計画マスタープラン地域別構想（町田市忠生地域）[17]

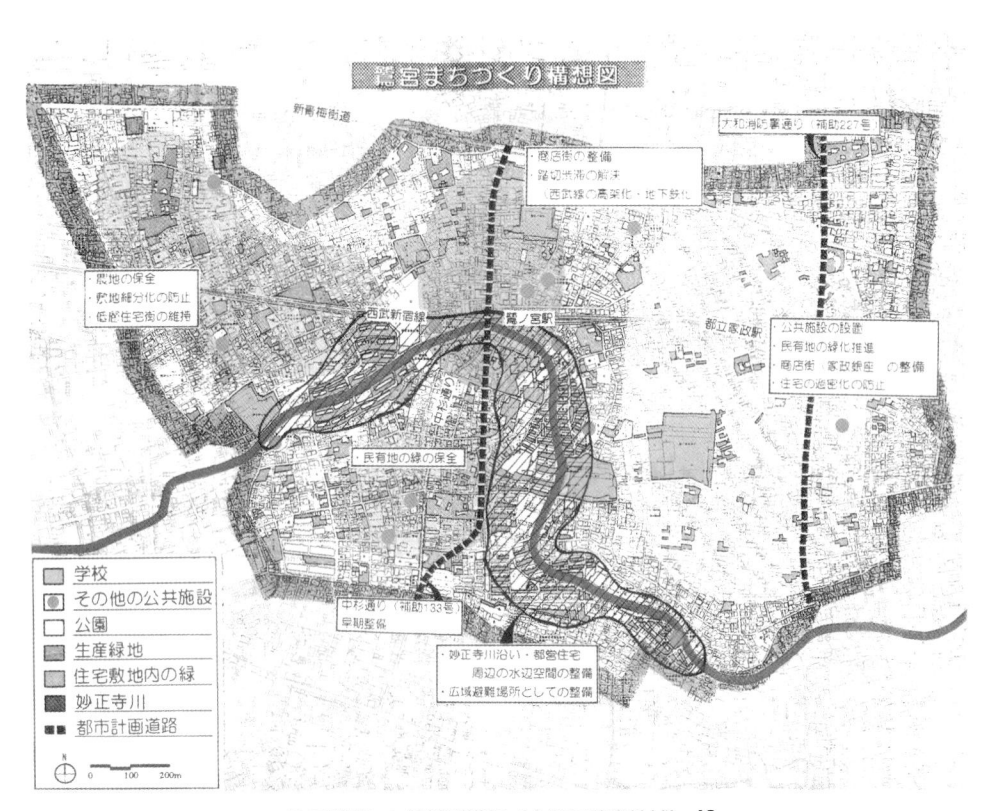

住民が描いた地域別構想（中野区鷺宮地域）[18]
住民参加により地域の将来像を描き、その後、区全体の議論を経て法定の都市計画マスタープランが策定された。

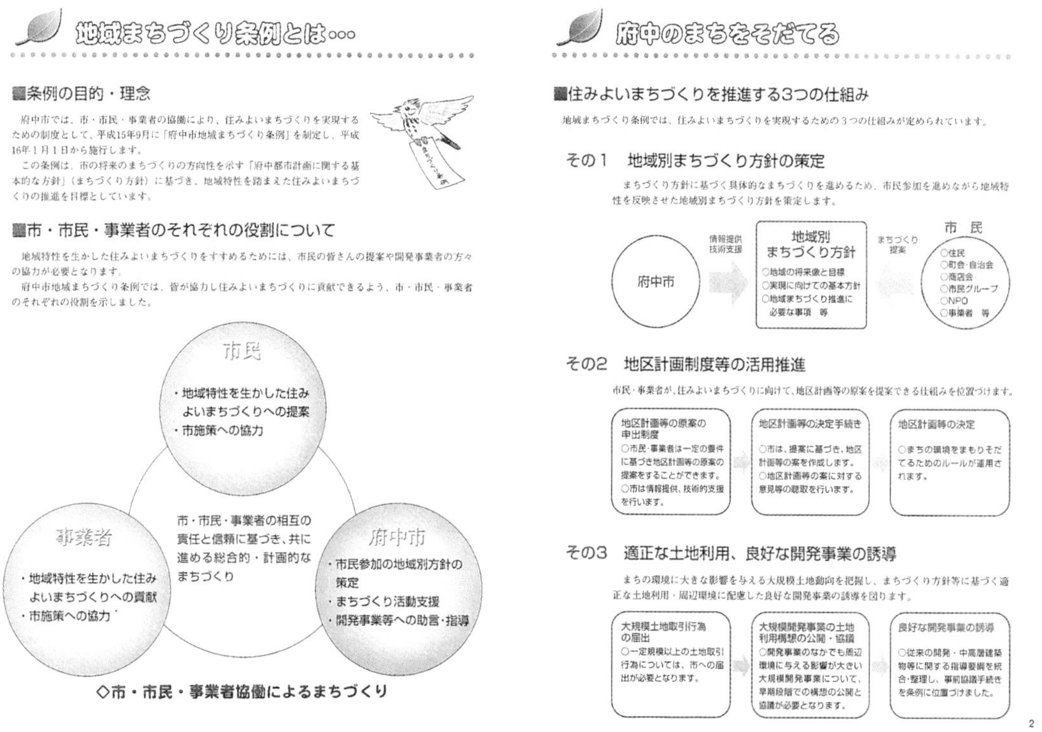

まちづくり条例（府中市地域まちづくり条例）[19]
まちづくり条例は、一般に計画内容を具体的に記すものではないが、まちづくりの実現を後押ししてくれる。

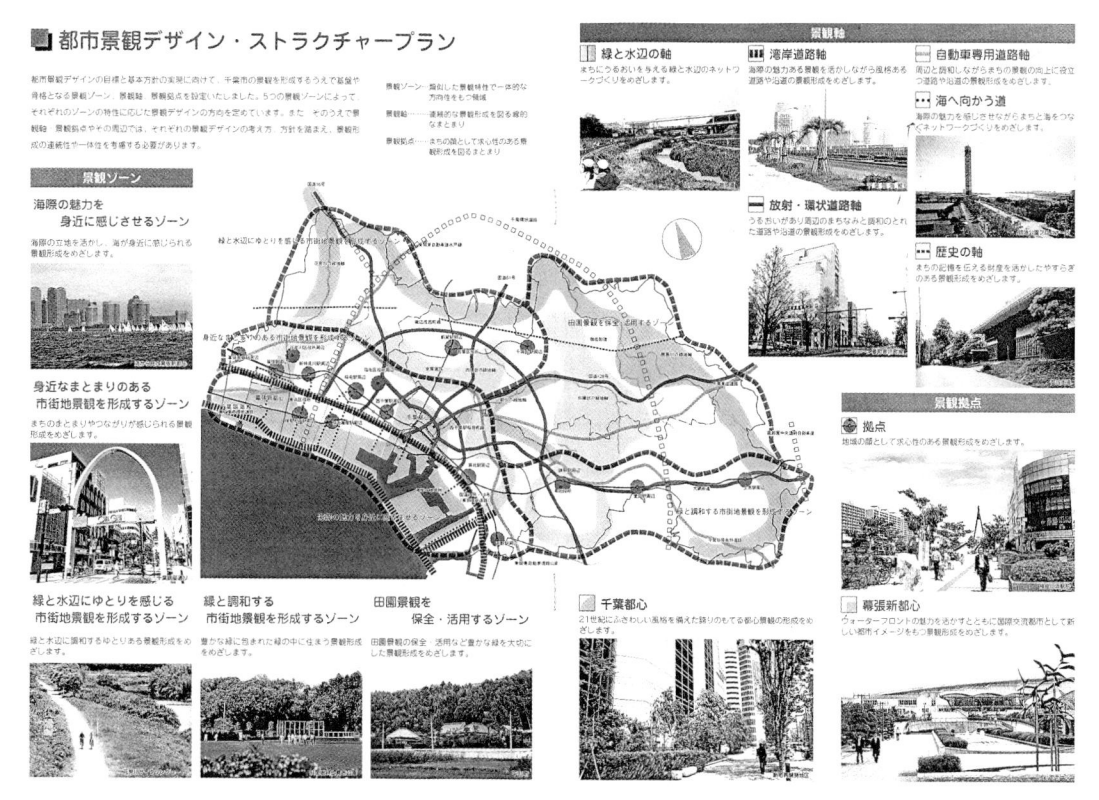

景観条例に基づく景観計画（千葉市都市景観デザイン基本計画）[20]

■引用文献・引用ホームページ

01 東京都「1:2,500東京都地形図」(使用したのは「36-5明治神宮」の一部)
・「この地図は、東京都知事の承認を受けて、東京都縮尺2,500分の1の地形図を使用して作成したものである。(承認番号) 16都市基交 第336号」
・使用した測量成果は、縮尺2,500分の1の精度で作成されていること。
・承認を受けた者が著作権を有すること。
・東京都が原著作権を有すること。
02 ゼンリン「ゼンリン住宅地図(スターマップ)」(使用したのは「東京都4 新宿区」の一部)
03 国土地理院「1万分の1地形図」(使用したのは「東京6-2-2新宿」の一部)
04 東京都・㈱マヌ都市建築研究所(1997)「東京都公共施設のデザインにあたって 周辺環境に配慮するための手引き 地域の文脈を解読する」
05 山口恵一郎他・編(1972)「日本図誌大系 関東Ⅰ」朝倉書店
06 浦安市ホームページ ……………………………………http://www.city.urayasu.chiba.jp/2000/2001/mukasi/umetate.html
07 総務省統計局、国勢調査のホームページ ………………http://www.stat.go.jp/data/kokusei/
08 参考とした省庁ホームページ(前述の総務省統計局以外)
　　　国土交通省ホームページ ……………………………http://www.mlit.go.jp/
　　　経済産業省ホームページ ……………………………http://www.meti.go.jp/
　　　厚生労働省ホームページ ……………………………http://www.mhlw.go.jp/
09 川崎市ホームページ ……………………………………http://www.city.kawasaki.jp/
10 新宿区都市整備部(1997)「新宿区土地利用現況図(用途別)」
11 新宿区都市整備部(1997)「新宿区土地利用現況図(階数別)」
12 伊藤滋、ピーター・ロウ、石川幹子、小林正美・著、小林正美・編(2003)
　　「東京再生 Tokyo Inner City Project ハーバード・慶應義塾大学プロジェクトチームによる合同提案」学芸出版社
13 中野区(2004)「中野区用途地域・地区、日影規制指定図及び東京都建築安全条例 第7条の3第2項に基づく建築物の構造制限区域図」
14 彰国社・編(2003)「デザイナーのための建築法規チェックリスト2004年度版」彰国社
15 神戸市ホームページ ……………………………………http://www.city.kobe.jp/
16 中野区(2000)「中野区都市計画マスタープランー中野のまちをともにつくるー」
17 町田市(1999)「町田市都市計画マスタープラン[概要版]」
18 中野区(1997)「中野区都市計画マスタープラン 地域協議の結果」
19 府中市(2003)「府中市地域まちづくり条例」パンフレット
20 千葉市(1997)「千葉市都市景観デザイン基本計画のあらまし」パンフレット

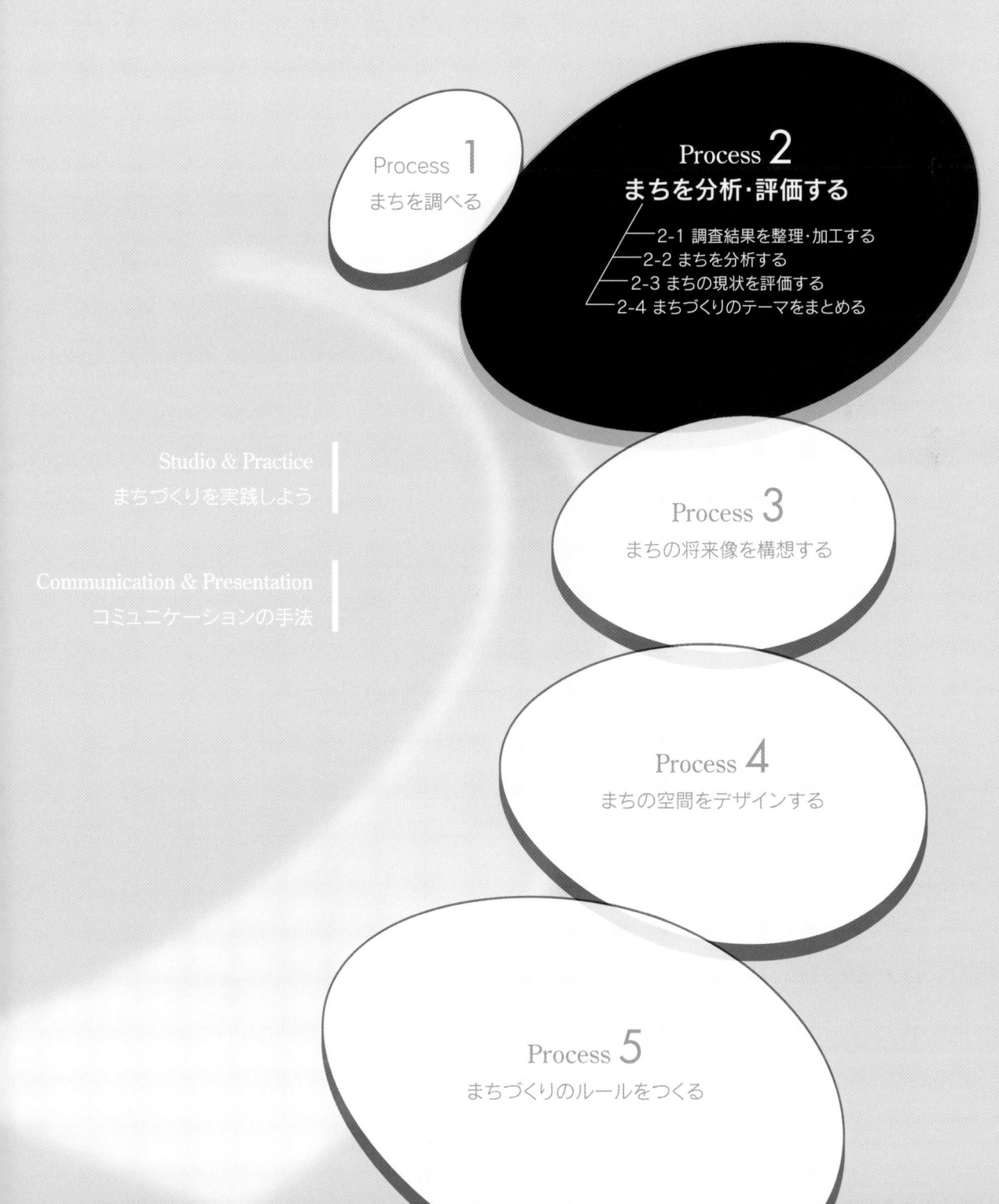

Process 1
まちを調べる

Process 2
まちを分析・評価する
　2-1 調査結果を整理・加工する
　2-2 まちを分析する
　2-3 まちの現状を評価する
　2-4 まちづくりのテーマをまとめる

Process 3
まちの将来像を構想する

Process 4
まちの空間をデザインする

Process 5
まちづくりのルールをつくる

Studio & Practice
まちづくりを実践しよう

Communication & Presentation
コミュニケーションの手法

2-1. 調査結果を整理・加工する

　Process 1の調査結果は、そのままでは使いにくいばかりではなく、Process 3以降のまちづくりを考える際に役立つ情報とはなっていない。後の作業でこうした情報をどのように利用するかを想定しながら、情報を整理・加工しておく。

■**数値データの整理・加工**

　数値データでも、特に生データは整理・加工しなければ利用できない。ただ単に、表に数値が並んでいるだけでは見にくいので、これをグラフ化したり、交通量などの流れのデータは地図の情報と統合したりして整理する。後の利用をイメージして整理・加工し、利用価値のないデータを大量に加工して、時間のむだ使いをしないように注意しよう。

　人口・世帯数などのデータは、ある一時点だけを見るよりは、数時点の変化を見て、まちの変化と関連づけて考えたり、将来の予測をしてみたりする。

■**地図データの整理・加工**

　得られた情報を地図に整理していく場合、あらゆる情報を1枚の地図に書き込むのではなく、まず初めに情報の種類ごとに1枚の地図に分けていく。このとき、ベ

数値データをグラフ化する 01

数値データを地図とリンクさせる 02
街区毎にデータを集計して、それを地図に落とすことによって、地区別の特性を的確に把握することができるようになる。

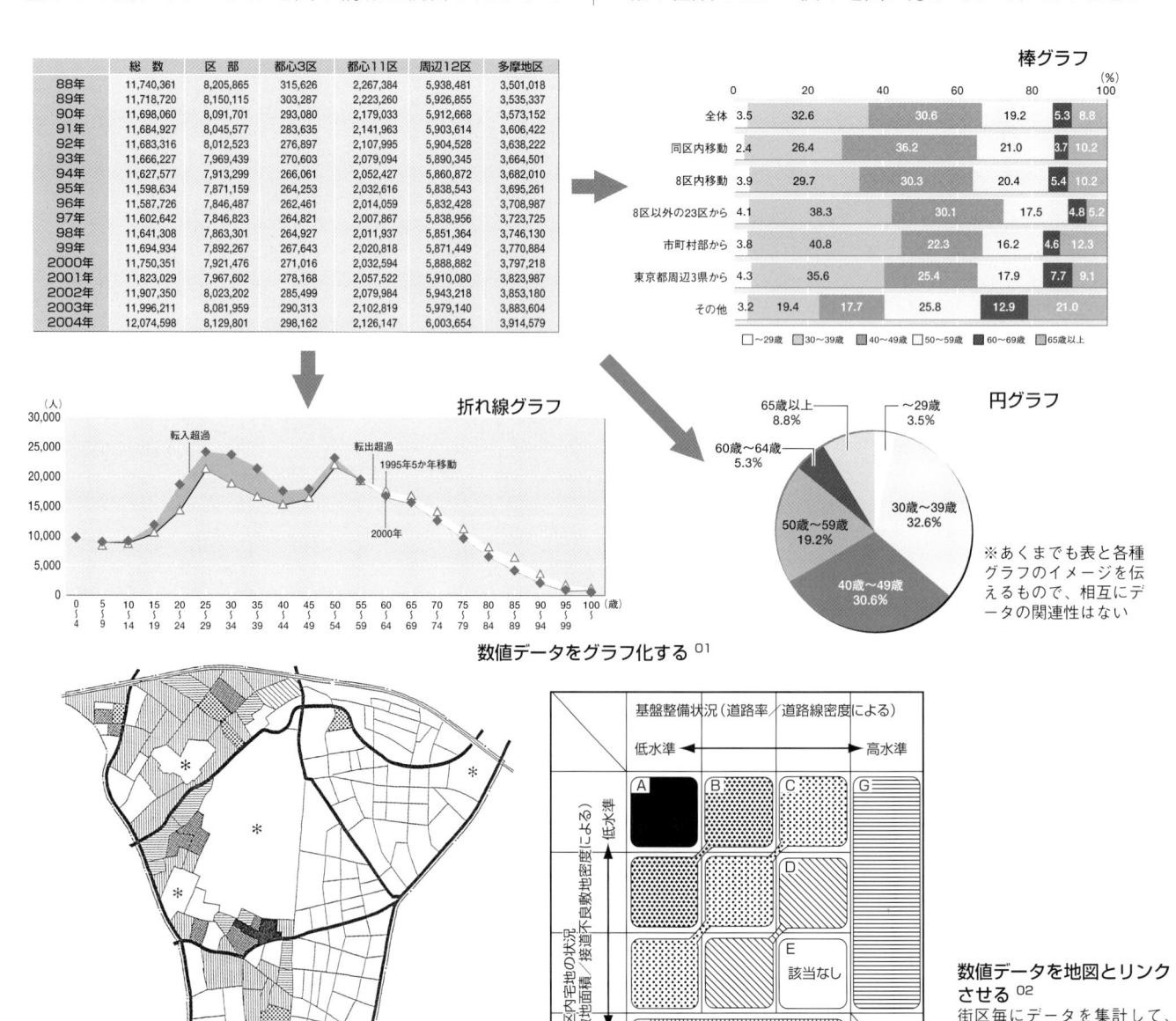

ースマップの上にトレーシング・ペーパーや透明フィルムを重ねていくと便利である。こうした情報を適宜重ね合わせることによって、新しいことが見えてくれば、それらを重ね合わせて新たに1枚の地図にまとめていく。こうした作業を繰り返すことで、多角的な視点からまちをとらえることができるようになる。

地図に整理するものは、フィールド調査で得られたさまざまな情報、古地図から読みとった歴史的な情報（道路、敷地割り、市街地の変化など）、交通量（歩行者、自動車、自転車）などの流れの情報、資料から得られる規制内容や各種調査結果、数値データから街区ごとに計算可能な情報など、多岐にわたる。2次元だけではなく、3次元でまちを見て分析する整理のしかたもあり得るだろう。

■その他の資料の整理・加工

現地調査やアンケート、ヒアリングで得られた情報の中で、数値としても地図としても表しにくいものもあるが、これらも、内容や性質に応じて数値データか地図データと関連づけて整理しておく。

作業環境が許せば、こうした情報の整理・加工を地理情報システム（GIS）を用いて、デジタルデータとして作成していっても良い。

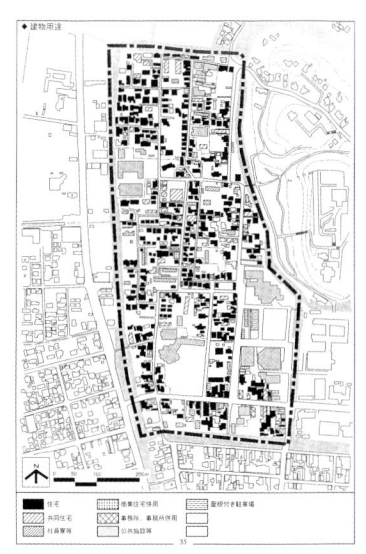

建物用途

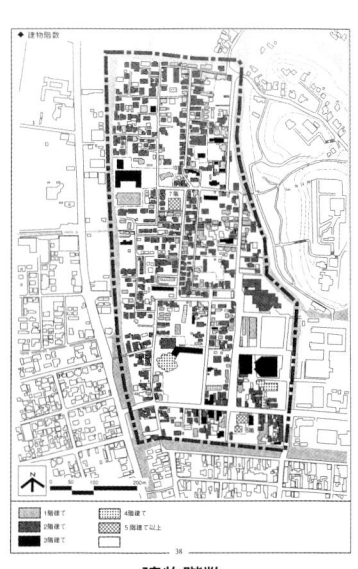

建物階数

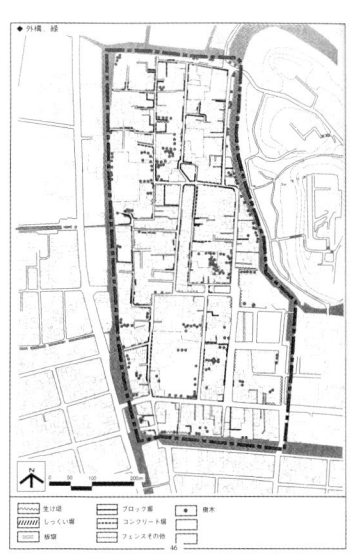

外構と緑

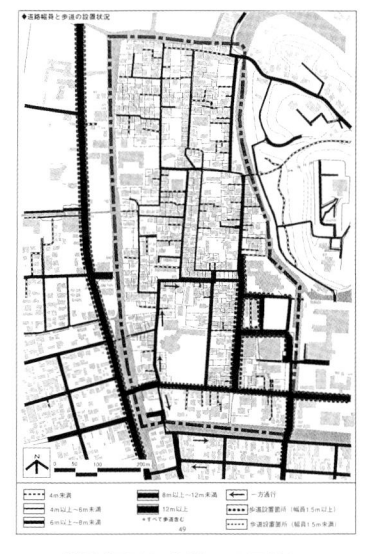

道路幅員と歩道の設置状況

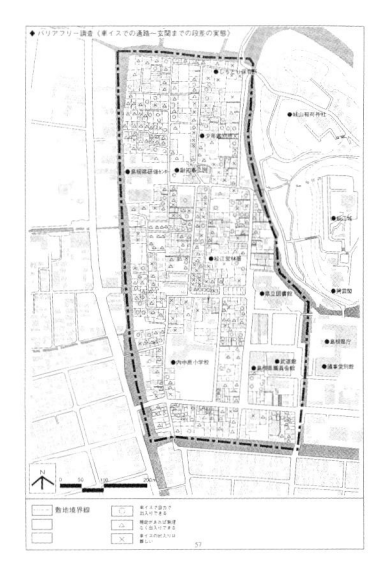

バリアフリー調査の結果

テーマ別に調査結果を整理した例 03
これだけではなく、さまざまな視点から同じベースマップに情報を整理する。ここで作成した図面の情報を幾つか重ね合わせて新たな図面を作るなどの作業を繰り返す。

2-2. まちを分析する

　Process2-1で調査結果を整理・加工した。この結果を用いて、まちを分析するのが次のステップである。分析の方法や視点はさまざまであるし、また対象地区の性質によっても異なるが、ここでは典型的な方法や視点を紹介する。

■**分析する視点**

□**歴史・自然・生活・空間**

　まちは多種多様な要素から成り立ち、それらは個別バラバラにあるのではなく、あたかもさまざまな層（レイヤー）が相互に重なり合って関係しているということができる。まちの文脈※を解読する手がかりとして、こうした数多くのレイヤーを4軸で整理する手法がある。それが、歴史軸、自然軸、空間軸、生活軸である。

□**K.リンチの「都市のイメージ」から学ぶ**

　K.リンチは「都市のイメージ」の中で、都市や地区を「良い」と感じる手がかりを示している。そして、市民へのインタビュー調査の結果を5つの空間要素によって整理している。すなわち、Path（道路）、Edge（縁）、District（地域）、Node（結節点、集中点）、Landmark（目印）である。この5つの空間要素を頼りに、Process1で得られた調査結果のうち、特に空間要素にかかわるものを整理し、図示することができる。図示する際に

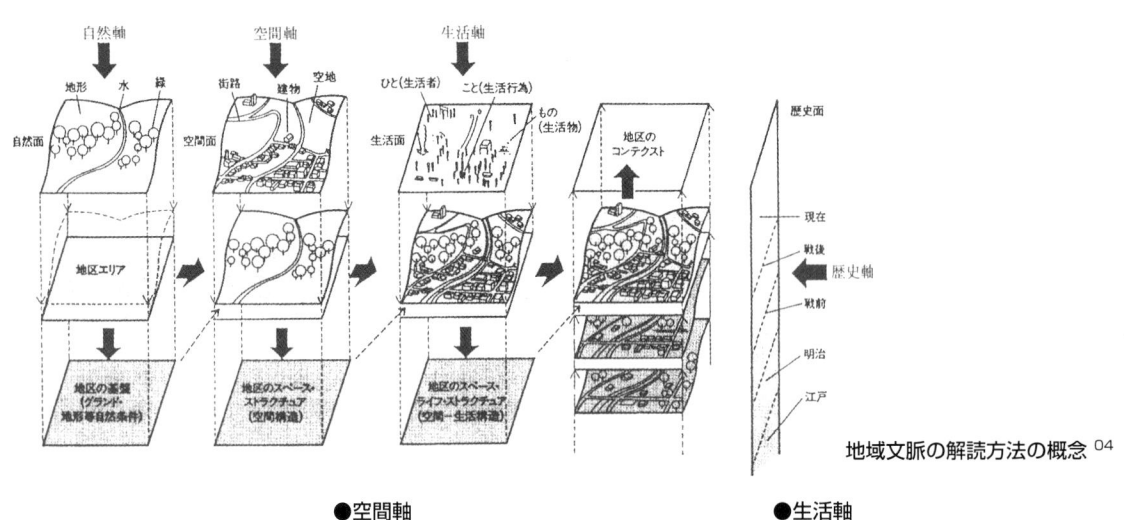

地域文脈の解読方法の概念 04

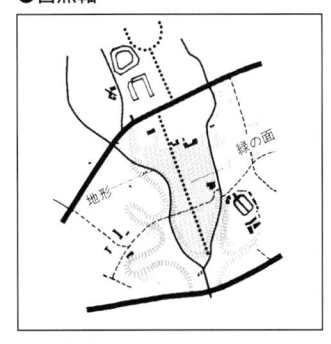

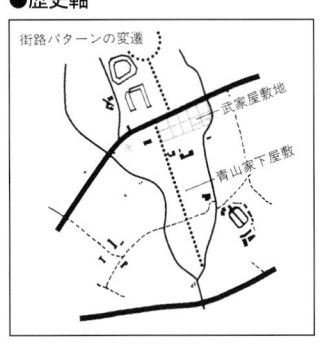

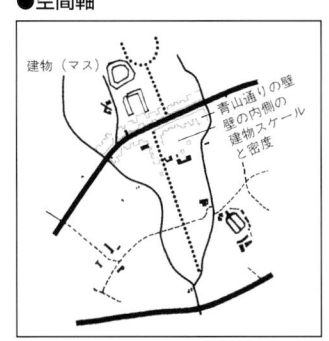

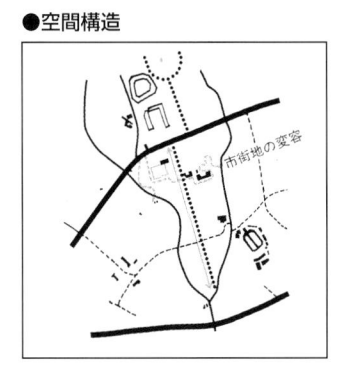

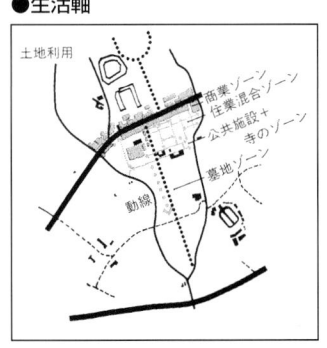

4軸を用いたまちの文脈の取りまとめ 05

| PROCESS-1 | **PROCESS-2** まちを分析・評価する | PROCESS-3 | PROCESS-4 | PROCESS-5 | Studio & Practice | Communication & Presentation |

は、記号の使い方も参考になる。5つの空間要素を表す記号の種類や、その要素の強さによる表記の差（線の太さ、シンボルの大きさ）、あるいは色をうまく使い分けると、よりわかりやすい図が描ける。

これらふたつの例は、あくまでも参考となる例である。これらを応用して、その地区にふさわしい整理のキーワードを抽出して、分析し、図示できれば、それが最も良いだろう。

■隣接地区や他地区と比較する

ある対象地区を取り上げた場合に、そこだけをいくら詳細に調査・分析していてもなかなか見えてこないポイントがある。そのときには、やや手間はかかるが、他の地区と比較することで対象地区の特徴を考えてみる作業をしてみる。Process 1からの一連の作業をまた別の地区で同様に実施するには、時間と労力がかかるが、ひとつの地区だけを見ていたのでは得られない成果が期待できる。

比較対照の地区は、隣接する地区を選ぶ場合もあるし、必ずしも近くではなくても、何らかの共通の条件（あるいは正反対の条件）を持つ地区や、一般的に評価が高いとか人気があるとかなど、興味が持てる地区を選ぶ。選択する際には、皆を納得させられる相応の理

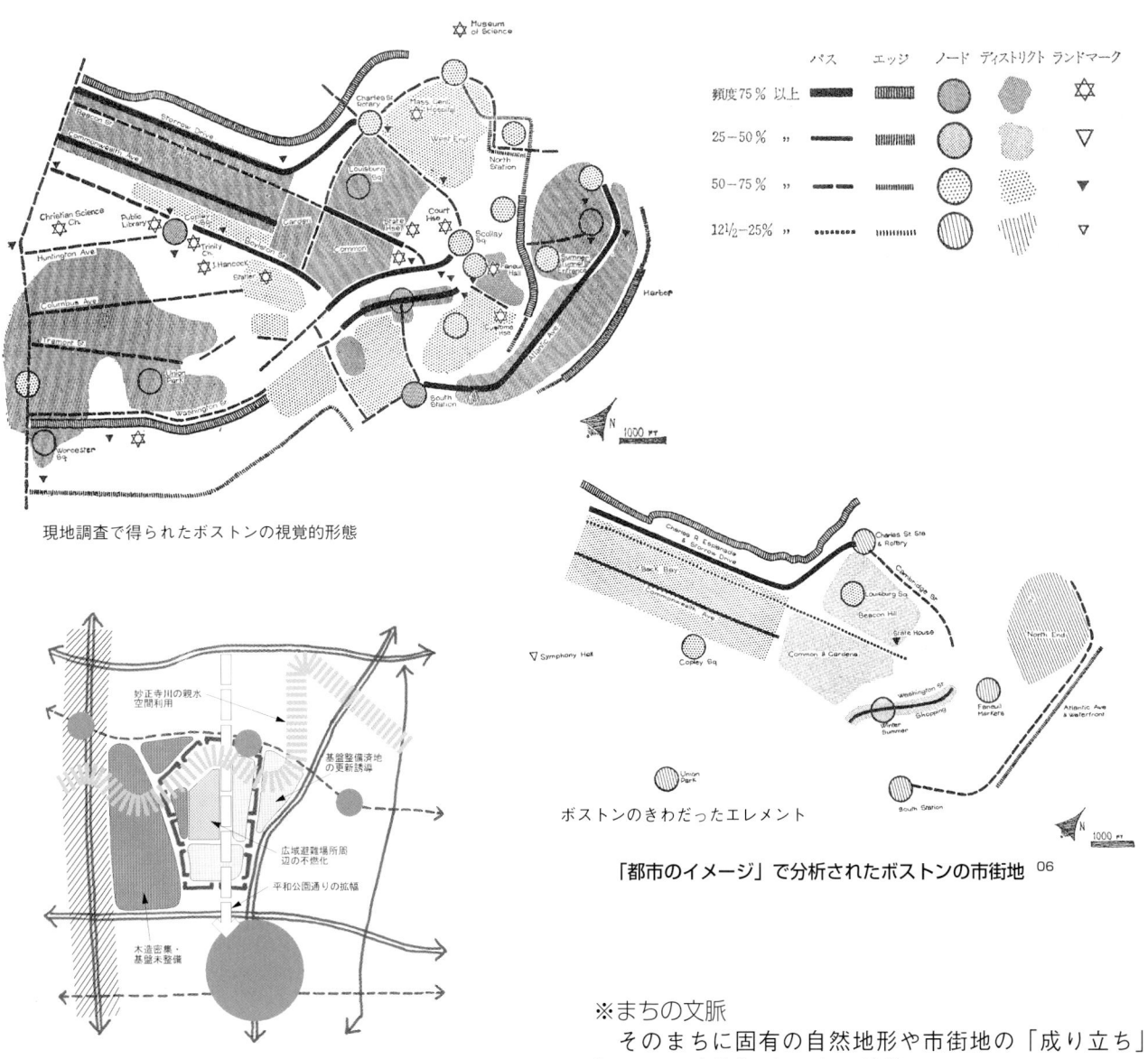

現地調査で得られたボストンの視覚的形態

調査結果をもとに作成した現況構造概念図 02

ボストンのきわだったエレメント

「都市のイメージ」で分析されたボストンの市街地 06

※まちの文脈
　そのまちに固有の自然地形や市街地の「成り立ち」「ありさま」「成り行き」の特徴のこと。

由を持っている必要がある。

■**さまざまな立場から考える**

　Process1-2でも述べたが、都市（まち、地区）ではさまざまな立場の人々が暮らし、活動している。この分析のプロセスだけではなく、次の評価のプロセスにも同じことが言えるが、そうしたさまざまな立場の人々が、まちでどのように生活し、そのためにどのような空間が必要かを想定する。居住者はもちろんのこと、商店経営者、その地区にある職場や学校に通う人、週末にショッピングに訪れる人、単に通過する人など、いろいろあげられる。こうした作業は、実際のまちづくりではワークショップでさまざまな立場の人々の参加を得ながら、合意形成していくというプロセスにあたる。

　様々な立場から分析し、計画を考えていくことは、計画に対する賛同・合意を形成し、それを実施に移していくという展開を容易にするものである。一方で、計画段階で、その案が特徴のない散漫なもの（妥協の産物）になる可能性もある。多くの人の合意を得られて、かつ個性的・魅力的なまちの将来像が描けるのが最良である。

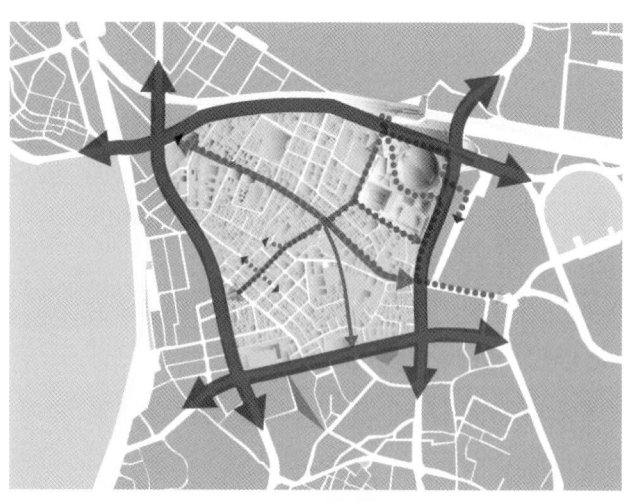

Path（道路）

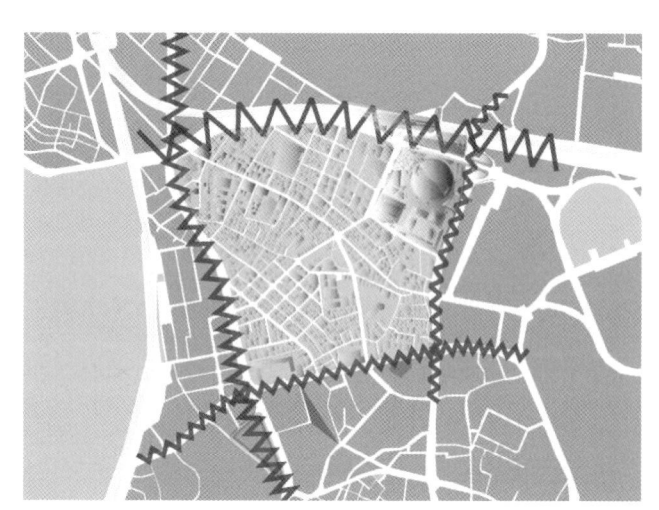

Edge（縁）

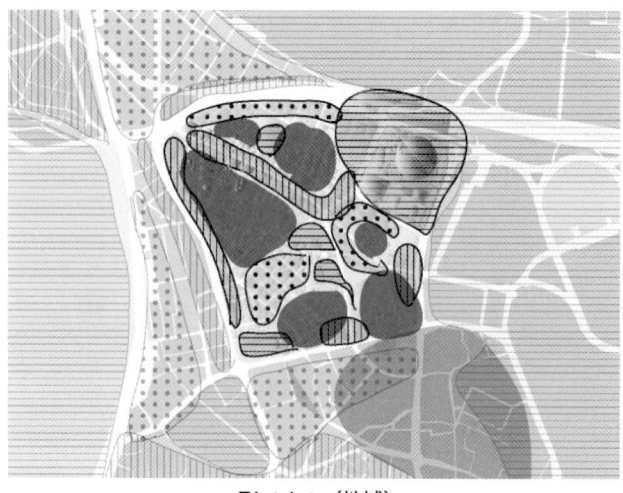

District（地域）

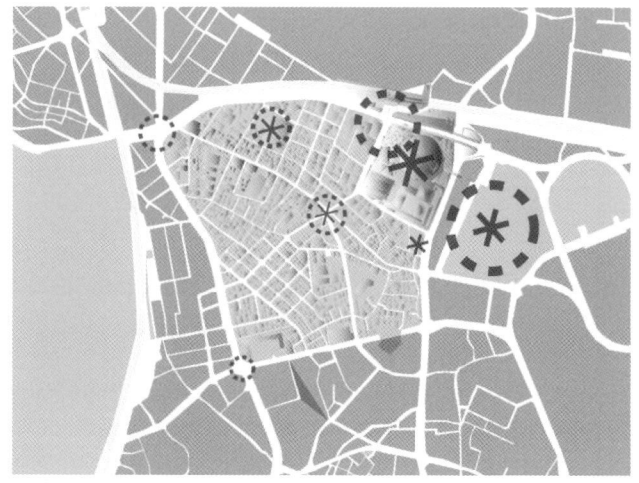

Node（結節点）＋Landmark（目印）

「都市のイメージ」の空間要素による地区分析の例（渋谷区千駄ヶ谷地区）07

| PROCESS-1 | **PROCESS-2** まちを分析・評価する | PROCESS-3 | PROCESS-4 | PROCESS-5 | *Studio & Practice* | *Communication & Presentation* |

白黒反転した図からまちの「地と図」の構造を読みとる
(上：ノリが作ったローマの地図 08、下：新宿区内のある地区)

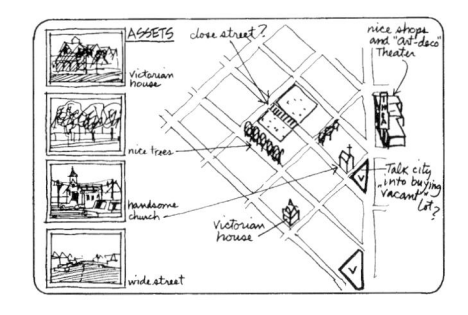

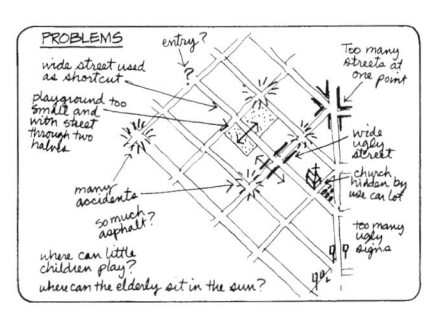

調査結果を簡単な図として描き整理する 09
調査結果から資源（左上）、問題点（左下）に分けて整理・図示し、それらを重ね合わせて（右）調査結果をまとめる。

27

2-3. まちの現状を評価する

　Process2-3では、分析結果を用いて対象地区を評価する。ここで評価した結果は、Process3以降でまちの将来像を描いたり、計画を策定したりする際の基礎となる。「良いところを伸ばし、悪いところを改善する」ために的確な評価を下していく。グループで議論しながら評価するときには、Process2-4で紹介するKJ法を用いたりして、議論を整理していく。

■まちの可能性・資源を発掘する

　まちを調査すると、問題点・改善すべき点ばかりが目についてしまう。もちろんそれらの問題を解決することも重要であるが、良いところ・可能性（資源とも呼ばれる）を引き出すことも必要であり、それが後のステップでの計画づくりに大いに役に立つ。

　問題点を指摘することは比較的誰にでも容易であるが、良いところを見つけだすことは意外と難しい。また、そこで暮らしている人々にとってはあたりまえすぎて気づかないことも、第三者的視点から見ると貴重な資源である場合もある。さまざまな資料を読みとり、まちを詳細に調査して、ひとつでも多くの資源を発見できると、まちを元気にするのに役立つであろう。

■まちの抱える課題を整理する

　空間的な課題はもちろんのこと、高齢化やコミュニ

地区の問題点マップ
- 住宅の老朽化が進行
- 高齢化世帯が多い
- 人口減少～上尾小学校の減級
- 借地・借家が多く、権利更新が困難
- 無接道の宅地が多い
- 住居水準が低い
- 安心して歩ける道が少ない
- 通り抜け道がなくなった
- 敷地が狭い
- 敷地の幅が狭く奥行きが長い
- 高層建物による日影被害
- 緑地・子供の遊び場がない
- 地代が安く税負担が重い
- 商業地としての吸引力がない

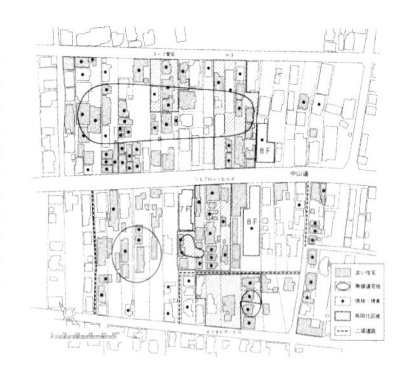

まちの問題点マップ（上尾市仲町愛宕地区） [10]

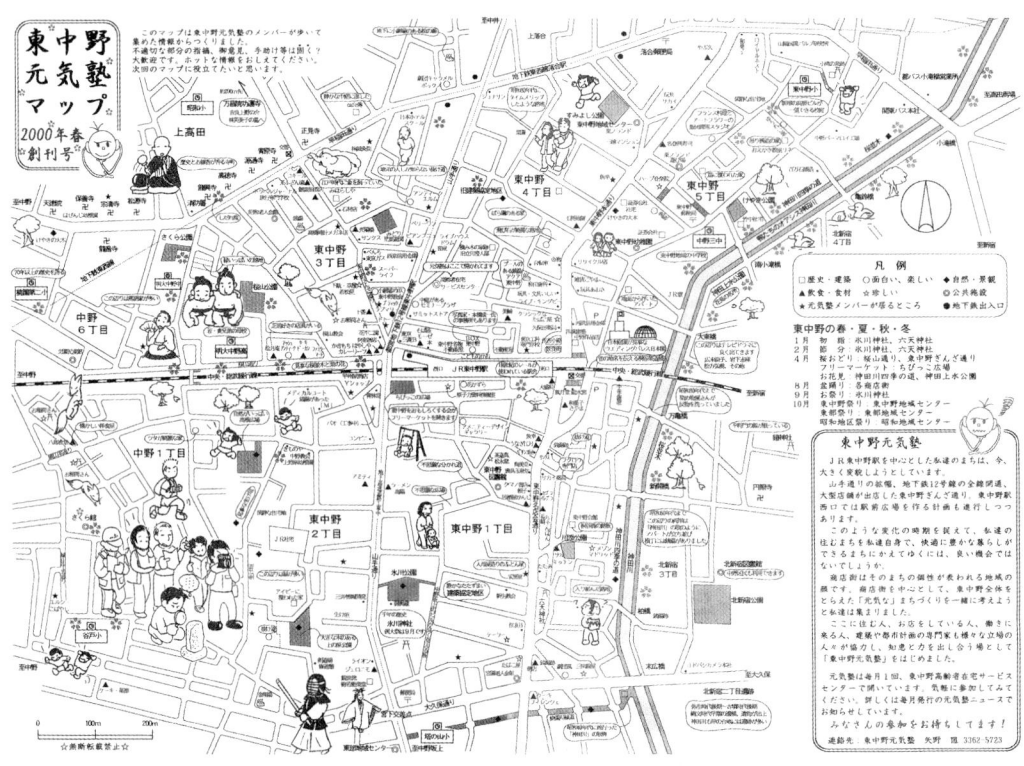

市民グループが調査して作成したまちの資源マップ（中野区東中野地区） [11]

| PROCESS-1 | **PROCESS-2** まちを分析・評価する | PROCESS-3 | PROCESS-4 | PROCESS-5 | Studio & Practice | Communication & Presentation |

ティ意識の欠如などの目に見えない課題や、ゴミの出し方、駐車・駐輪などのモラルや意識の課題など、地区の抱える課題は多岐にわたる。これらを空間的（物的）と非空間的（非物的）、短期的課題と中・長期的課題などの仕分けで整理していく。

ひとつの事象であっても、資源ととらえることも課題ととらえることもできるものがある。こうした事象は、どちらかにむりやり決めつけてしまうのではなく、両方に入れておき、次のプロセスでどちらの視点からも活用して考えることができるようにしておく。

■図示する

Process2-2で分析しながら描いた図でも、いろいろな情報を整理して伝えることができるが、今一度、資源と課題として整理して図示しておく。これを活用して、Process3以降でまちの将来像を描いていく。

まちづくりの気運が盛り上がっていない地区では、とりあえずここまでの成果を「まち発見マップ」のような形でまとめ、それを配布してまちの情報を共有し、まちやまちづくりに対する関心を高めるといった啓蒙活動に用いることもできる。

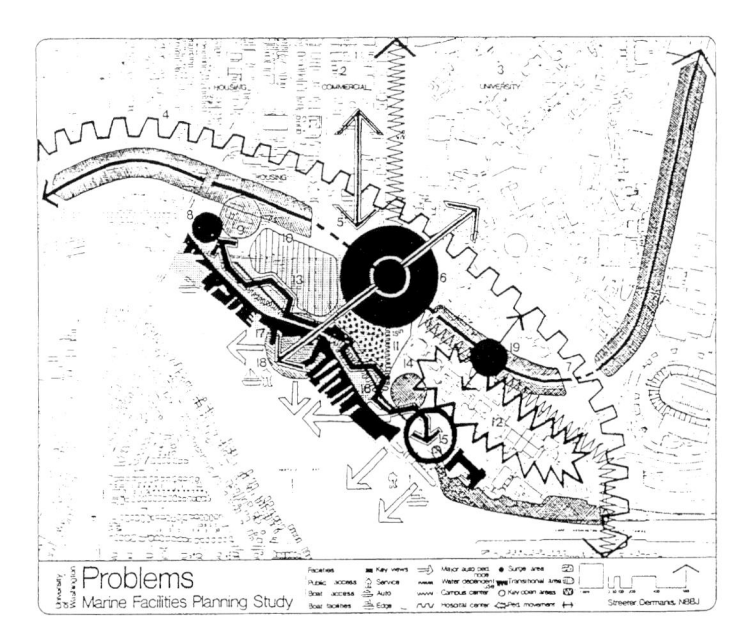

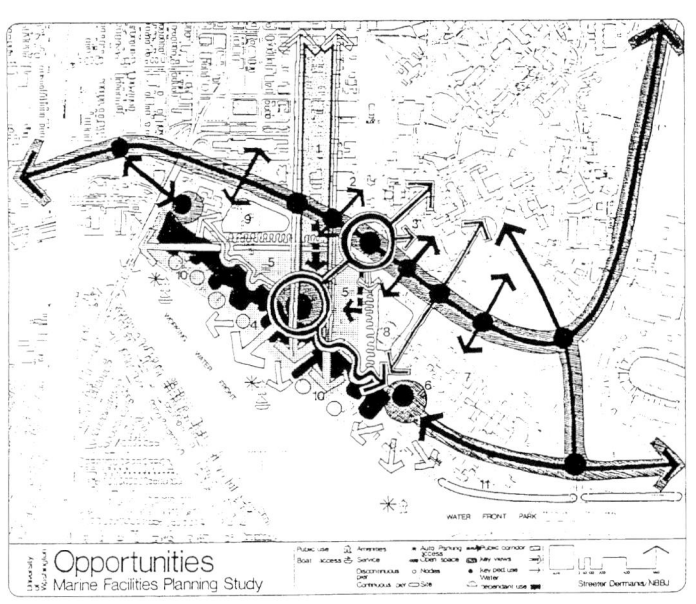

まちの評価を概念化して図にまとめる [12]
この例では、まちの資源と問題点のふたつの視点から概念図化してまとめている。ここまで行くと、容易に次のステップの計画づくりを視野に入れて考えることができる。

2-4. まちづくりのテーマをまとめる

■ワークショップでまちの将来を語る

　まち歩きを行い調査、分析が終われば、次にはみんなで意見交換を行う。効率よく楽しくディスカッションする方法としてワークショップ方式が用いられる。この方法は、さまざまな分野で活用されており、多くの人が共同で研究や学習をしたり、意見交換、作業を行うときに、参加者全員の意見を効果的に導き出し、まとめることができるものである。まちづくりの分野では、地図と付せん紙を使った方法が最も一般的である。

　ワークショップにはいくつもの方法がある。これらは、参加者が発言したり、議論したりしやすく工夫されたもので、初めての人でもゲーム感覚で楽しみながら、いつの間にかまちの将来についての議論に参加しているというものである。次に説明するKJ法を用いたデザインゲームの他、具体的な地区で模型を用いて行う建替えデザインゲーム、利害関係なども含めたまちづくりの仕組みを考えるフレームワーク（仕組み体験）ゲーム、役割を演じながらまちの将来像を考えるロールプレイ（役割体験）ゲームなど、各地区で多くの実践者が工夫しながら実施している。

まちの情報を共有化するための質問カード [04]

建替えデザインゲーム [13]

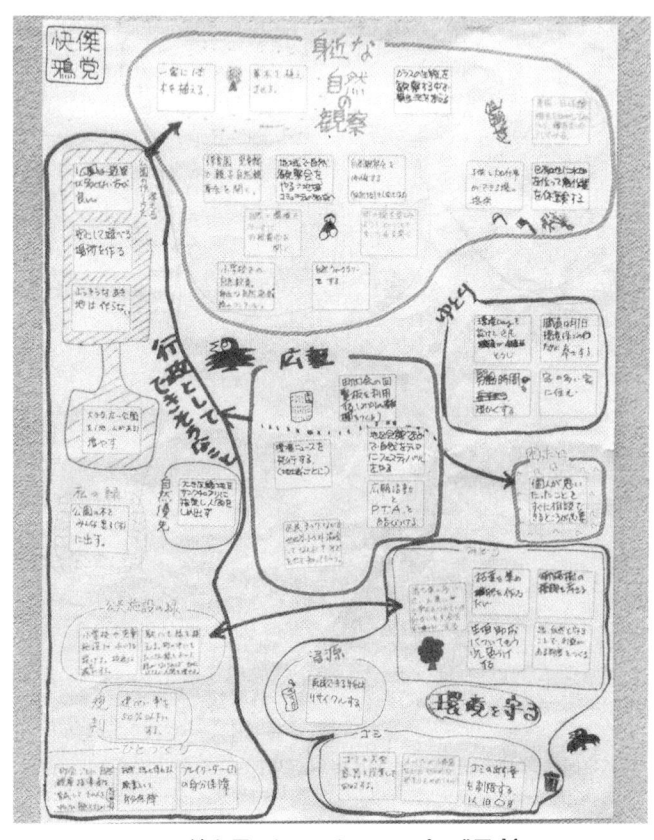

KJ法を用いたワークショップの成果 [14]

| PROCESS-1 | **PROCESS-2** まちを分析・評価する | PROCESS-3 | PROCESS-4 | PROCESS-5 | Studio & Practice | Communication & Presentation |

■ＫＪ法とまちのキーワード、テーマ

　まちの将来像について議論を進めていくうえでＫＪ法を活用すると効果的である。手順は、①まず、各自が将来像についての意見カード（付せん紙）に記入する。このとき、一枚のカードにひとつの意見・事柄を書く。また、できるだけたくさんのカードをつくる。②記入が終わったら、全員で議論しながらカードを場に出し、類似のカードを少しずつ集めていく。③次に、グループ化したカードの中からキーワードを抽出し、そのグループにふさわしいタイトルを付ける。④幾つかの小グループができあがれば、そのグループ同士の関係について議論する。その際、「目的と手段」の関係なのか、あるいは「原因と結果」の関係になっているのか、などの"ストーリー"を話し合いながら進める。⑤これらの作業を丹念に繰り返して、輪どりや棒線、矢印などでグループ同士の関係を表示し、全体の意見が図解となるように構成していく。⑥その図解を見ながら最後にまちのキーワードやキャッチフレーズ、さらにはこれらをまちづくりのテーマとしてまとめていく。

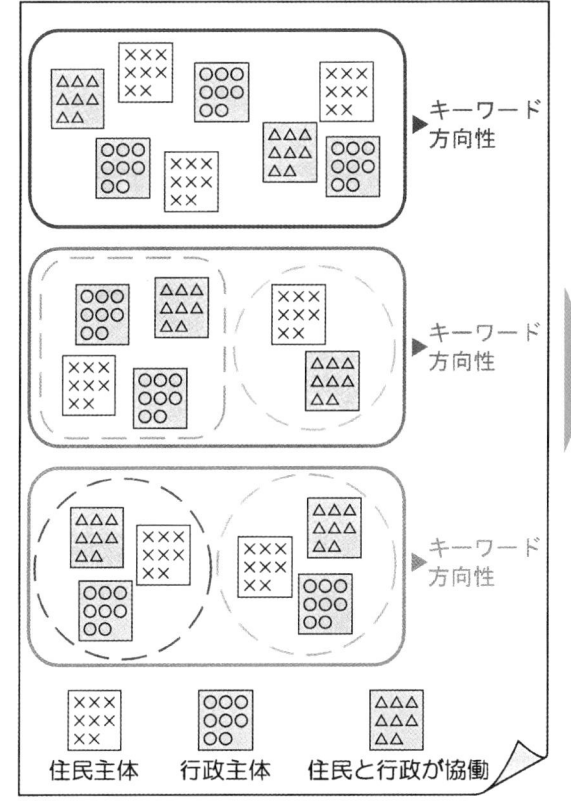

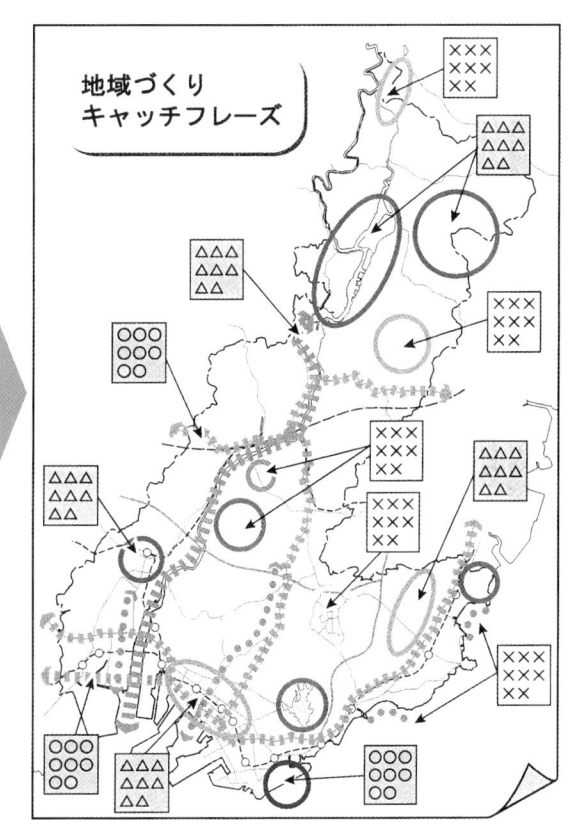

ＫＪ法を用いた将来構想作成 15
「地域作りアイデア整理シート」から「地域別将来構想マップ」をつくる

ワークショップの様子

■引用文献

01 東京都（2004）「平成15年度東京都住宅白書」
02 中野区・㈱都市環境研究所（1989）「平和の森公園周辺地区　木造賃貸住宅地区総合整備計画報告書」
03 松江市内中原まちづくり会議・松江市（1998）「内中原地区まちづくり調査報告書」
04 佐藤滋・編著（1999）「まちづくりの科学」鹿島出版会
05 東京都・㈱マヌ都市建築研究所（1997）「東京都公共施設のデザインにあたって　周辺環境に配慮するための手引き　地域の文脈を解読する」
06 K.リンチ（丹下健三他・訳）（1968）「都市のイメージ」岩波書店
07 工学院大学 2003年度後期「建築都市デザインⅡ」の作品
08 芦原義信（1979）「街並みの美学」岩波書店
09 Jack Sidener "Recycling Streets" リーフレット
10 佐藤滋＋新まちづくり研究会・編著（1995）「住み続けるための新まちづくり手法」鹿島出版会
11 東中野元気塾（2000）「東中野元気塾マップ　2000年春創刊号」
12 "Marine Facilities Planning Study, University of Washington"
13 写真提供：早稲田大学佐藤滋研究室、芝浦工業大学　志村秀明
14 浅海義治・伊藤雅春・狩野三枝（1993）「参加のデザイン道具箱」世田谷区まちづくりセンター
15 宇部市（2003）「宇部市都市計画マスタープラン市民ワークショップニュース」

Process 1
まちを調べる

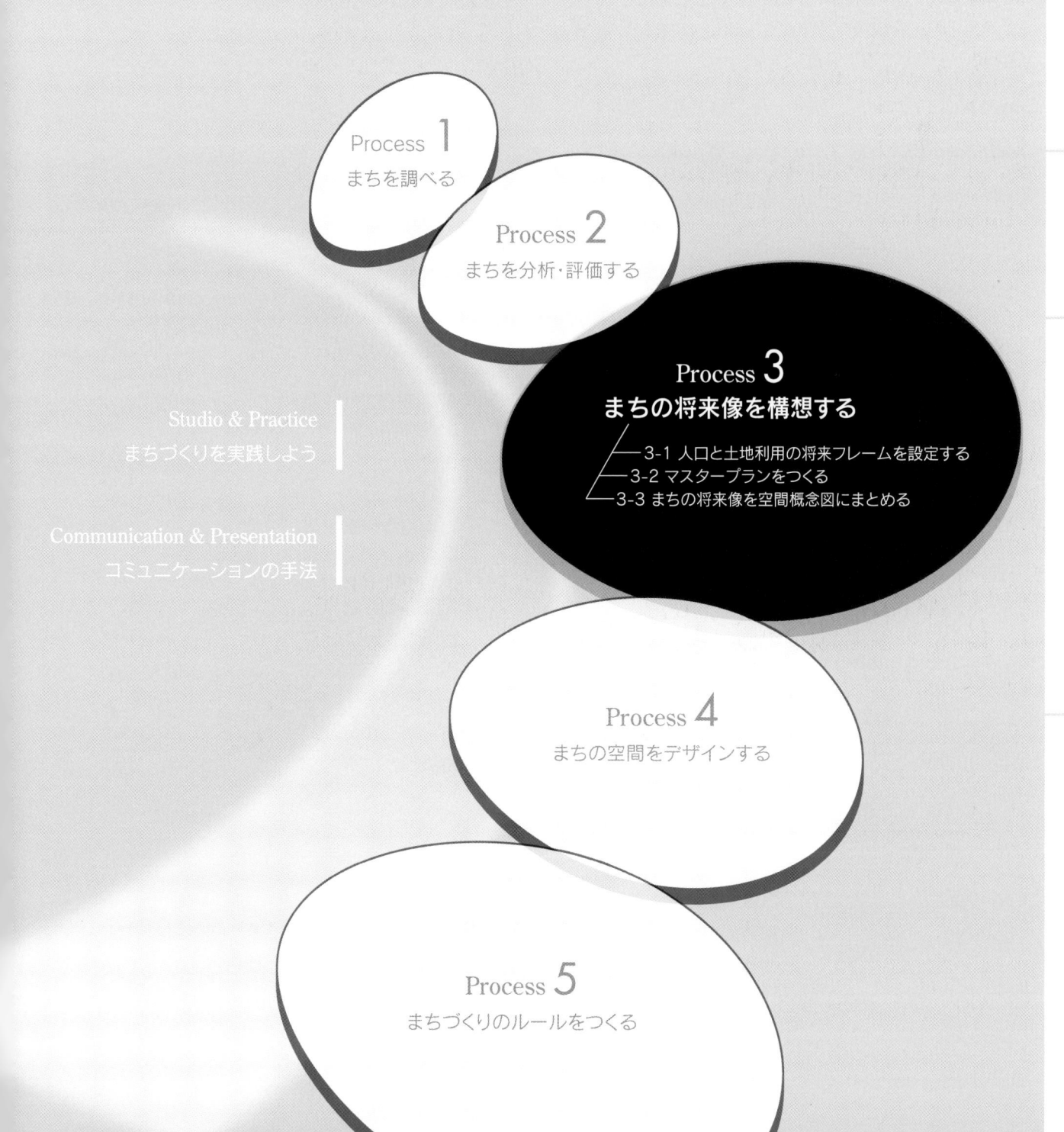

Process 2
まちを分析・評価する

Process 3
まちの将来像を構想する
- 3-1 人口と土地利用の将来フレームを設定する
- 3-2 マスタープランをつくる
- 3-3 まちの将来像を空間概念図にまとめる

Process 4
まちの空間をデザインする

Process 5
まちづくりのルールをつくる

Studio & Practice
まちづくりを実践しよう

Communication & Presentation
コミュニケーションの手法

3-1. 人口と土地利用の将来フレームを設定する

■まちの現況を読み取る

　まちの将来像を具体的に構想していくとき、まず考えるべきことは、まちの将来の人口と土地利用をどのように設定するかである。この検討のためには、都市計画基礎調査や地区カルテなどの資料をもとに、まちの過去から現在までの人口動向、土地利用の変化を的確に把握することが重要である。

■人口ピラミッドから将来人口構造を考える

　近年はとくに少子高齢化の進行が著しいので、人口減少を前提とした将来像を考えることが求められる。コーホートモデル※を用いた年令階層別人口予測を行い、高齢化の進展具合を的確に把握して、将来の人口フレームを年令階層別に設定することが重要である。

■土地利用フレームを設定して土地利用方針図を描く

　土地利用については、まず地区内の現況を空間的に捉えて、大きく住宅系、商業系、工業系の土地利用がどのように分布しているか、地区内の幹線道路や大規模施設（学校、公共施設など）の分布など、空間構造

	平成2年	平成7年	平成12年
人口 [人]	12,605	13,688	13,676
人口増加率 [%]	—	8.6	−0.1
人口密度 [人／ha]	61.2	66.5	66.4

豊橋市福岡小学校区の人口動向 [01]

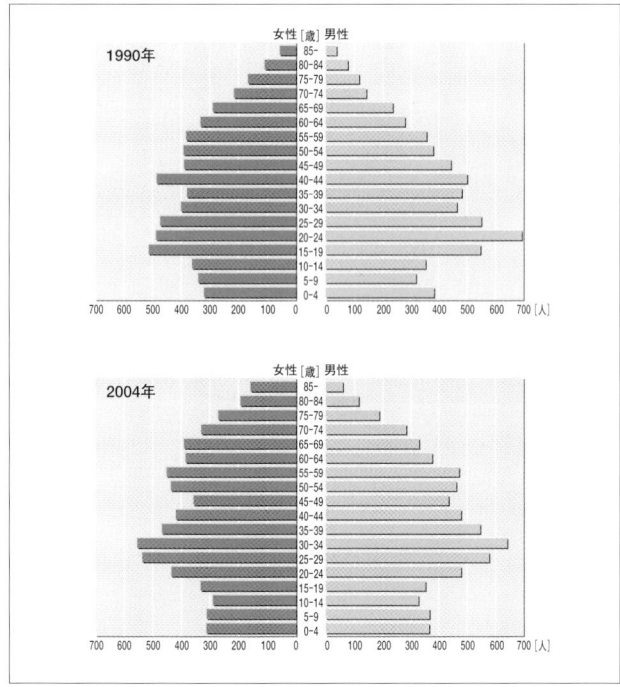

校区の人口ピラミッド [01]

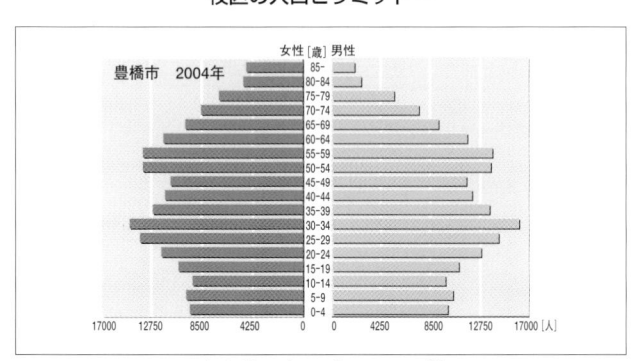

市全体の人口ピラミッド [01]

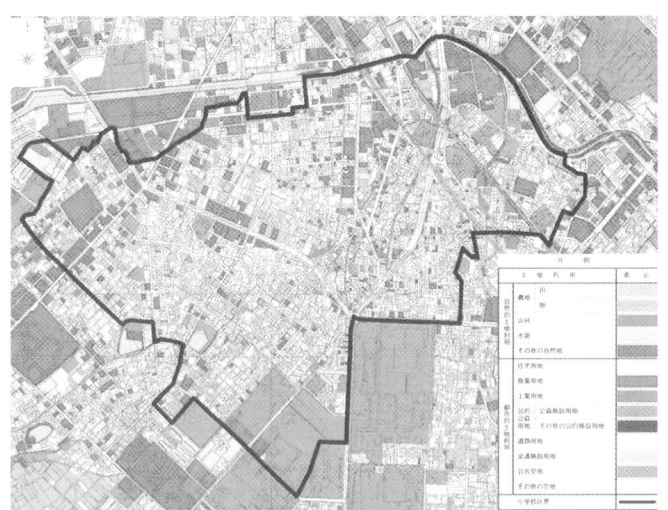

福岡小学校区　土地利用現況図 [01]

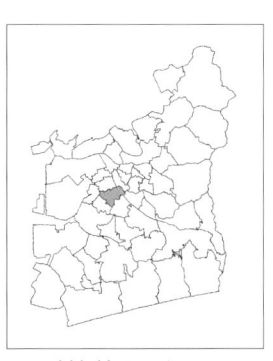

対象地区の位置図

		面積[ha]	校正比[%]
自然的土地利用	田	0.21	0.1
	畑	6.86	3.3
	山林	0.00	0.0
	水面	1.79	0.9
	その他の自然地	1.11	0.5
	小計	9.97	4.8
都市的土地利用	住宅用地	88.96	43.2
	商業用地	23.74	11.5
	工業用地	8.19	4.0
	公益施設用地	20.4	9.9
	その他の公的施設用地	0.00	0.0
	道路用地	38.43	18.7
	交通施設用地	3.70	1.8
	公共空地	1.65	0.8
	その他の空地	10.89	5.3
	小計	195.97	95.2
合計		205.94	100.0%

土地利用現況 [01]

建物用途	平成9年	平成10年	平成11年	平成12年	平成13年	平成14年	合計
住居系	110	93	82	80	85	72	522
商業系	7	11	14	14	16	19	81
工業系	10	13	16	20	21	19	99
その他	2	4	6	6	7	8	33
合計	129	121	118	120	129	118	735

用途別新築件数 [01]

の特徴と土地利用分布特性の関係をきちんと理解することが肝要である。そのうえで、人口、従業者の将来フレームから土地利用の将来フレームを設定する。

このとき、市街化が進行中の地区で人口増加が見込まれ宅地化可能用地が十分存在する場合は、ひとり当たり住宅用地面積（住宅用地原単位）を増加分に乗じて将来住宅地需要を求める。既成市街地の場合は、土地の高度利用、未利用地などの有効活用を図ることが必要で、都市的土地利用相互の用途転換を考慮する。可能ならば、道路、公園等の現況を踏まえ道路率やひとり当たり公園面積などの数値目標を設定する。また地区内で都市計画道路や再開発計画等が予定されている場合は、これらを土地利用フレームに反映させる。

以上の作業を踏まえて、地区の土地利用方針図を描く。このとき地区の骨格となる道路ネットワークや拠点を設定し、現況土地利用と将来の開発・整備計画も踏まえながら、より具体的かつ詳細な土地利用のゾーニングを行うことが肝要である。

※コーホートモデル
　人口を推計するために用いるモデルのひとつ

指　　標	値	指　　標	値
地区面積(ha)	205.94	道路率(%)	18.7%
可住地面積(ha)	137.03	農地率(%)	3.4%
可住地率(%)	66.5%	公共用地率(%)	22.3%
人口増加率(%)[H2〜H7]	8.6%	棟数密度(棟／ha)	24.2
人口増加率(%)[H7〜H12]	−0.1%	新築戸数密度(ha)	3.6
可住地人口密度(人／ha)	99.8	地区面積当たり年平均新築件数	0.7
人口密度(地区全体)(人／ha)	66.4	都市計画公園整備率(%)	27.5%
宅地率(%)	76.5%	1人当たり公園面積(㎡／人)	0.9
空地率(%)	6.1%	農地面積当たり年平均農地転用率(%)	0.0%

市街化指標 01

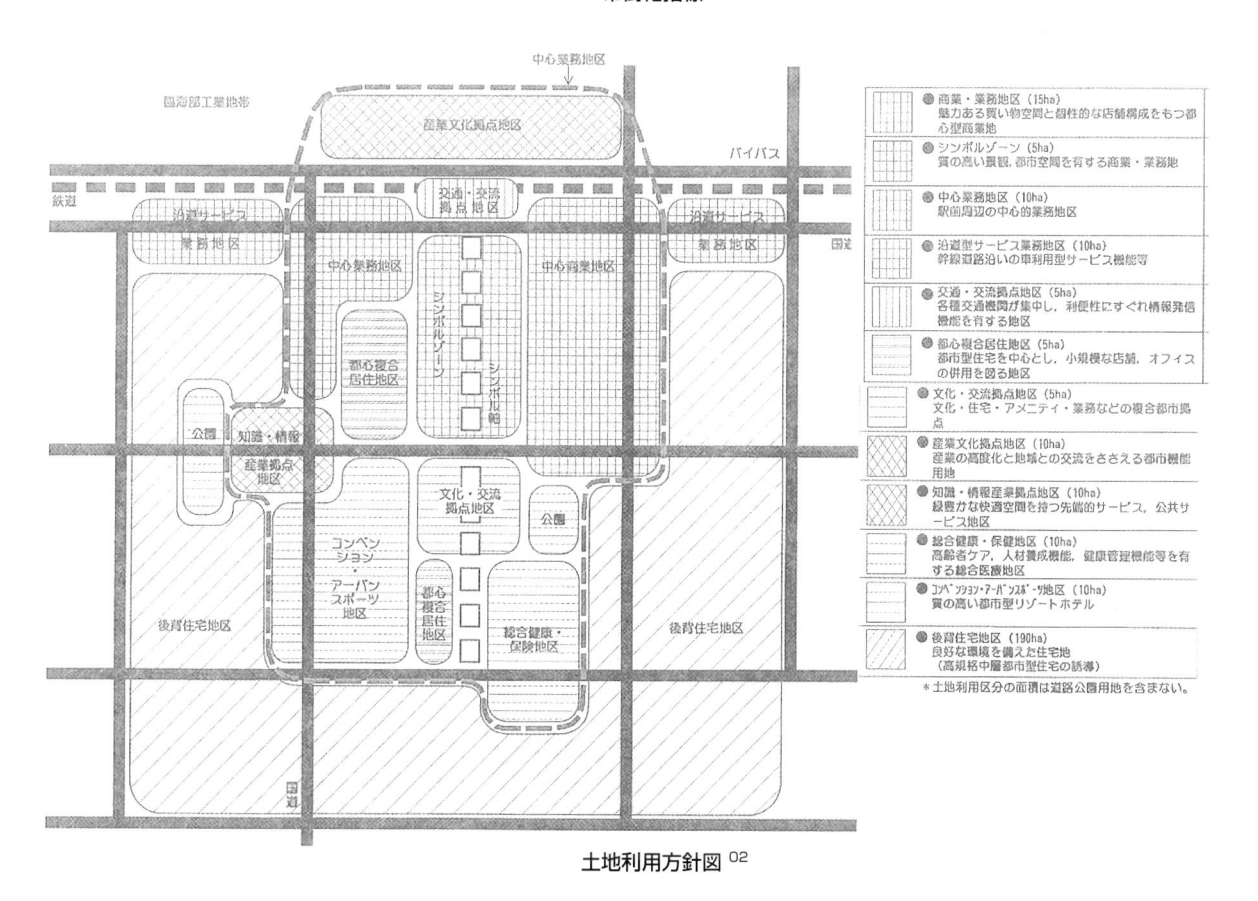

土地利用方針図 02

3-2. マスタープランをつくる

■**マスタープランの内容と役割**

マスタープランとは、市民の意見を反映させながら、地域の実情に即した将来の都市像を明確にし、これを実現するための諸施策を総合的にかつ計画的に進めていく指針となるものである。マスタープランは、土地利用や各種施設の整備の目標等、都市の物的な側面（建築や道路、公園といった都市施設）のみを静的に捉えるだけでなく、生活像、産業構造、自然的環境等について現況および動向を勘案して目標とする将来ビジョンを明確にしなければならない。マスタープランは、図面や文章、ダイアグラムなどで表現される。

■**空間スケール別に考える**

マスタープランは、ひとつの都市全体の構想から都市の地域別の構想まで、いろいろな空間スケールで考えることが出来る。対象とするまちの空間スケールやまちづくりのテーマにしたがって、いくつかの空間スケールでまちづくりの方針を検討することが重要である。例えば、小学校区程度の空間スケールでまちづく

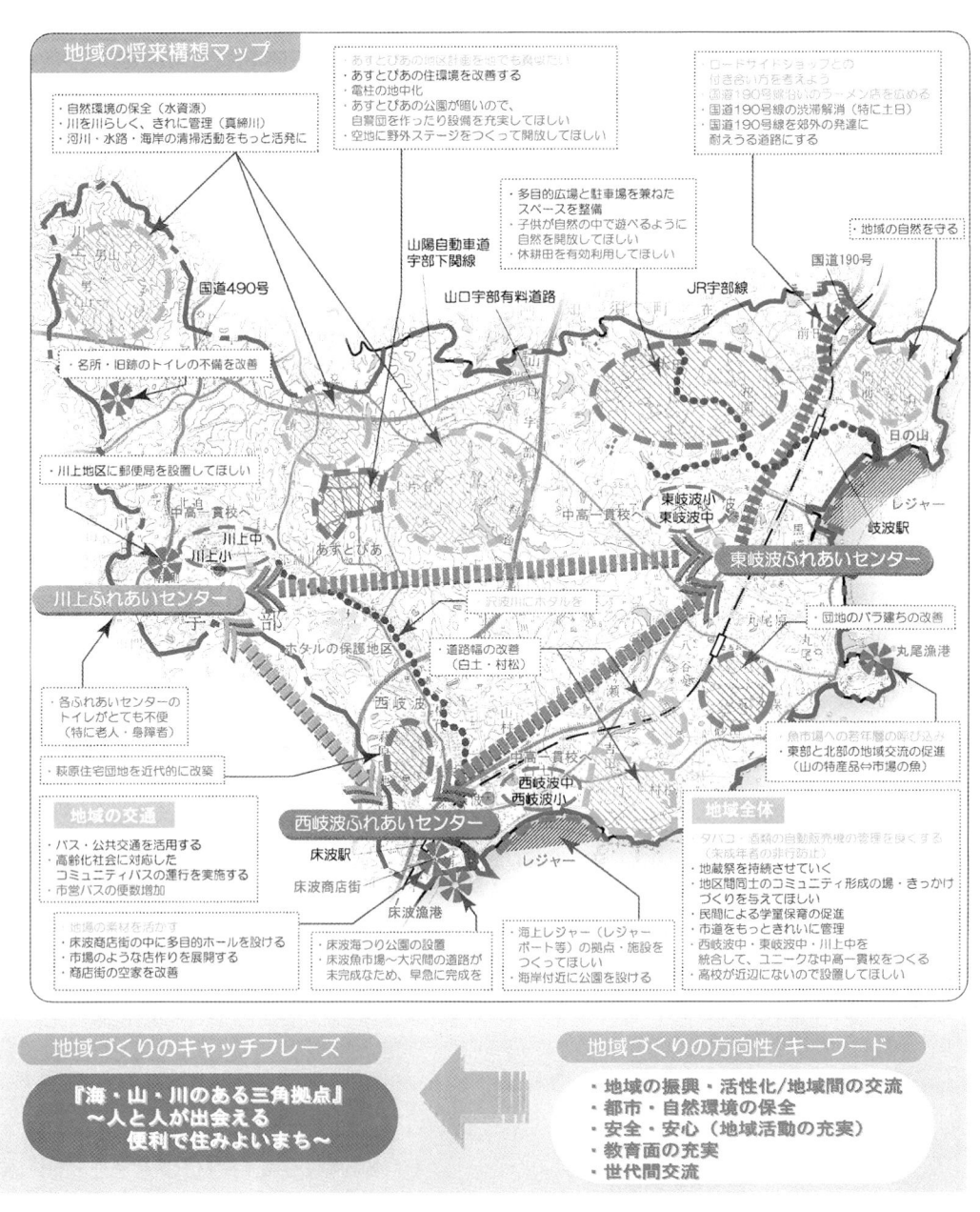

ワークショップでまとめた地域の将来構想マップ 03

| PROCESS-1 | PROCESS-2 | **PROCESS-3 まちの将来像を構想する** | PROCESS-4 | PROCESS-5 | Studio & Practice | Communication & Presentation |

りを考える場合は、その都市全体のマスタープランを構想した上で対象とする小学校区のマスタープランを構想することが望ましい。また、ひとつの街区程度の空間スケールであれば、その街区を含む地域レベルの空間スケールでのマスタープランを構想したうえで、対象とする街区のマスタープランを構想することが望ましい。この際、小スケールと大スケールの構想に表現される事項が相互に有機的な連携を保つように留意する。

■ マスタープランを描いてみる

Process2でまちづくりのテーマが決まったら、まちづくりのキャッチフレーズやキーワード、将来フレームから具体のまちづくりのマスタープランを作成する。記述するべき事項は、前項までのプロセスに即して地域の特性に応じ誘導するべき建築物の用途・形態、地域の課題に応じ地域内に整備するべき諸施設、緑地空間の保全・創出、空間の確保、その他配慮するべき事項などの方針を明確にする。図面表現には、施策の位置だけを示すものから、規模や区域を具体的に示すものまで大きな幅がある。住民との意見交換を通したまちづくりの計画の熟度に見合った表現をとることが原則である。また、文章は簡潔でわかりやすいことを心がけるべきである。

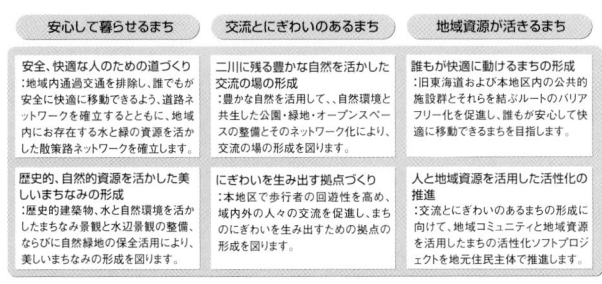

まちづくりの将来像と基本方針 04

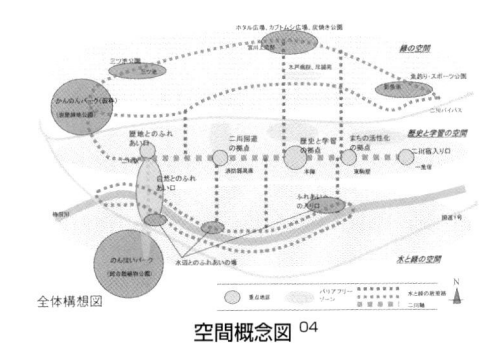

空間概念図 04

まちづくりの全体構想図 04

3-3. まちの将来像を空間概念図にまとめる

■空間概念図の役割

　まちの将来像についての議論がまとまったら、将来像に対応する空間概念図を描く。ワークショップ等で作製した地図をベースにして、現在のまちの課題をどのように解決するかを大きなフレームで検討する。空間概念図は、Process4で作成する計画案の元図となるものであり、将来像を明確にするコンセプトとともにきわめて重要な位置づけになる。

■空間概念図の描き方

　まず、まちの現況から課題、将来像に至る過程を道路や建物、広場などの要素別にビジュアルにフロー図やダイアグラムで表現すると考えやすい。また、それぞれの要素がどのような機能を果たすのかをあわせて表現することも必要である。

　次に、まちの空間要素の課題を点・線・面でとらえると考えやすい。駅やターミナル等のまちの拠点となる施設は点（円や四角等のシンボル的なマーク）で表

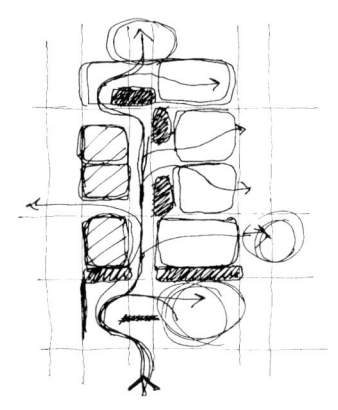

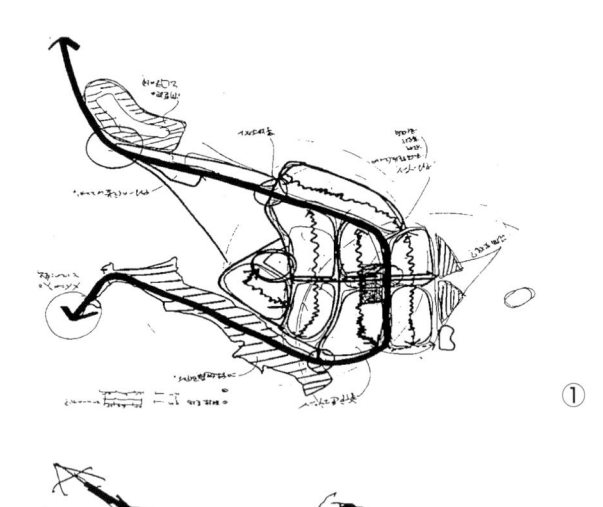

空間概念図のエスキス

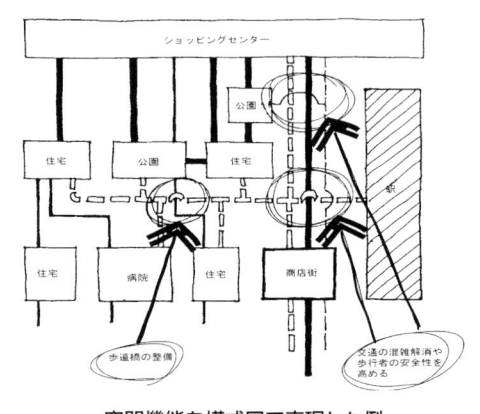

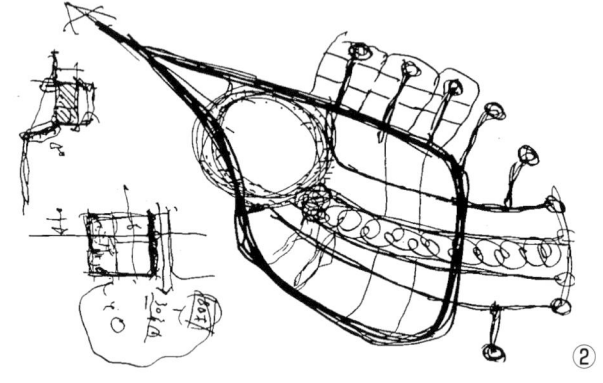

空間機能を模式図で表現した例

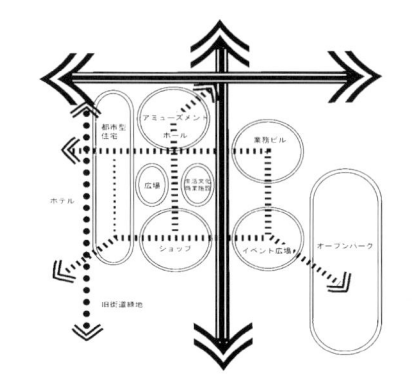

空間機能を点・線・面（ゾーン）で表現した例

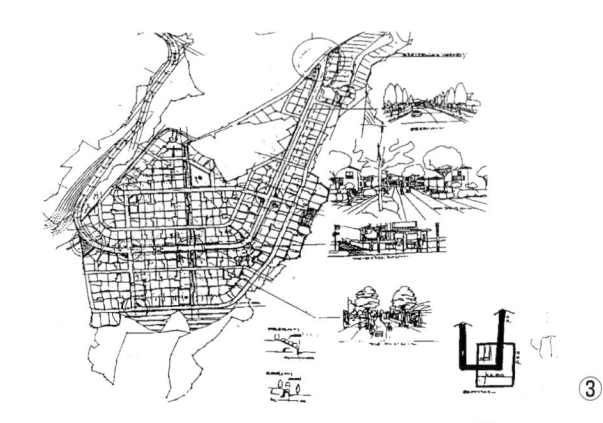

住宅団地計画の空間概念図のエスキース [05]
①から③へ進むにつれて具体化する

| PROCESS-1 | PROCESS-2 | **PROCESS-3** まちの将来像を構想する | PROCESS-4 | PROCESS-5 | Studio & Practice | Communication & Presentation |

現し、道路や河川、人や車の動線等は線で表現し、住宅地や緑地あるいは同様の課題が広がる場合や同様な空間的性質を持つエリアは面（ゾーン）で表現する。点や線や面で表現された現在のまちの様子を将来像に従って、課題を解決するためにそれぞれがどのように関連してどのように機能するのか、また、まちのオリジナリティは何かを整理して空間概念図にまとめ上げる。さらに、まちの空間スケールをマクロ（大きなスケール）からミクロ（小さなスケール）に落とし込んでいき、徐々に精度を上げて空間イメージを描いていくことも重要である。

最後に、道路や施設の名称、方位、将来像に基づく具体的な整備方針等を書き込みまちの将来像の空間イメージが分かりやすいように表現する。

■作業を進めるにあたって

以上の作業プロセスでは、1/2,500地形図や住宅地図を適当な空間スケールに拡大縮小したものを下敷きにして、その上にトレーシングペーパーをあて太めのサインペン等を用いてエスキースを何度も繰り返すことが重要である。線の種類（実線・破線・点線・一点鎖線・矢印等）や太さ、色を分ける等して作業することが肝要である。コンピューター上で作業を進める場合は、モニターの制約やコンピューターの操作に気をとられ発想しにくい場合があることやイメージ通りの線が描きにくい場合があり、注意が必要である。

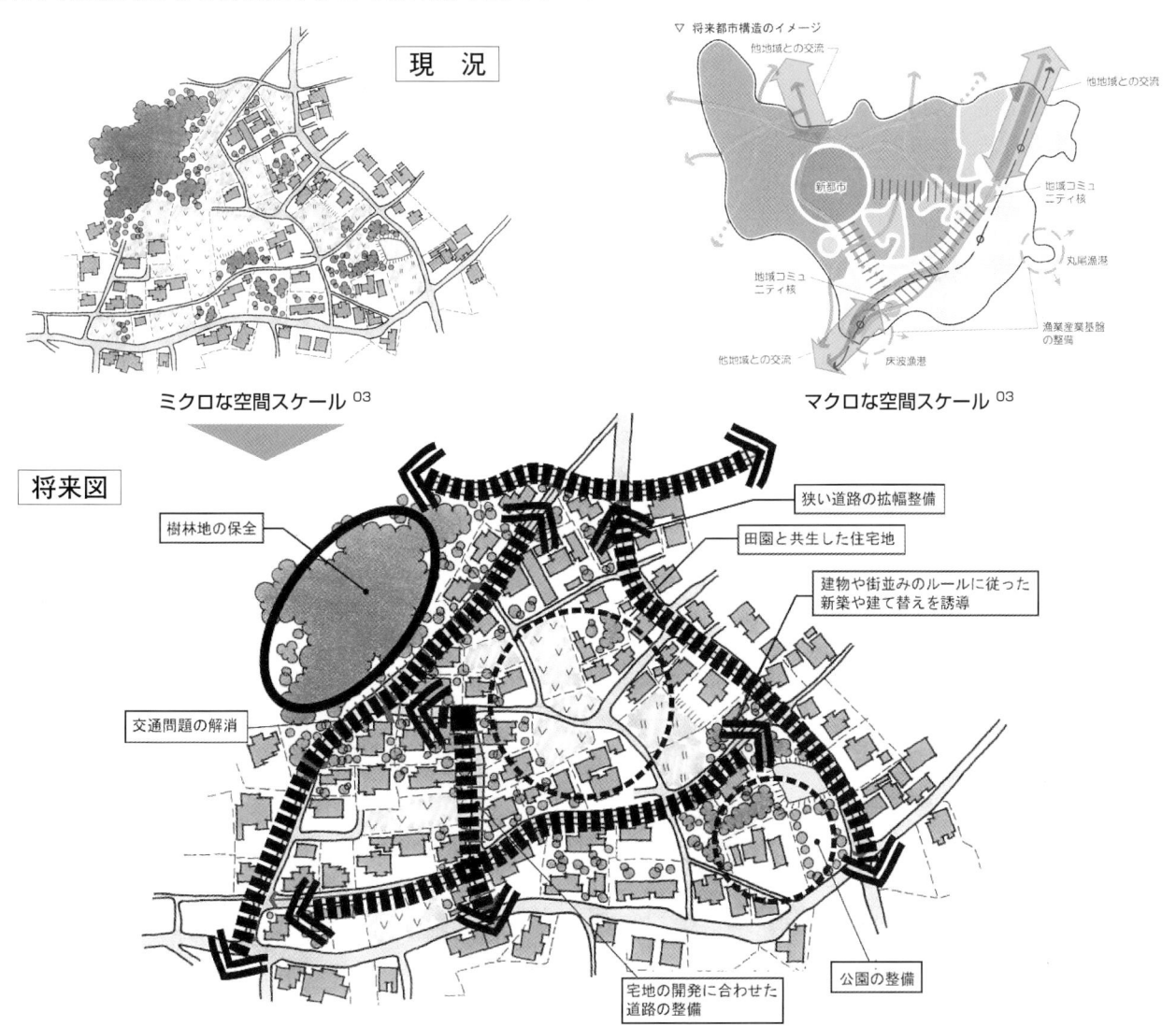

ミクロな空間スケール 03

マクロな空間スケール 03

ミクロな空間スケール（集落レベル）の空間概念図 03

■引用文献

01 豊橋市（2003）「豊橋市平成15年度都市計画基礎調査地区カルテ」
02 萩島哲・編（1999）「新建築学シリーズ10　都市計画」朝倉書店
03 宇部市都市計画課（2004）「宇部市都市計画マスタープラン」
04 豊橋市（2001）「豊橋市人にやさしいまちづくりモデル整備地区（二川・大岩地区）整備計画」
05 ㈱アンス・コンサルタンツ（1993）「佐藤組住宅団地アメニティ計画報告書」

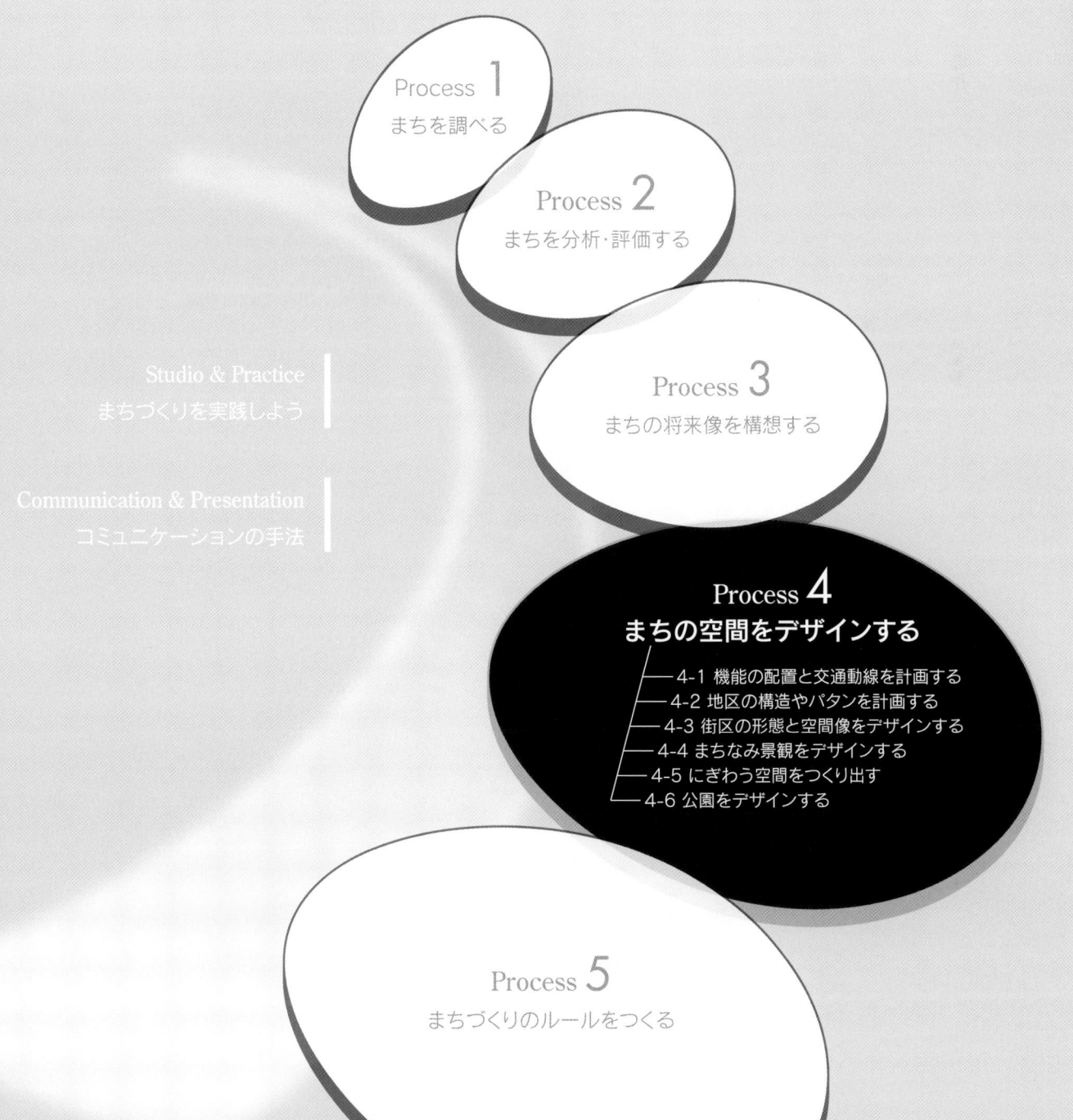

Process 1
Process 2
Process 3
Process 4
Process 5
Studio & Practice
Communication & Presentation

Process 1
まちを調べる

Process 2
まちを分析・評価する

Studio & Practice
まちづくりを実践しよう

Process 3
まちの将来像を構想する

Communication & Presentation
コミュニケーションの手法

**Process 4
まちの空間をデザインする**
- 4-1 機能の配置と交通動線を計画する
- 4-2 地区の構造やパタンを計画する
- 4-3 街区の形態と空間像をデザインする
- 4-4 まちなみ景観をデザインする
- 4-5 にぎわう空間をつくり出す
- 4-6 公園をデザインする

Process 5
まちづくりのルールをつくる

4-1. 機能の配置と交通動線を計画する

■基本的な考え方

日本においては十分なインフラ整備の前にモータリゼーションが進行したために交通・土地利用の面で多くの課題を抱えた地区が多い。こうした地区を計画するには、コンパクトな地区づくりを目標に、①計画のテーマ（高齢社会へ対応したバリアフリー化、住宅・商業の再生等）、②都市全体における地区の位置付け・役割、地区の段階構成、③地区の歴史的な発展の経緯、④住宅、商業・業務、工業など地区の特化した機能、⑤広域的な交通網と地区内交通網の接続、バイパスによる通過交通の排除の可能性について明らかにしておく。また、地区の課題と計画のゴール（将来像）を明確にする。例えば、バリアフリー化をテーマにした地区の機能と交通動線を計画する手順は以下のようになる。

□地区のインフラを把握する

まず、道路・鉄道や公共、商業、住居などの施設分布を明らかにする。道路は類型化し、その幅員、歩道の有無などを調べる。

□地区のアクティビティを把握する

街路上の断面交通量、駅の乗降客数などを調べる。施設の発生・集中交通量、曜日や祭りなどのイベントによるピーク時の交通量を推定する。

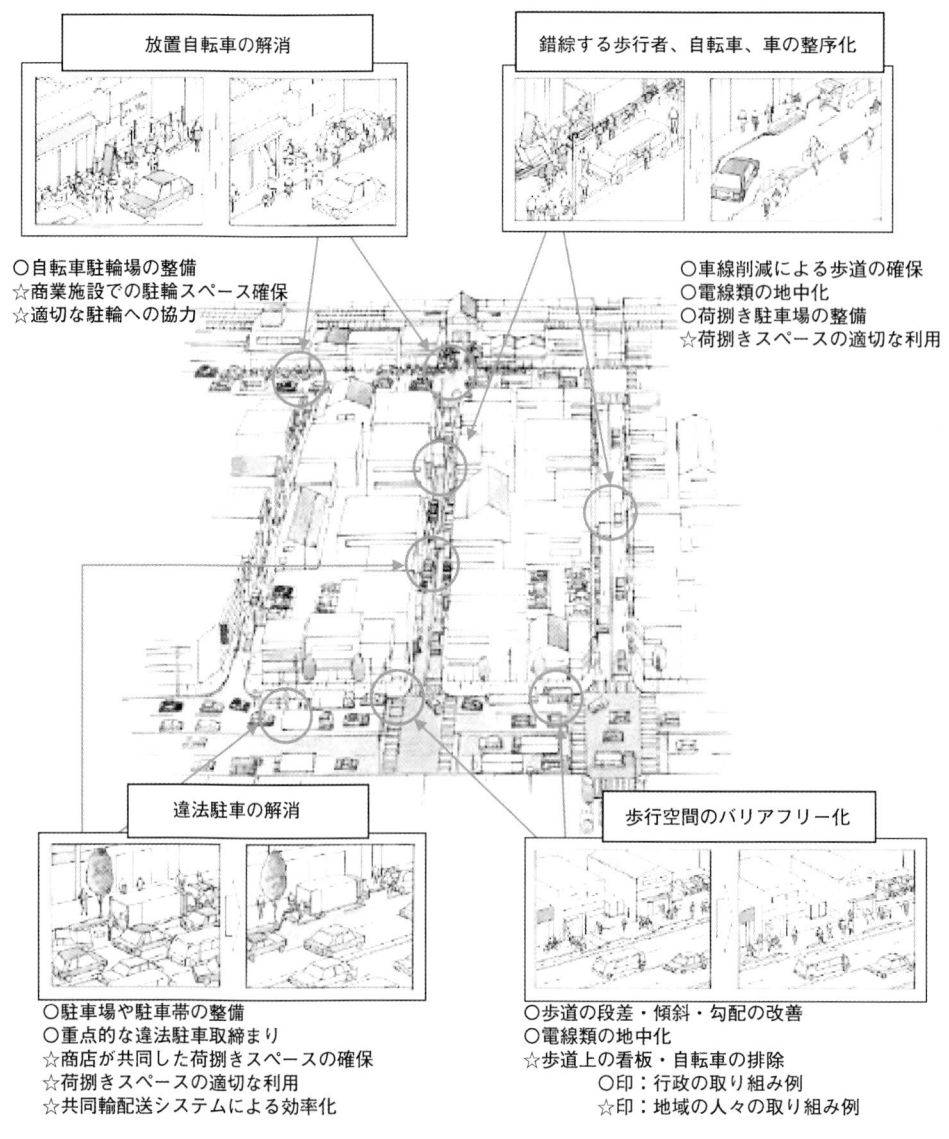

放置自転車の解消
○自転車駐輪場の整備
☆商業施設での駐輪スペース確保
☆適切な駐輪への協力

錯綜する歩行者、自転車、車の整序化
○車線削減による歩道の確保
○電線類の地中化
○荷捌き駐車場の整備
☆荷捌きスペースの適切な利用

違法駐車の解消
○駐車場や駐車帯の整備
○重点的な違法駐車取締まり
☆商店が共同した荷捌きスペースの確保
☆荷捌きスペースの適切な利用
☆共同輸配送システムによる効率化

歩行空間のバリアフリー化
○歩道の段差・傾斜・勾配の改善
○電線類の地中化
☆歩道上の看板・自転車の排除
　○印：行政の取り組み例
　☆印：地域の人々の取り組み例

街路の課題と整備イメージ 01

身近な街路を観察して見ると、そこには放置自転車、違法駐車、歩行空間のバリアフリー化などの課題が見えてくる。どのようにすれば課題を解決できるか考えてみよう。

| PROCESS-1 | PROCESS-2 | PROCESS-3 | **PROCESS-4** まちの空間をデザインする | PROCESS-5 | Studio & Practice | Communication & Presentation |

□**計画のテーマに沿って整備課題を明らかにする**
　道路網、公共、商業、住居施設配置の現況から、どのような整備課題があるか検討する。

□**地区の交通ネットワークを交通手段別に描き、乗り換えや駐車場を計画する**
　通勤・通学、買物等の生活行動の頻度やルート、交通手段を調べ、歩行者、自転車、自動車交通のネットワークを図に描く。また、地区の道路・鉄道駅、バスルート・バス停の配置から、交通手段の接続を支える駐車・駐輪場を計画する。商業地区の場合には荷物の搬出入も考慮する。

□**整備課題に応じた計画案を作成する**
　課題を解決するための整備に優先順位をつけ複数の選択肢をもつ計画案を作成する。

■**ワークショップ、社会実験で計画を検証する**
　作成した複数の案を住民やNPO、自治体職員、研究者、学生などによるワークショップで、ＫＪ法などを用いてさまざまな意見を吸い上げながらさらに検討する。機会があれば社会実験[※]を行い、計画の効果を確かめる。

※社会実験
　公共的な都市空間整備の効果を確かめるために、事業実施の前に一定の期間、事業を実験的に実施すること。

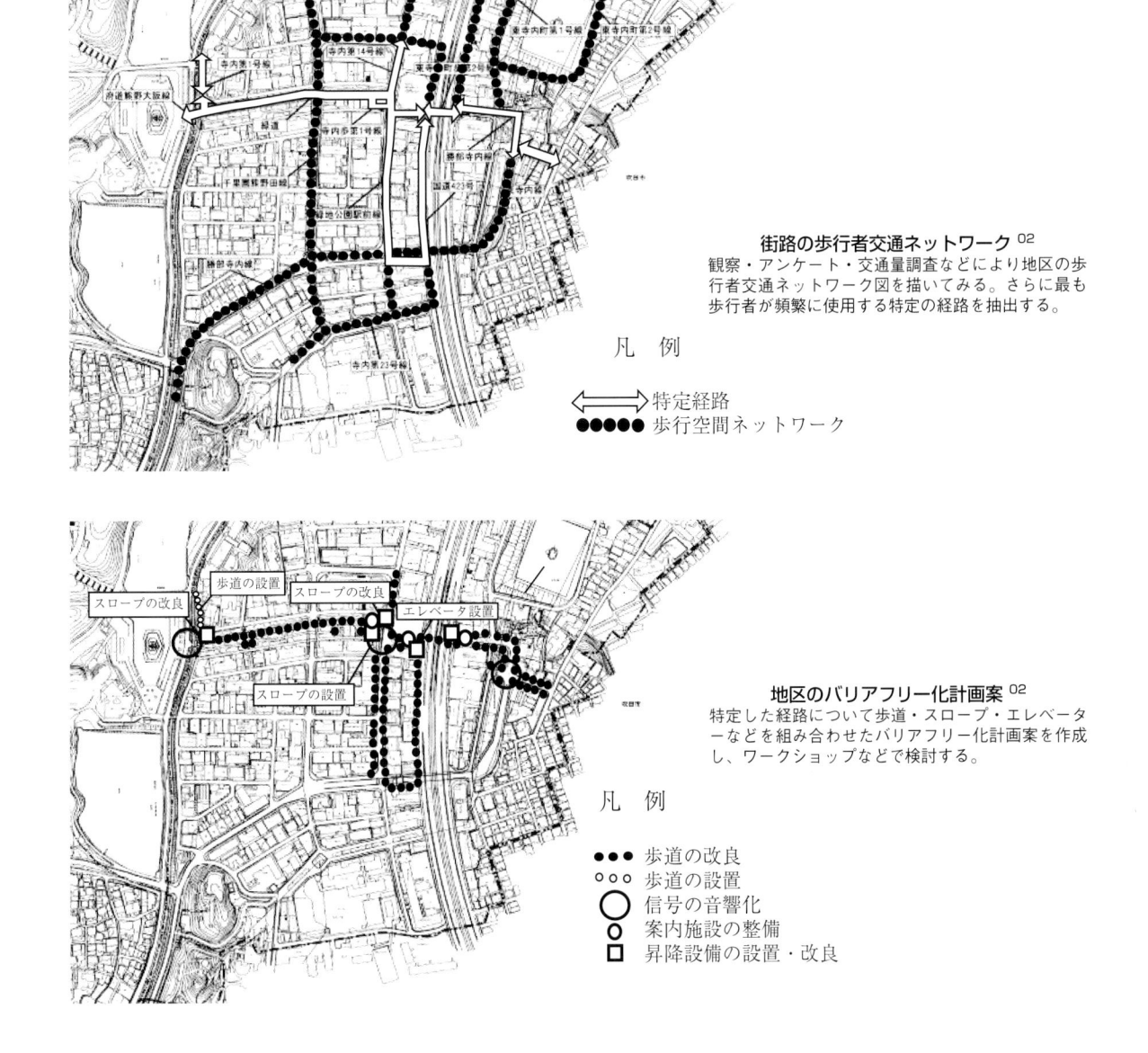

街路の歩行者交通ネットワーク 02
観察・アンケート・交通量調査などにより地区の歩行者交通ネットワーク図を描いてみる。さらに最も歩行者が頻繁に使用する特定の経路を抽出する。

凡　例
⇔　特定経路
●●●●●　歩行空間ネットワーク

地区のバリアフリー化計画案 02
特定した経路について歩道・スロープ・エレベーターなどを組み合わせたバリアフリー化計画案を作成し、ワークショップなどで検討する。

凡　例
●●●　歩道の改良
○○○　歩道の設置
○　　信号の音響化
●　　案内施設の整備
□　　昇降設備の設置・改良

4-2. 地区の構造やパタンを計画する

■地区の骨格を計画することの重要性

既成の市街地や農村などの地区にはそれぞれの地理条件や歴史的な成り立ちに基づく地区の基本構造がある。道路、河川、街区といった構成要素で織り成す基本構造を計画するプロセスは、地区の交通や住環境を規定する骨格の形成を決定していく極めて基本的かつ重要なプロセスである。

既成市街地や農村集落などの地区を再開発する場合、地区周辺の構造を把握し、周辺との関係に配慮しながら、その地区に相応しい環境をつくり出していくための構造やパタンを決定していくこととなる。新たに更地や郊外のこれまで市街地でなかった場所に住宅地を計画する場合でも同様である。

■道路の階層構造を計画する

都市を構成する道路には都市全体の交通計画に基づき、都市間をスムーズに移動するための広幅員の幹線道路から沿道の住宅にアクセスするための区画道路に至る基本的な階層構造がある。それぞれの階層の道路は、自動車や歩行者のスムーズな移動や沿道の施設へのアクセスのための機能を担っている。住宅地や商業地を構成する道路も、交通計画の観点からの階層構造に配慮して全体構造を計画することとなる。

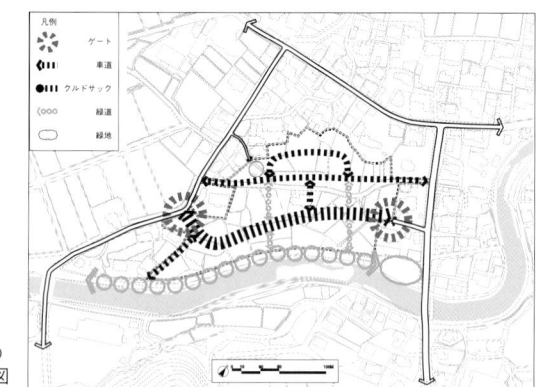

A案：一般型
・格子状＋ループ状の道路形態とし、各敷地を均質に配置するタイプ（従来型の区画整理を想定）
・公的な緑地の確保を抑え、各敷地に分配して分譲する

B案：クラスター型
・クルドサック（袋路）の道路形態を基本とするタイプ
・小規模単位（6〜10戸）程度で共有空間を持ち、区分所有する

C案：緑地集約型
・ループ状の道路形態を基本とするタイプ
・広場、緑地を中心に集約して確保する（住民が共有、管理することも想定）

既存住宅地に隣接する新規住宅地開発の検討（3つの代替案の比較）[03]
地域に相応しい開発形態を住民らが検討するために、地区の道路構造や配置パタンが異なる3つの代替案を概念図、配置図、模型等を使用して比較した。

	A案		B案		C案	
計画戸数（戸）	50戸の場合	60戸の場合	50戸の場合	60戸の場合	50戸の場合	60戸の場合
平均敷地規模（㎡）	324 (98坪)	270 (82坪)	313 (95坪)	261 (79坪)	302 (92坪)	252 (76坪)
建築面積（㎡/戸）	80	80	80	80	80	80
建ぺい率（%）	24.7	29.6	25.6	30.7	26.5	31.7
全住宅地面積（㎡）	16,194	(71.7%)	15,652	(69.3%)	15,115	(66.9%)
道路・歩道面積（㎡）	4,933	(21.8%)	4,027	(17.8%)	4,250	(18.8%)
緑地面積（㎡）	1,474	(6.5%)	2,921	(12.9%)	3,235	(14.3%)
全体整備区域面積（㎡）	22,600	(100.0%)	22,600	(100.0%)	22,600	(100.0%)

3つの代替案の戸数、密度、各種面積等の比較 [03]

住民参加による模型を使用した代替案の検討

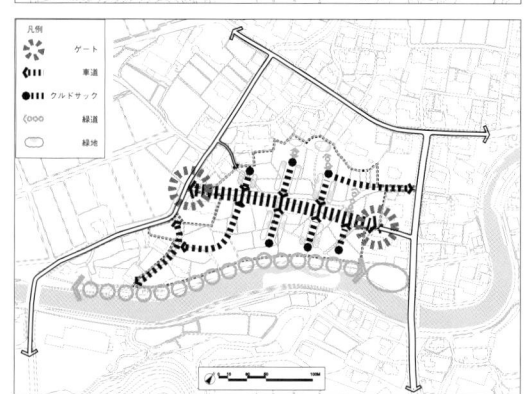

A案の概念図

B案の概念図

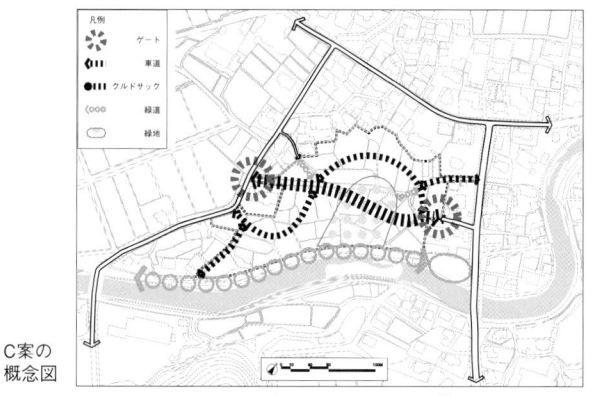

C案の概念図

3つの代替案の概念図の比較 [03]

その一方で、地区の個性的な沿道のまちなみ景観や住環境の形成にも配慮した多様な種類の道路空間を巧みに組み合わせる階層構造を沿道のデザインと共に計画していくことも重要である。

■地区にふさわしい階層構造を計画する

　例えば、駅前から延びる並木道、にぎわいを見せる歩行者優先の商店街の道路、それを横切る独特の風情を見せる細い道路などは、地区の多様な道路沿道景観の変化による地区の魅力をつくり出すこととなる。

　道路の構造パタンとして、格子状に直交しているグリッドパタンの道路もあれば、地形や土地利用、周辺の道路網といった条件に適合させながら、交通の安全性に十分配慮しつつ、道路をカーブさせて変化に富んだ道路の階層構造をつくり出すことも考えられる。

■街区形状や敷地割りを計画する

　どのような規模、形状の街区と敷地の配置パタンで地区が構成されるかは、地区の住環境形成の重要な鍵を握る。地区の街区・敷地構成を計画するプロセスは、道路構造と共に、街区、敷地の構成パタンについて、考えられる代替案の中を検討し、それぞれの優位点やその上に建つ建築物の想定を含めた比較をしながら慎重に決定していくプロセスである。

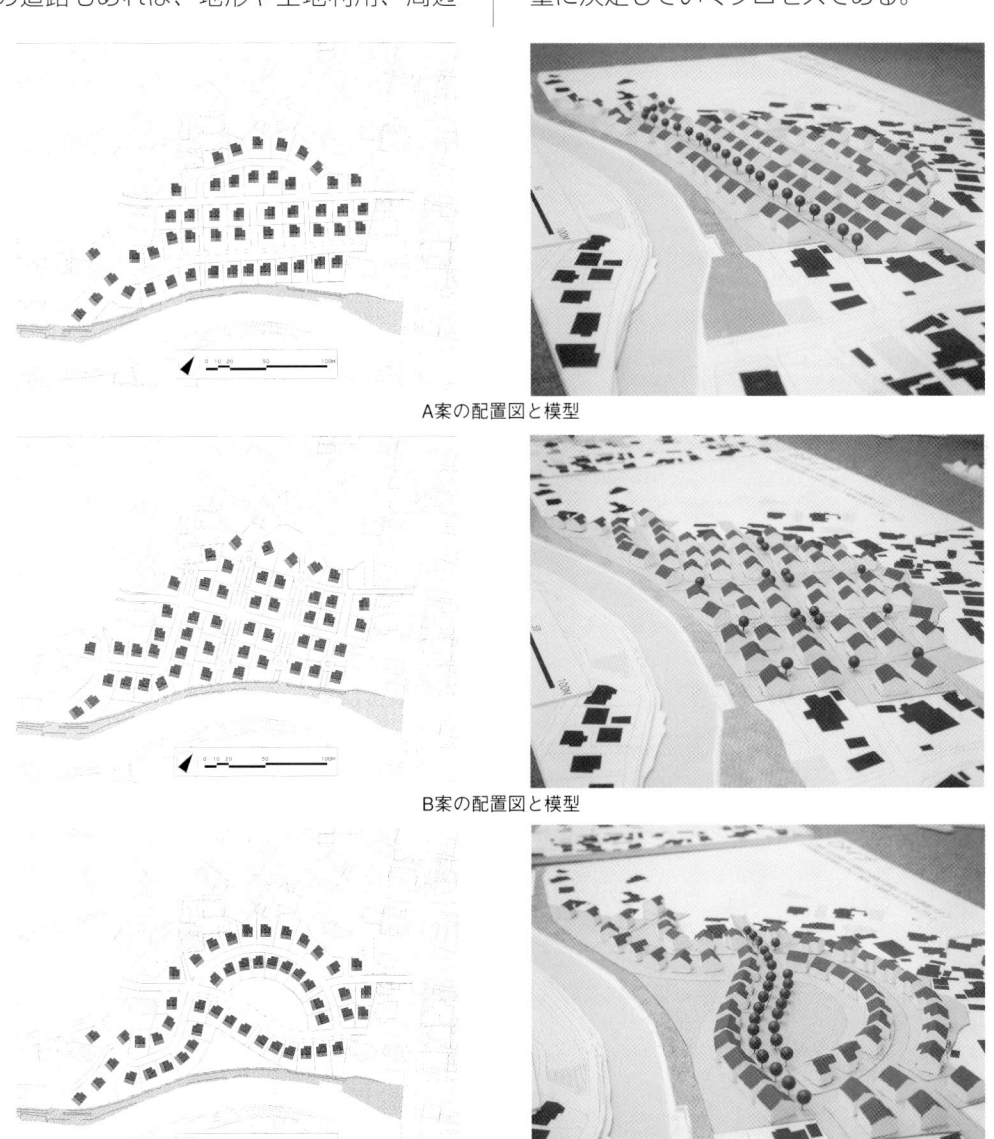

A案の配置図と模型

B案の配置図と模型

C案の配置図と模型

3つの代替案の配置図と模型による比較 03

4-3. 街区の形態と空間像をデザインする

■住環境の形成を左右する街区内部の計画

新規に住宅地などを計画する場合、道路で区切られる街区の形状、さらにその街区をどのような形状や規模の個々の敷地に割るかは、その後に敷地上に建つ建築物の形態を左右し、さらにはその後に形成される住環境を左右することとなる。街区の形態やその街区を分割する敷地の形態や規模は、最終的に形成される住環境を規定することとなるため、慎重にその上に建ち得る建築物やオープンスペースの配置構成を想定して計画することとなる。

既成市街地内の商業・業務地や住宅地の再開発の計画では、地区全体の土地利用計画に則して、既存の街区内の敷地割を考慮しながら、また、ときに敷地を共同化するなどしながら、合理的で機能的な建築物やオープンスペースの配置構成をデザインしていく。

■街区の一体的開発と個別開発の誘導

街区内を一体的に（一体の敷地として）再開発し、整備できる場合もあれば、複数の敷地に分割されているために、各敷地単位で個別に時期もずれながら建替えを進める場合もある。前者の場合は、最終的な街区内部の空間をデザインしていくことが可能であるが、後者の場合は、最終的な街区全体の空間像を予測し、

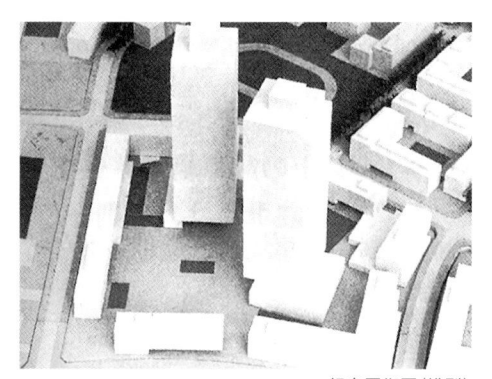

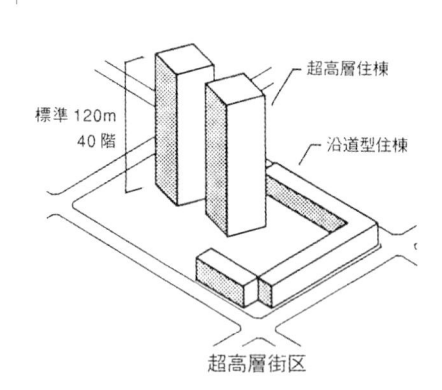

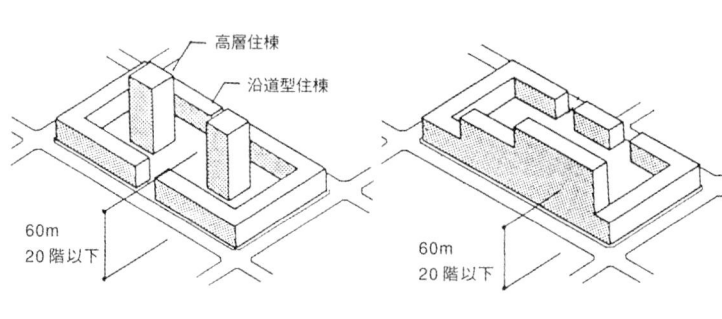

超高層街区（模型）

高層街区（模型）

中層街区（模型）

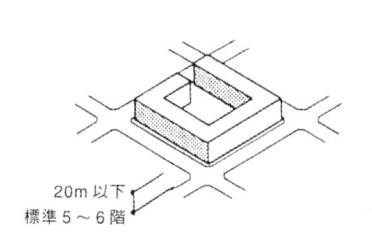

中・高層街区の基本形態の検討 04
中高層建築物で構成される地区を計画する場合、同じ規模や密度（容積率）でも、街区や敷地の中央にタワー状に建つ場合や、ぐるりと中庭を囲むように建つ場合でできあがる環境は大きく異なる。

シミュレーションしながら、個々の敷地単位での建替えを街区全体の空間像へと誘導していくための地区計画などの手法が必要となる。

■商業・業務地区における街区の形態

商業・業務地区における街区を一体的に再開発する場合は、街区内のオープンスペースと建築物との配置構成にさまざまなパタンが考えられる。容積率400%以上の高密度な街区を形成する場合、街区中央に高層建築物を配置し、街区周囲にオープンスペースを巡らせるパタンや、街区の周囲に建築物を配置し、街区内部にパティオといった中庭状のオープンスペースを確保し、周囲に店舗やオフィスを配置して、沿道と街区内部ににぎわいを創出する方法もある。

■住宅地における街区の形態と配置構成

集合住宅で構成する住宅地においては、街区内の各住戸の日照・採光環境に配慮した配置構成が求められる。特に、高層住宅では隣棟間隔や日影に配慮した配置計画が求められる。戸建て住宅地では、街区内部の敷地の規模、形状を計画する際に、その敷地内に建つ住宅、駐車場、庭等の配置を想定し、空間像を十分に検討したうえで、経済的でかつ快適な住環境の形成に適した規模と形状の敷地割を計画する。

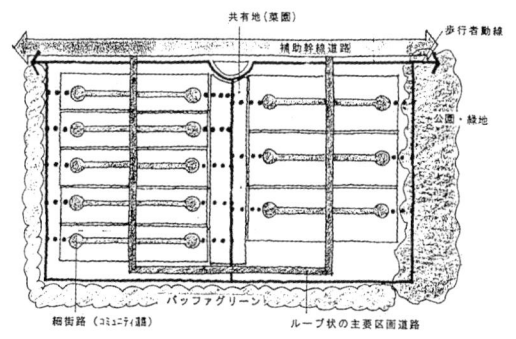

街区・街路の構成

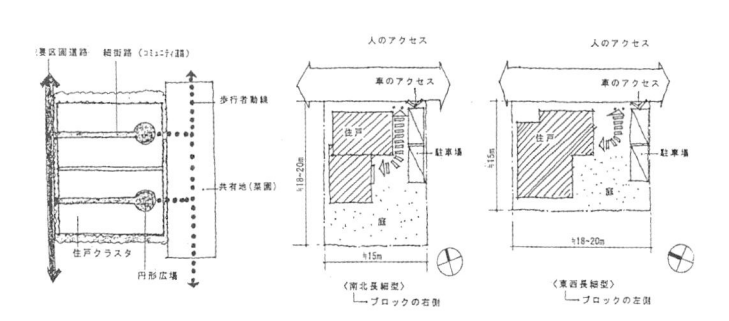

住戸クラスターと敷地内部の住戸配置タイプ

戸建て住宅地における街区・敷地の形態と配置構成 05
立地条件やライフスタイルを勘案しながら、住宅地の空間構成や動線の考え方(左上図)や、住戸の集合配置の形式、集合の単位（クラスター）(右上図)を検討し、対象地にそれを適応した場合の配置計画(下図)を立案していく。

4-4. まちなみ景観をデザインする

■**まちなみ景観を構成する要素の分析**

道路上から見るまちなみ景観は、さまざまな要素を含んでいる。道路上に配置される公共物、植栽、サイン、ストリートファニチャ、沿道の敷地の建築物、垣・柵、看板などを総合して沿道の景観が形成される。

伝統的建造物群が並ぶ歴史的まちなみ景観や、商業地区における店舗などが並んだにぎわいのまちなみ景観、戸建て住宅地や農村集落における落ち着いたたたずまいを感じさせるまちなみ景観など、景観を構成する要素を調和させ、あるいはときにコントラストを持たせて、その地区にふさわしい美しい道路まちなみ景観を創造していくことはまちづくりの大きな課題である。

既存の景観を改善していくためには、特に道路上を移動した場合のまちなみの見え方の変化を観察し、各場面での見え方を連続したシークエンスとして捉え、そのシークエンスを演出していくことを目的として現状を分析し、改善後の効果を検討する方法がある。

また、沿道のシンボリックな建築物やオープンスペースが見えるスポットでの景観や、遠方の山並みなどのシンボルを含めた特徴的な景観を保全し、演出することも美しいまちなみ景観を創造するうえで重要である。

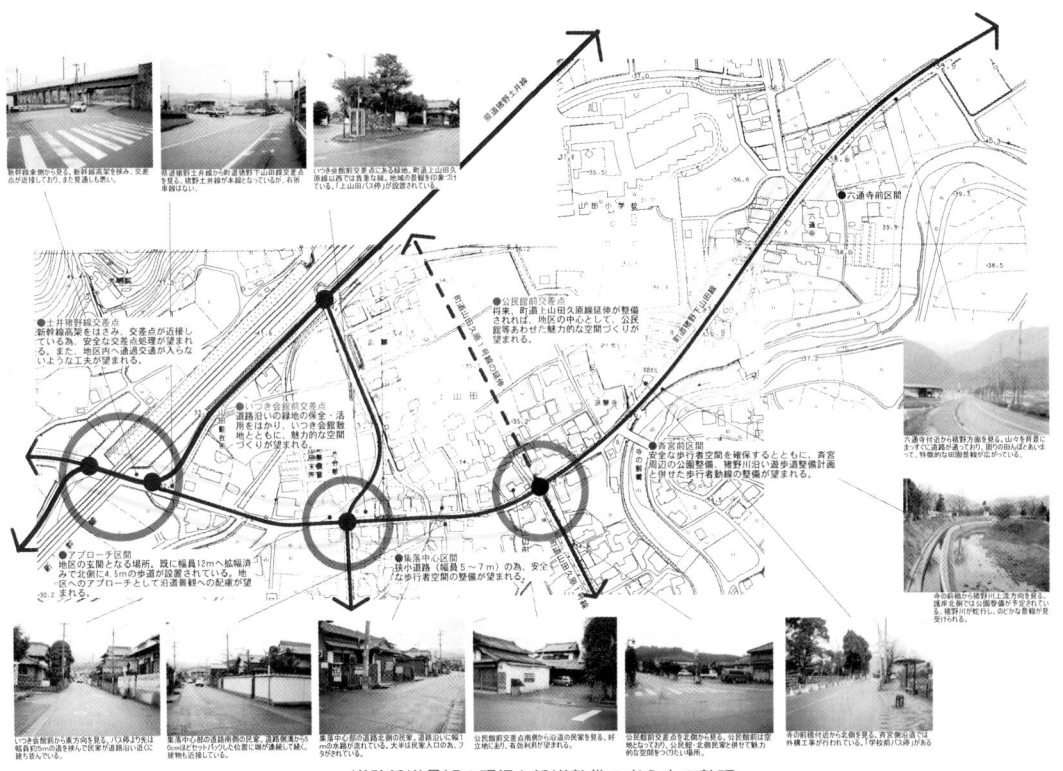

道路沿道景観の現況と沿道整備の考え方の整理

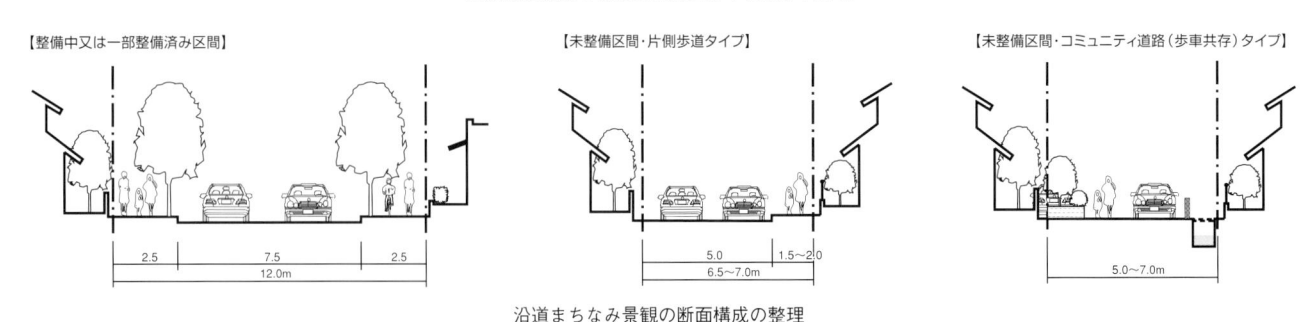

沿道まちなみ景観の断面構成の整理

道路沿道まちなみ景観整備の検討 [03]

道路を幅員や沿道土地利用の違い等からゾーンに区切り、現地調査と地図を手掛かりに、各ゾーンや交差点ごとの景観の現況と整備課題を地図上に整理し（上図）、各ゾーンの断面図で断面構成を把握し（下図）、景観整備の方針を立てる。

| PROCESS-1 | PROCESS-2 | PROCESS-3 | **PROCESS-4 まちの空間をデザインする** | PROCESS-5 | Studio & Practice | Communication & Presentation |

■地区に相応しいまちなみ景観の構成の分析と理解

歴史のある地区では、美しいまちなみ景観の保全・整備は、地域の気候、風土、生活様式の中で育まれてきたことを学ぶことから始まる。沿道のまちなみ景観の要素とその構成は、道路・歩道のパブリック空間、敷地境界線から内側（住宅側）の前庭などのセミプライベート空間、住宅や中庭などさらに奥まったプライベート空間に分類し、断面図などで整理すると、よく理解できる。

■まちなみ景観のルールづくりへ

新規住宅地においても、建設当初から美しいまちなみ景観の素地を築き、樹木の成長や住宅地としての成熟に合わせて、まちなみ景観を育成していくために持続性の高い維持管理のルールを策定しておくことも有効である。景観の構成と将来のあるべき空間像を理解、共有したうえで、住宅の壁面のセットバックの距離、住宅の意匠形態、材料、色、垣・柵、植栽、駐車場の取り方などを決めていき、まちなみ景観の形成、保全、維持管理のための地区固有のルールをつくっていく。

ただし、土地の所有者や開発者には個々の住宅の建築の自由度の確保や建設の経済性の優先を求める要望もあり、全体の調和と協調を求めるまちなみ景観のルールの策定には合意形成のプロセスが求められる。

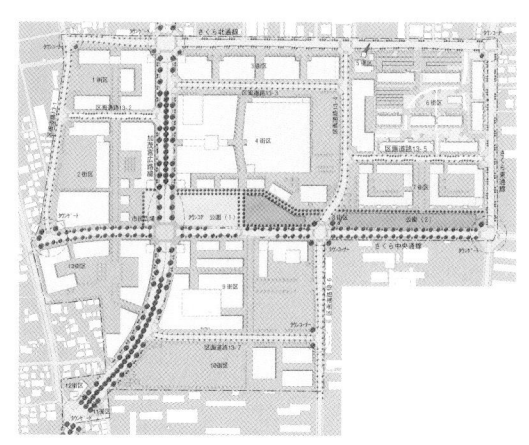

歩行者空間ネットワーク

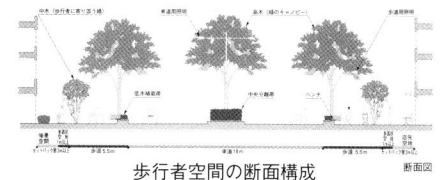

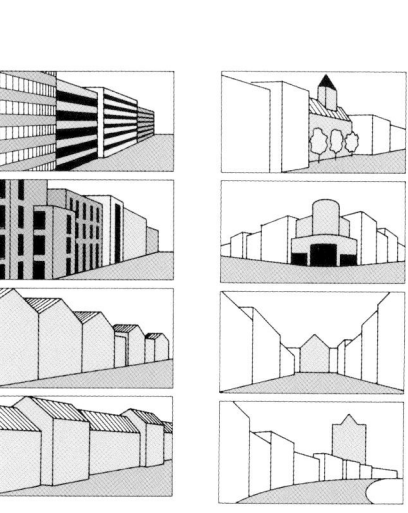

道路断面と歩行者空間のデザイン 06

壁面やスカイラインの連続性 ／ **まちなみのアクセント** ／ **まちなみの低層部デザイン**

まちなみ景観の型と指針の検討からルールづくりへ 07
個々に建設される建築物が並ぶまちなみ景観を美しく調和した景観へと導くためには、壁面やスカイラインの連続性、アクセントやコントラスト、低層部のデザインなどの景観の型や指針を検討し、景観形成のルール（ガイドライン）をつくる。

配置図（上図）上で道路ネットワークや歩行者のルート設定、沿道の土地利用を把握し、断面図（下図）で空間構成を検討し、計画対象地区内のまちなみ景観の形成計画を立案する。

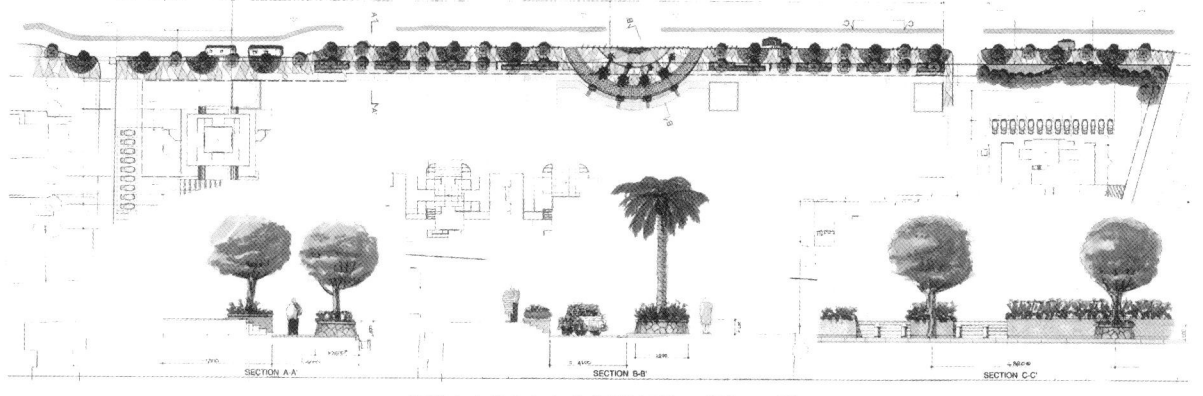

植栽を中心とした歩行者空間のデザイン 08
歩行者空間のアメニティを高めるために、植栽を中心にした歩行者空間のきめ細かいデザインを平面図（上図）と断面図（下図）で検討する。

4-5. にぎわう空間をつくり出す

■中心市街地の活性化とにぎわいの創出

都心や中心市街地は多数の来街者が集まり、楽しく快適に過ごす地区である。人が集まる魅力的なハレの空間をデザインし、にぎわいを創出することが、空洞化で悩む中心市街地において最も今日的な課題である。

そのためにさまざまな取り組みが全国で展開している。にぎわいの創出のためには、機能的な側面、空間デザインの側面、地区を運営、経営していく組織の側面などにおける多様な取り組みが行われている。

■ニーズに応じた交通環境整備と機能の複合化

活性化の方策のひとつは、交通利便性の向上である。駅前商店街と言えども多方面からの来街者に対するアクセス利便性を向上させる必要がある。そのため、複合的なアクセス交通手段に対応した利便性の高い地区にするための交通環境の整備を進め、駐車場や駐輪場の整備、歩いて楽しい歩道空間の整備なども行われる。

また、商業だけの機能ではなく、地域社会のニーズに基づく機能の複合化もひとつの方法である。ニーズに合わせた文化施設や各種学校などの教育施設を導入し、複合機能地区としたり、同じ建物内で住居と商業の用途を立体的に分離しながら混合させることで、夜間人口と来街人口を共に確保することも行われる。

■個性ある地区形成のための看板やサインの調和

魅力的な地区をつくり出すためには、個性的なまち

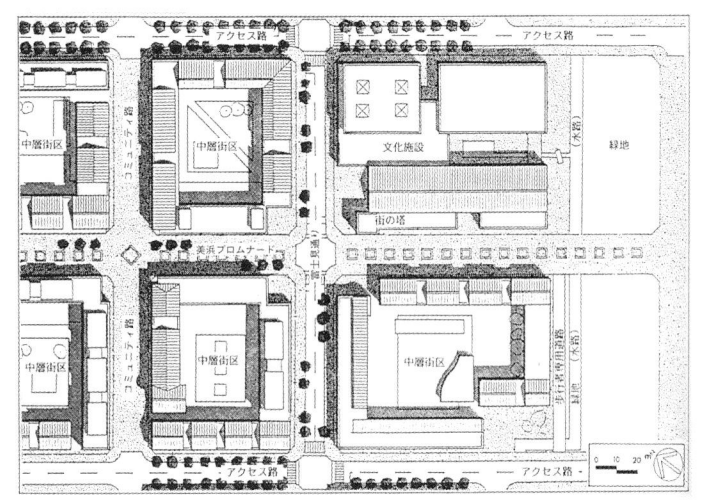

メインストリートと周囲の街区・建築物の配置構成 04

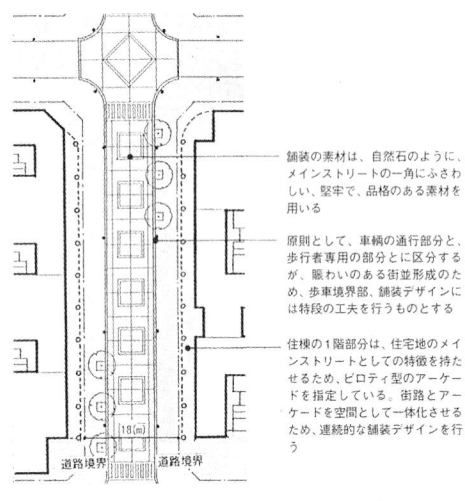

メインストリートのデザイン指針 04

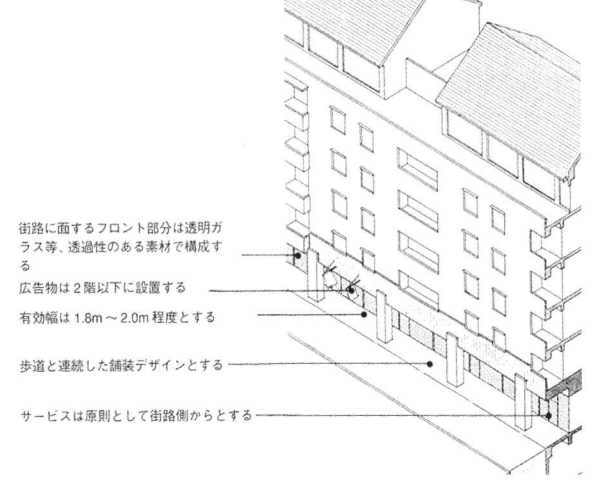

沿道の建築物のデザインガイドライン 04

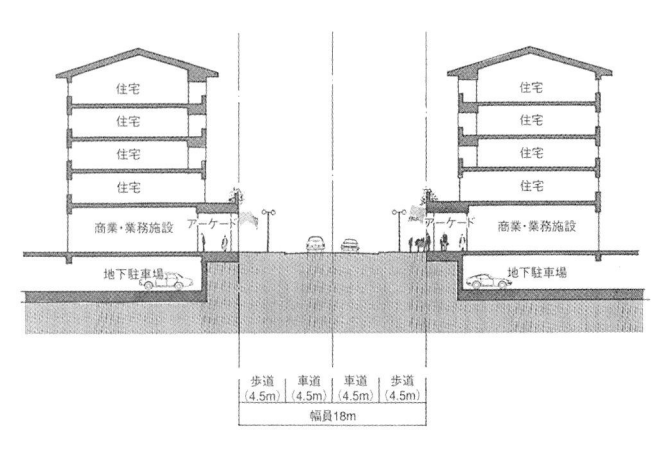

断面構成 09

にぎわいをつくり出すメインストリートのデザイン 04、09
沿道の個々の建築物が異なる開発者により開発される場合、無秩序なまちなみ景観が形成されないように、沿道のまちなみ景観の調和に配慮した沿道の建築物の用途、意匠、形態を誘導するガイドライン（ルール）を開発時に策定する場合がある。図は、1階は店舗が並び、上層階は住宅で構成される建築物が並ぶメインストリートを対象に、街路自体のデザインに加え、沿道建築物に対するきめ細かいデザインガイドラインにより、快適で魅力あるにぎわい空間をつくり出す例。

なみ景観が求められる。しかし、個性的な地区とは、個々の建築物がその意匠や色、形態で派手さを競い、目立つことで必ずしも成り立つものではない。むしろ、看板、サインを含めた全体的な調和感が、個性的なまちなみ景観として印象づけられる。近年では、地区内の歩いて楽しい環境を整備するために、オブジェ、ベンチ、植栽などの公共空間内の設置物の統一されたデザインや、沿道のまちなみの調和をつくり出すための沿道建物のセットバックなどの建て方のルールの導入、看板やサインの意匠、形態等のガイドラインの導入が行われている。

■仮設的空間のデザインによるにぎわいの創出

固定的な店舗施設だけがにぎわいをつくりだす手段ではない。欧米の都市の道路上にはオープンカフェや露店があり、来街者の消費意欲を誘発し、くつろぎの場を提供するなど、時間帯や期間限定で設置される仮設的なしつらえもにぎわいを演出する要素となっている。

道路などの公共空間の占用に必要な許可を得たうえで、期間限定で開設する公共空間を利用したオープンカフェ、祭り等の仮設空間をデザインすることは、にぎわい創出と地区活性化の効果的な方法ともなり得る。

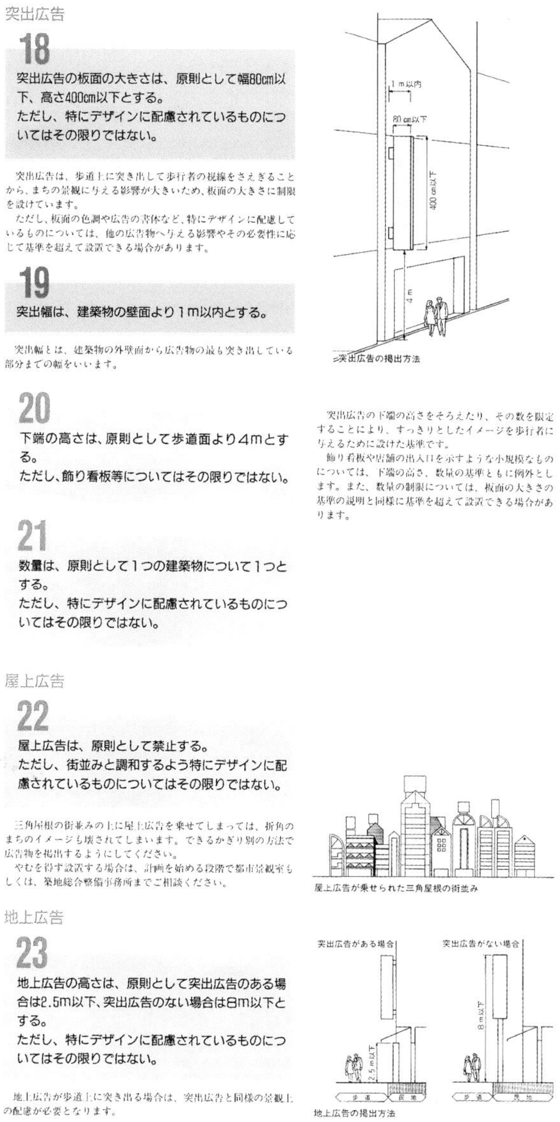

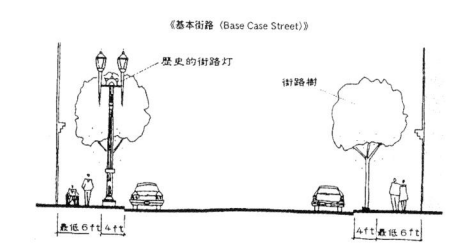

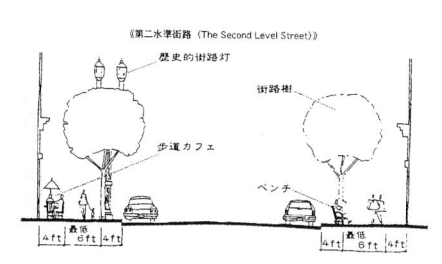

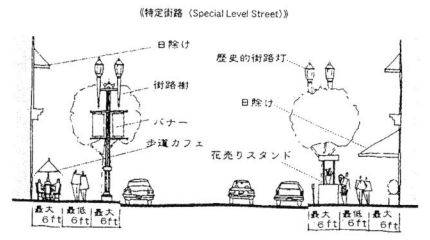

屋外広告物のデザインガイドライン [10]
屋外広告物は重要な景観構成要素であり、広告物としての機能と周囲との調和が求められ、近年、景観条例に基づくガイドラインで広告物の形態等を規定したりする。

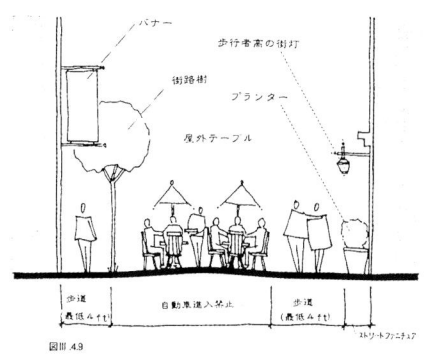

仮設物を含む景観要素の配置された道路・路地のタイプ別断面構成の基準 [11]
道路空間のにぎわい創出のうえで、街灯やベンチ等のストリートファニチャ、オープンカフェ等の仮設的要素のデザインは重要であるが、道路のタイプに適応した安全で機能的な配置構成と密度を考える必要がある。

4-6. 公園をデザインする

■都市計画公園の種類と都市の中での位置づけ

都市計画公園の種類と誘致距離は全国的な国の基準が提示されており、われわれの身の周りにあるほとんどの公園は都市計画公園としての位置付けを持つ。公園は日常生活に欠かせないレクリエーション等の都市機能を担う施設であると同時に、災害時には避難地などの防災機能も担う。小規模でも身近な「街区公園」「近隣公園」「地区公園」から、「総合公園」「運動公園」などの都市全体からの利用者のための公園がある。

公園を計画する際にはまず、対象となる公園に関して、都市全体の公園の体系から、位置付けを確認する。

■敷地と文脈を解読する

すべての敷地はユニークな条件を持つ。まず、公園敷地内部と周辺の環境に関して、地勢、植生、生態系、水系、水勾配、周辺の土地利用など、敷地の特性と潜在力を整理、把握することからデザインは始まる。

地域の住民参加で公園のデザインを行うためには、そうした敷地の解読を進めた結果を敷地情報として参加者が共有する必要がある。そのうえで、土地が持つ潜在力を生かし、地域の公園に対する利用者としてのニーズを引き出しながら、空間をデザインしていくプロセスへと進む。

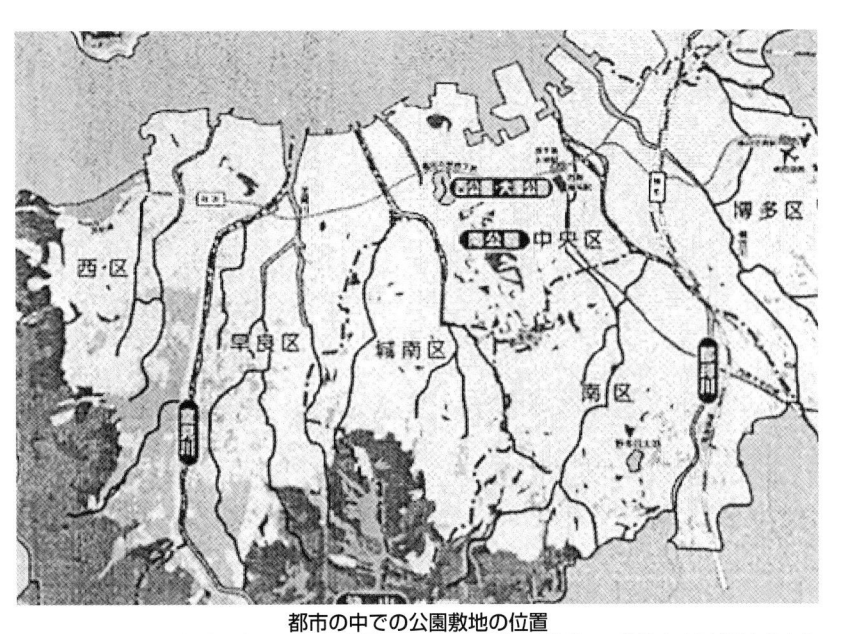

都市の中での公園敷地の位置
公園を計画する前に都市の中での敷地の位置づけや緑地体系、生態系での位置づけや地理条件を把握する。

模型などを利用したワークショップ
現地を観察した後に、ワークショップ参加者で模型をつくり、地形の特徴など全体像を把握し、模型上で植栽を含めた立体的に見た公園の計画代替案を検討する。

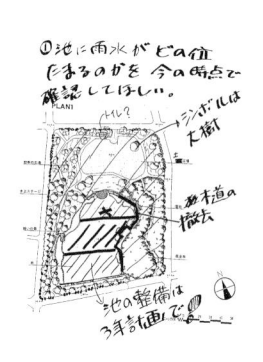

ワークショップ参加者の1グループによる提案　　　　1グループによる計画案の修正案

地区住民らによる公園デザインのワークショップ
グループに分かれて討論し、計画代替案を取りまとめ、発表して、自然保護等の計画課題、住民らの要望や考え方を整理する。

■アクティビティをデザインする

　子どもから高齢者までの利用者にとって使いやすい公園とはどのような公園であるか、利用者と専門家で考えながらデザインするプロセスは、皆で地域社会の日常のライフスタイルや地域の自然環境を知るためのプロセスでもあり、実際の敷地や周辺におけるフィールドワークなど楽しく参加できる工夫が求められる。

　子どももデザインへの参加のプロセスでは重要な働きを果たす。子どもの遊びのアイデアはつねに創造的で、公園を使いながら新たな遊びを創造する。遊びの創造力を育成していくことも公園の役割である。配置計画では、公園の入り口の位置や近づきやすさ（アクセス）、トイレなどの施設の位置は、その使いやすさと同時に近隣住宅などにも配慮する。参加により抽出された考え方はダイアグラムを作り整理するとよい。

■風景を造る

　公園のデザインは風景をつくり出すことでもある。既存の自然を取り込み、ゾーニングと人が移動するルートを入念に計画し、樹種別の植栽、小さな丘、地面の起伏、小道などを入念に配置し、小世界の風景を創造する。近隣住民や利用者のデザインへの参加を通じて、公園に愛着を持ち、維持・管理に一定の役割と責任を持ってもらうことも重要である。

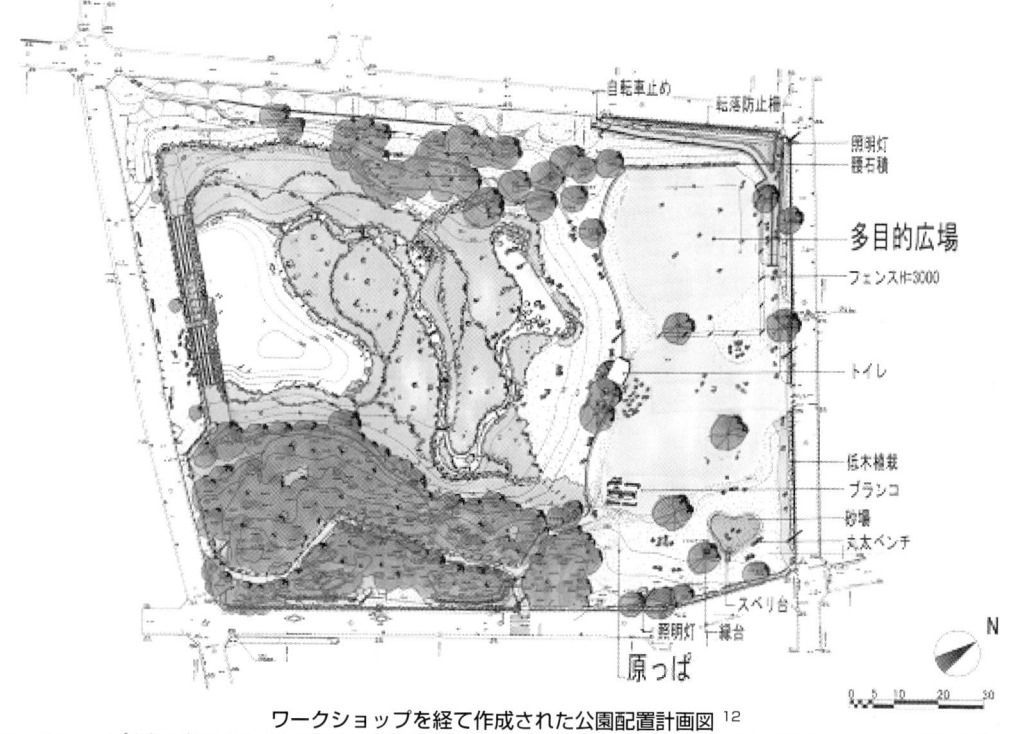

ワークショップを経て作成された公園配置計画図 [12]
ワークショップを経て整理された自然保護や自然を観察し育成する公園の考え方を専門家がとりまとめ、トイレ等各施設の適切な配置、植栽群と散策ルートの設定などを含むひとつの配置計画案を導き出した。

公園の景色

■引用文献・引用ホームページ

01 金沢市（2003）「金沢市歩けるまちづくり基本方針（素案）」
　　金沢市ホームページ ………………………………………http://www.city.kanazawa.ishikawa.jp/pubcomme/anken15-8/
02 豊中市（2001）「緑地公園駅地区交通バリアフリー基本構想」
　　豊中市ホームページ ………………………………………http://www.city.toyonaka.osaka.jp/toyonaka/dobokugesui/d_kensetsu/Seian1/RYOKUTI/TIKU.HTM
03 福岡県久山町・(財)福岡県建築住宅センター(2002)「上山田地区田園居住区整備基本計画策定調査報告書」
04 千葉県企業庁（1991、2002改訂）「幕張新都心住宅地　都市デザインガイドライン」
05 鹿児島県住宅供給公社・㈱市浦都市開発建築コンサルタンツ（1995）「松元ニュータウン　環境共生住宅モデル建設基本計画策定委託業務」
06 「さいたま市北部拠点宮原地区公共空間デザイン指針」
07 福岡市（1992）「福岡市建築景観ガイドライン」
08 ㈱ZEN環境設計「上海市内　商業道路」
09 千葉県企業庁（1990、2002改訂）「幕張新都心住宅地事業計画」
10 名古屋市（1996）「築地都市景観整備地区　都市景観整備計画・都市景観形成基準のあらまし」
11 日本建築学会都市計画委員会都市景観小委員会（1999）「海外における都市景観形成手法　報告書」（原書は、The Planning Department, City and County of San Francisco（1995）"Destination Downtown-Streetscape Investments for a Walkable City"）
12 福岡市・㈱緑景（1999）「長丘中公園基本設計報告書」

Process 1
まちを調べる

Process 2
まちを分析・評価する

Process 3
まちの将来像を構想する

Process 4
まちの空間をデザインする

Process 5
まちづくりのルールをつくる

- 5-1 まちづくりを担う組織と仕組みをつくる
- 5-2 計画からルールへ展開する
- 5-3 デザインガイドラインをつくる
- 5-4 まちづくりの協定をつくる
- 5-5 地区計画をつくる

Studio & Practice
まちづくりを実践しよう

Communication & Presentation
コミュニケーションの手法

5-1. まちづくりを担う組織と仕組みをつくる

■まちづくりの体制をデザインする

　まちづくりは、単発的な活動ではなく、多くの人を巻き込んだ、息の長い活動である。そのためにも、まちづくりを支える「人」や「組織」の仕組み（まちづくりの体制）をデザインすることが、まちづくりには欠かせない。「まちづくりの体制」は、基本的には「市民」と「行政」がつくるものである。市民ひとりひとりの力では限界があるので、具体的には、町内会や自治会、市民組織やNPO※などが結成され、それらと行政で「まちづくりの体制」を作ることになる。こういった市民の組織をここでは「まちづくりの組織」と呼び、「市民」と「行政」の中間におく。まちづくりの体制をデザインするということは、まず①市民の中から「まちづくり組織」をデザインし、次いで②「まちづくり組織」と「行政」の関係をデザインし、最後に③それに必要な「支援の仕組み」をデザインすることである。ここで、まちづくり組織をデザインする際には、組織としてどのような「まちづくりの課題」を「どのように実現する」ことを目標とするか、という組織の目標を誰にでもわかりやすい表現で掲げることが重要になる。そして、その目標に沿って具体的な事業の計画が組み立てられることになる。

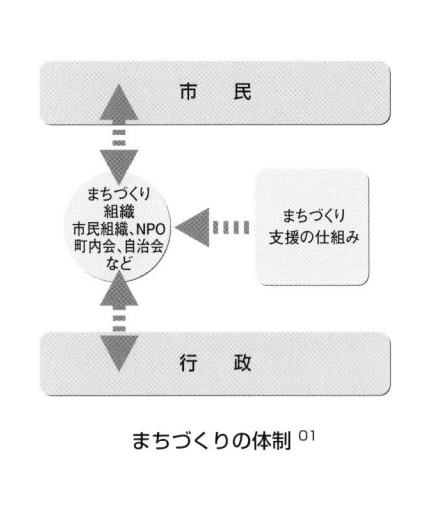

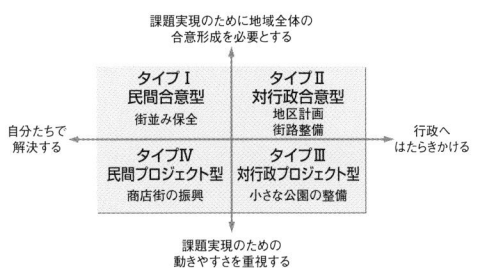

まちづくりの体制 01

まちづくりの課題のポジショニング 01

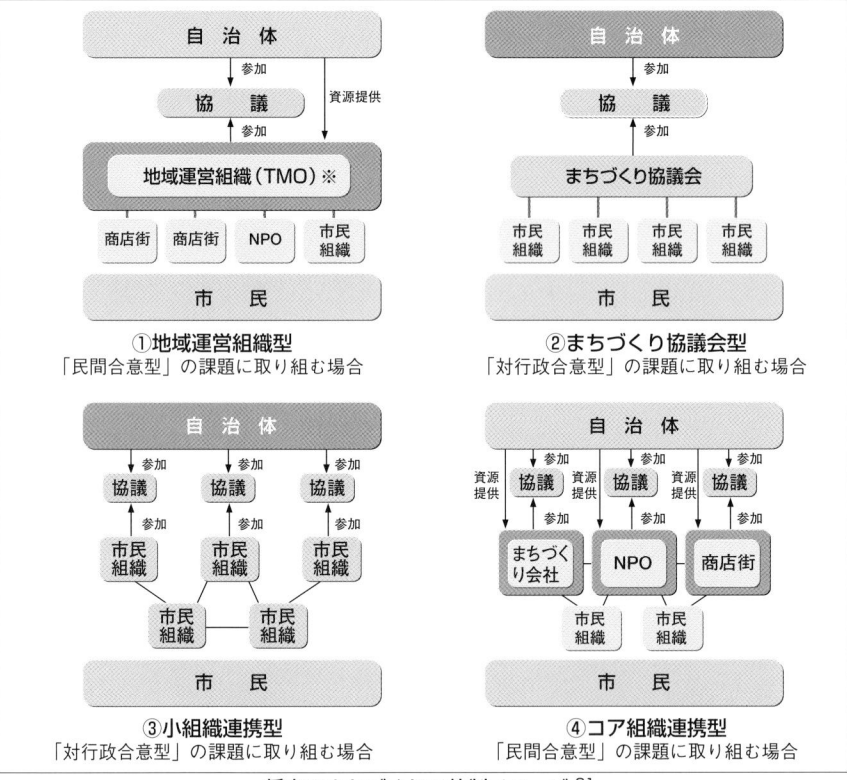

将来のまちづくりの体制イメージ 01

①地域運営組織型　「民間合意型」の課題に取り組む場合
②まちづくり協議会型　「対行政合意型」の課題に取り組む場合
③小組織連携型　「対行政合意型」の課題に取り組む場合
④コア組織連携型　「民間合意型」の課題に取り組む場合

	概　要	具体的な事業例
①計画を作成・提案する事業	まちづくりの課題について調査や分析を行い、行政や民間企業、市民に対しては計画や政策等の提言・提案を行う事業。外部に対して計画や政策を提言することを通じて、みずからの組織の使命や事業計画も固まる。	まちづくり計画の提案 まちづくりの市民ワークショップの開催 行政政策の進行の監視 議会への情報提供
②市民に対してサービスを直接提供する事業	行政や民間企業に替わって実施する公共性の高い事業。行政からの「委託事業」という形を取る場合、行政がまだ手を出していないが公共的な事業が必要な課題について、資金を集めて事業を行う場合などがある。	ケア付き住宅の運営 コレクティブ住宅の企画開発 賃貸ビルや駐車場の管理運営 市民への専門家派遣
③他のまちづくり組織を支援する事業	事業遂行に際して、新たな組織をつくったり、既存の他の組織を支援したりするなど、まちづくりの体制を柔軟に形成する事業。	起業支援スペースの運営 組織マネジメントセミナーの開催 NPO連絡会の運営 他の組織の事務局運営支援

まちづくり組織の事業 01

PROCESS-1 / PROCESS-2 / PROCESS-3 / PROCESS-4 / **PROCESS-5 まちづくりのルールをつくる** / Studio & Practice / Communication & Presentation

■まちづくりの課題がどのように実現するかをイメージする

　まちづくりの課題を解決するために「地域全体の合意を必要」とするのか、むしろ「限られたメンバーで機動的に動くことが必要」なのか、という点を明確にする。地区計画の策定やまちなみ保全であれば、地域に住む人たちを広く巻き込む必要がある。一方で、商店街振興などに取り組む場合は、時間をかけて合意形成に取り組むよりは、具体的な活性化のプロジェクトを立案し、出来るメンバーですぐに動き出すことが重要である。次に、そのまちづくりの課題は、「自治体に実現をはたらきかけるような課題」なのか、という点を明確にする。地区計画は行政が都市計画として決定するものなので、行政との協力関係は不可欠になる。まちなみ保全に取り組む場合は、個人の所有する建物や敷地が主な対象となるため、住民側の相当な努力が必要になる。これらふたつの軸によりまちづくりの課題は「民間合意型」「対行政合意型」「対行政プロジェクト型」「民間プロジェクト型」の4つに類型化される。

※NPO
　民間非営利団体(Non-Profit-Organization)。政府や私企業とは独立した存在として、市民・民間の支援のもとで社会的な公益活動を行う組織・団体。なお、登録により政府から法人格を認められた民間非営利団体を「NPO法人」という。

※TMO
　商店街の組合・行政・街づくり会社・その他中心市街地にかかわるさまざまな組織の調整の場となって、中心市街地の活性化・維持のための活動をまちづくりの観点から総合的に企画・調整し、その実現を図るための機関。(Town Management Organizationの略)

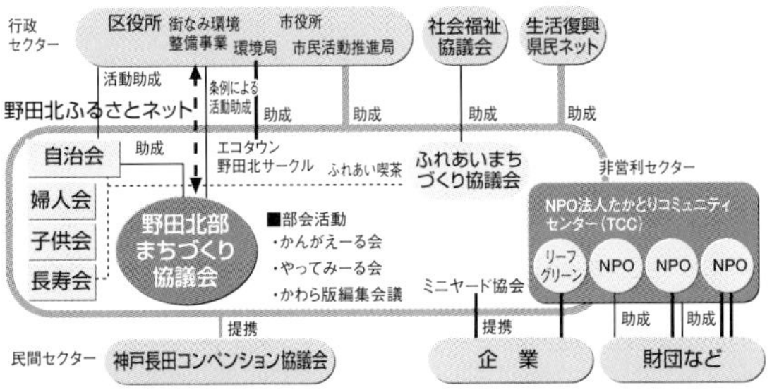

神戸市野田北部地区のまちづくりパートナーシップ 01
神戸市野田北部地区は、阪神淡路大震災により建物の7割が全壊という壊滅的な被害を受け人口も激減した。初期の復興まちづくりが一段落しつつあった1999年以降、震災前に発足していたまちづくり協議会や自治会ほか各組織の役割分担を協議して、まちづくりの体制の再構築を行った。「ふるさとづくり」というテーマを掲げ、各組織をゆるやかに包み込み、参加メンバーが時間をかけて議論や情報交換を進めていく「野田北ふるさとネット」というまちづくりの体制（パートナーシップ）の誕生につながった。

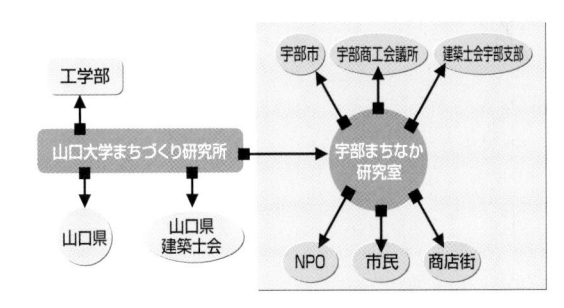

山口大学まちづくり研究所のまちづくりのネットワーク
山口大学まちづくり研究所は、中心市街地の空き店舗を活用して大学の研究室を設置し、行政や地域のまちづくり組織と連携したまちづくり活動を行っている。まちづくりに関する地域の潜在力を顕在化する体制づくり（ネットワーク化）を行った。大学がリーダーシップを発揮しまちづくりを展開することや学生が積極的にまちに出てまちづくりの課題を体感し、実践を通して理解することを目的としている。

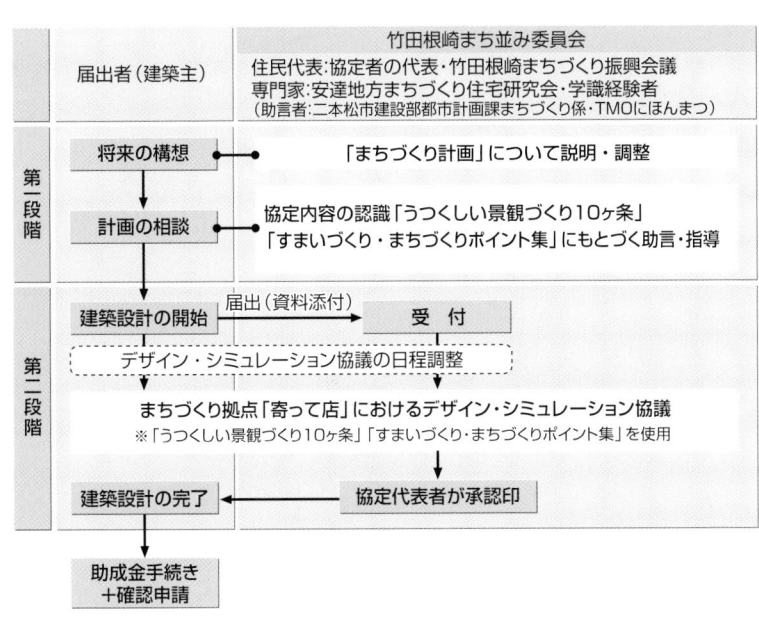

まちづくり協定に基づく協議フロー（二本松市竹田根崎地区） 01

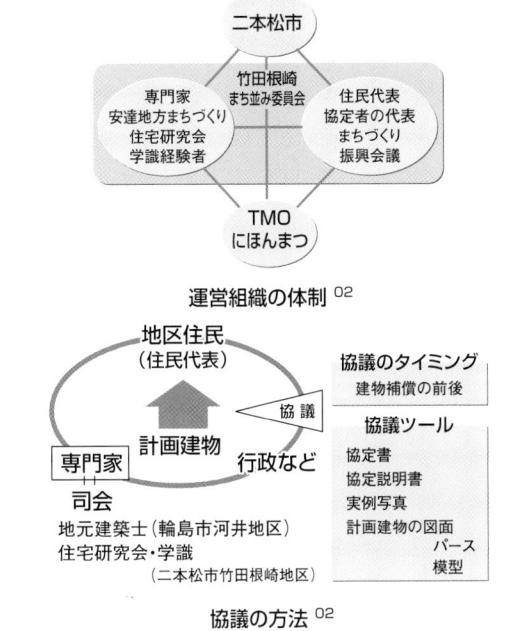

運営組織の体制 02

協議の方法 02

5-2. 計画からルールへ展開する

■計画を担保するルール

　まちにはいくつかのルールがある。前項までみてきたように「土地利用」「用途地域」「建ぺい率と容積率」等である。これらは、まちを成り立たせている多くの構成要素を秩序あるものへ誘導するためのものである。したがって、計画・デザインはこのルールに沿って行われなければならない。さらに、各種の空間の計画・デザインの方針が決まると、将来に向けてその計画が持続していき、かつ景観や住環境を秩序あるものへと価値を高めていくようにするために、地区ごとの特徴をふまえた、「個別」のまちづくりのルールが必要である。ミクロな住環境をみると立地条件や敷地規模など地区によって異なる。また、地区には固有の特徴ある住環境が存在し、抱えている問題も異なっている。したがって、地区を複数に類型・分類し、各地区の住環境を計画通り整備していくためにルールづくりへと展開することが望ましい。まちづくりのルールには、法律に基づく「緑地協定」「建築協定」「地区計画」や法律に基づかない任意の協定（自主的なルール）である「まちづくり協定」や「ガイドライン」などがある。

■ルールづくりのための住民参加

　ルールをつくる際には対象とする地区の住民参加によって十分に議論しながら進めていくことが重要である。なぜなら、ルールは各個人の土地や建物といった

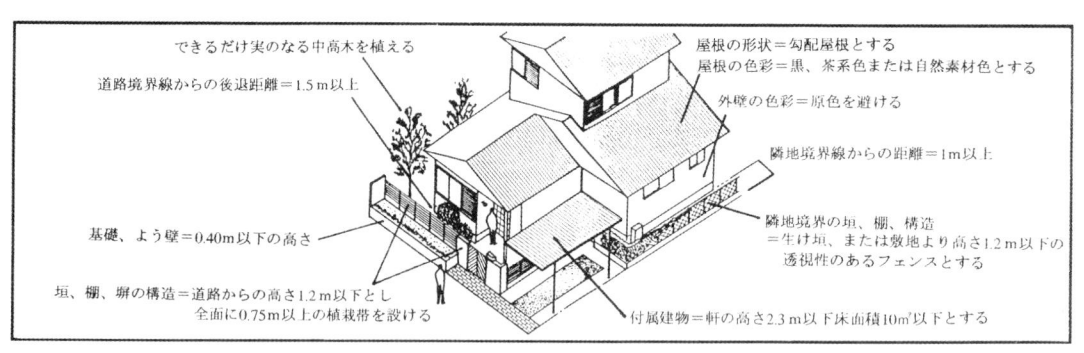

まちづくりのルールの例 03

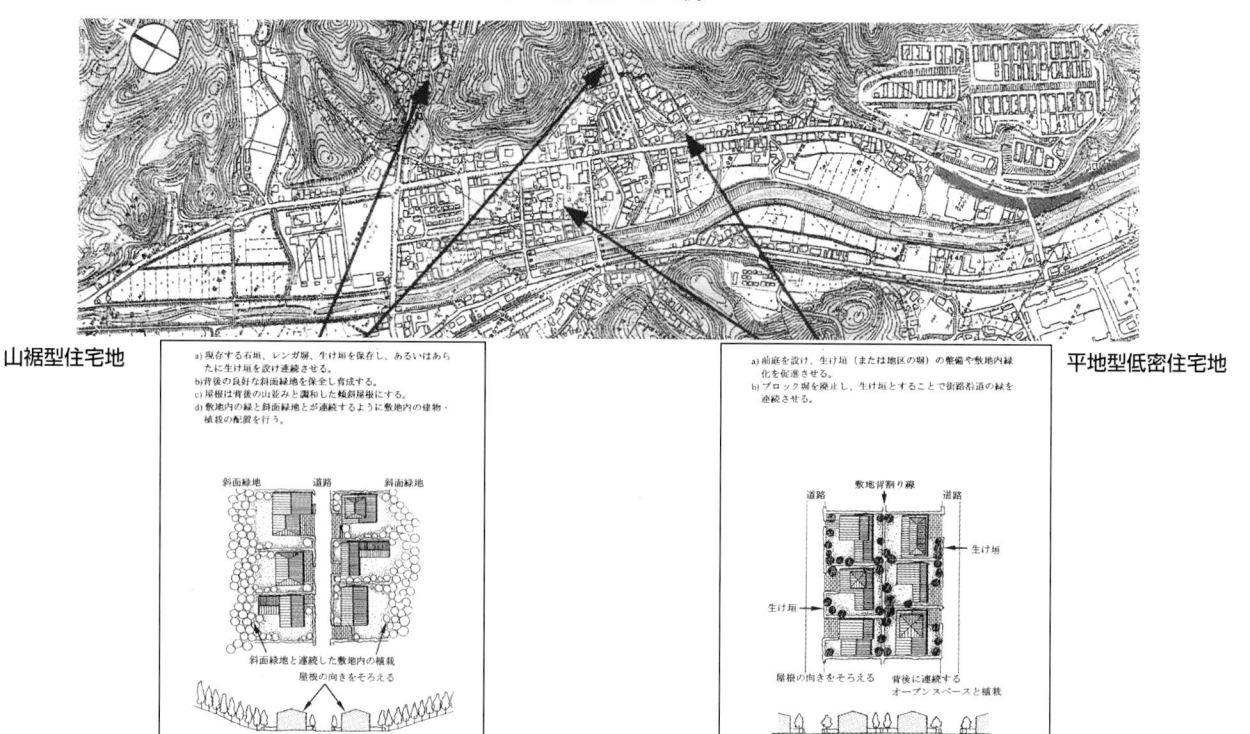

街区単位の住環境整備方針とまちづくりのルール 03

私有財産の制限を伴うからである。まちづくりとは、公共的な目的によりまちの環境向上のため、住民が力を合わせて実現することが基本であり、個人の私有財産を公共の目的と整合させ、まちづくりが進むことが前提になる。しかし、現実のまちづくりにおいては、財産権の問題とまちづくりの関係で困難な問題がしばしば生じている。例えば、住環境を改善するためのルールを作ろうとしても、大多数の権利者が賛成であってもひとりの合意が得られないために、まちづくりが進まないことも起きてしまう。まちづくりは「公共の福祉」を実現しようとするものであるから、地域におけるまちづくりの内容や目標を明確にすることが必要であり、これを明確にすれば、財産権の内容を公共の福祉に適合するように定める社会的な合意が得られるはずである。

■将来像と計画とルールの関係

例えば、「緑豊かな低層の戸建て住宅地」という将来像を目指すとしよう。その将来像を実現するための計画は「建物の高さを抑える」「敷地の細分化を防止する」「戸建て住宅以外の建築を規制する」「生け垣にしたり、敷地内の緑を守る」ということになる。この計画を将来に向けて持続可能なものとするために次項以降で述べる「ガイドライン」や「協定」「地区計画」といったルールを活用することになる。

ルールの種類	概　　要	ルールの適用物
まちづくり協定	各地区の特徴ある住環境を形成、あるいは守っていくために、地区の代表者、行政、専門家等が話し合って建て替えなどのルールをつくるまちづくりのための任意協定。	建築物（敷地形状、規模、建物の配置、デザイン、駐車場等）や外構、広告物など個々の敷地内と公共空間の両方に対する基準。
緑地協定	都市緑地法あるいは条例によって定められる制度で、地域住民の意思を尊重しながら地域の緑化を推進するための協定。	植栽の場所、種類、および数量。生け垣などの構造。その他、垣、柵、塀の構造や植栽の維持管理など。
建築協定	市町村が条例で定める一定区域内において環境改善などを図るために、建築基準法の一般的な制限の他に関係権利者全員の合意のもとに締結される協定。（建築基準法第69条〜77条）	建築物の敷地、位置、構造、用途、形態、意匠または建築設備などの個々の建築物に対しての基準。
地区計画	市町村が定める都市計画のひとつで、一体的にそれぞれの区域の特性にあった空間と良好な環境の街区を整備し、保全していくための計画。（都市計画法第12条の4〜12）	道路や小公園等の地区施設、建築物の用途や容積率、建ぺい率、高さ、壁面の位置、土地利用などの制限や基準。

まちづくりのルールの種類 03

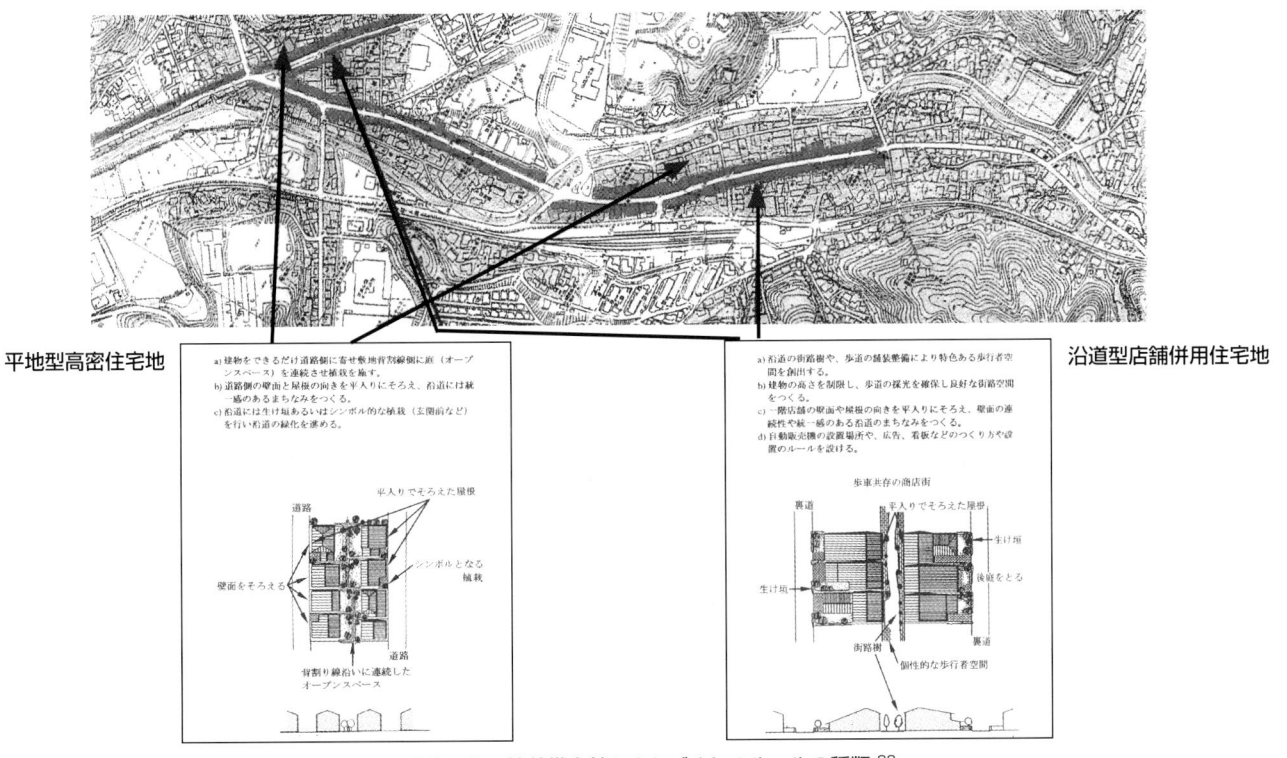

街区単位の住環境整備方針とまちづくりのルールの種類 03

5-3. デザインガイドラインをつくる

■デザインを誘導する

デザインガイドラインは、まちの将来像に基づく計画を誘導していくために、建築物の形態、緑地・公園の配置、道路整備、日照・照明、サイン等の指針をわかりやすく表現、解説したものである。強制力を伴うものではないが住民や公共セクターが計画を実現していく際のよりどころ（マニュアル）となるものである。福祉、防災、住宅、景観等の分野別にデザインガイドラインをつくることもある。また、空間スケールも都市スケールから地域・地区・街区スケールまで、計画に応じたスケールでデザインガイドラインをつくることが必要である。

■景観形成のガイドラインをつくる

まちの景観の特徴やイメージ、景観の維持・形成のためのガイドラインをつくる。神戸市都市景観形成基本計画は、景観形成に関わる基本的理念と施策のあり

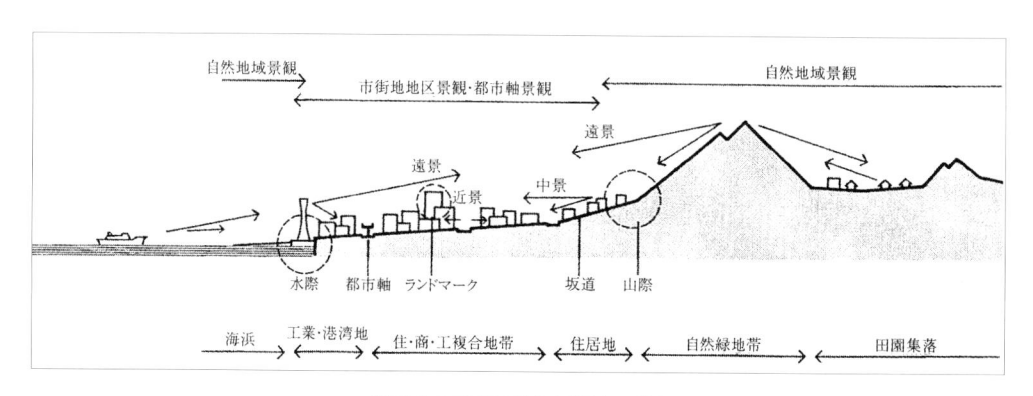

神戸市の地形特性と景観上の特色 04

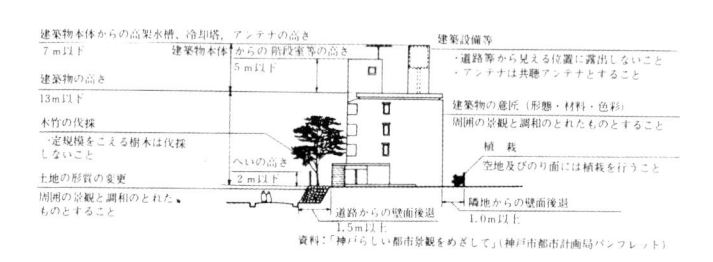

神戸市北野・山本地区地域景観形成基準 05

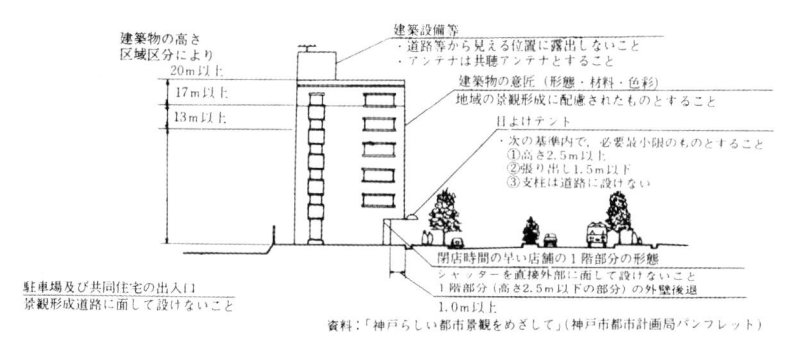

神戸市税関線沿道地域景観形成基準 05

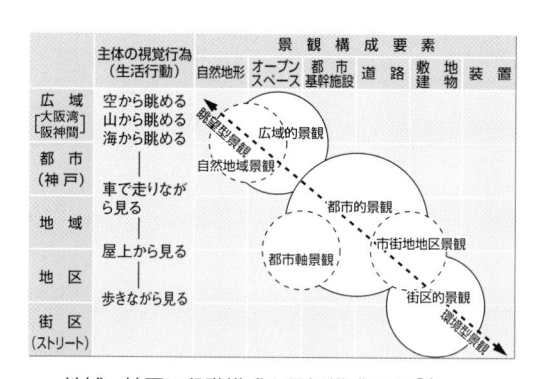

地域・地区の段階構成と景観構成要素 04

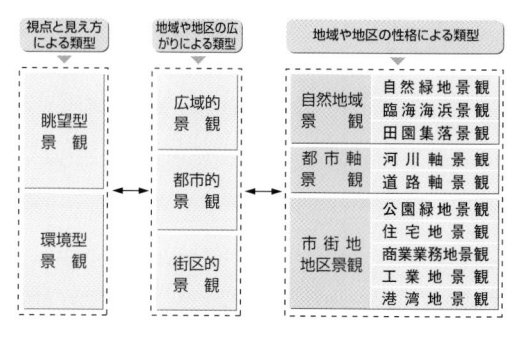

都市景観の類型 04

| PROCESS-1 | PROCESS-2 | PROCESS-3 | PROCESS-4 | **PROCESS-5** まちづくりのルールをつくる | Studio & Practice | Communication & Presentation |

方を示し、施策実現のガイドラインとしての役割を担っている。全国各地でお手本とされた事例である。この計画では、神戸市の地形と景観の特色から地域・地区の段階構成と景観構成要素との関係を整理し、視点と見え方、地域・地区の広がり、地域・地区の性格によって都市景観を類型化し、それに適する景観の形成を目標としている。また、愛媛県内子町の大瀬・成留屋地区や山口県山口市一の坂川地区では、国土交通省の補助事業である「街なみ環境整備事業」を利用して、歴史的なまちなみを活かしたまちづくりを行っている。まちなみを構成する主な要素である建築物の屋根と開口部、商店の看板、生け垣・門塀、ポケットパークと、部位ごとの材質や色彩の指針をデザインガイドラインとしてまとめている。形態やデザインの方法を参考例として挙げている。

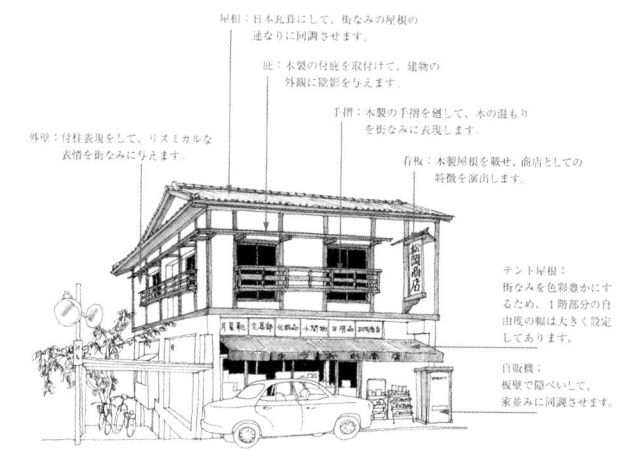

住宅修景デザインガイドライン（内子町大瀬・成留屋地区）06

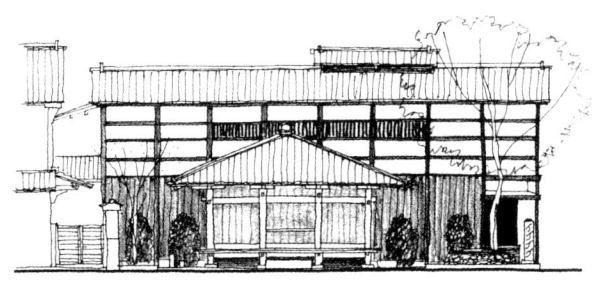

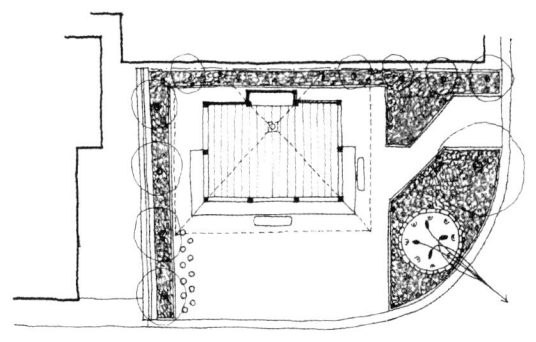

公共施設とポケットパークの修景デザインガイドライン 06
（内子町大瀬・成留屋地区）（上図：立面図、下図：平面図）

まちなみへのちょっと一工夫

屋根並みの統一
軒の高さ、向きの統一、色の統一（ある程度の範囲の中で）

塀の統一
生け垣・板塀等

建築設備の隠ぺい
覆いをする　塀によっても見えなくなります

駐車場の配置の工夫
むき出しにならないよう植栽をしたり配置の工夫をしましょう

広告物
景観に配慮し、原色は避けましょう

歴史的まちなみ景観形成デザインガイドライン 07
（山口市一の坂川地区）

5-4. まちづくりの協定をつくる

■まちの清掃や環境保全のルールをつくる

　住民が自主的に遵守するルールを決める場合は、「協定」という取り決めを結ぶことが多い。長野県上田市の海野町商店街では商業振興の一環として商業振興組合が「海野町商店街まちづくり協定」を結び、一斉清掃などのルールを定めている。住宅地においても、家の前の清掃や騒音や悪臭を出さないよう環境に配慮したルールづくりを進めているところも見られるようになってきている。

■まちの緑化のルールをつくる

　緑地協定は都市緑地法にもとづいて、良好な住環境をつくるため、関係者全員の合意によって区域を設定し、緑地の保全または緑化に関するルールを締結する。平成7年の法律改正により、それまでの「緑化協定」制度が「緑地協定」制度に拡充された。緑化に関するルールとしては、植栽する樹木等の種類や場所、垣・柵の構造、樹木等の管理、その他の事項を取り決め、協定の有効期間、協定に違反した場合の措置なども定められる。ニュータウンでは開発者があらかじめ緑地

海野町商店街まちづくり協定

（名称）
第1条　この協定は、海野町商店街まちづくり協定（以下「協定」という。）といいます。
（目的）
第2条　この協定は、アーケードがある市内唯一の商店街として、統一感のある景観形成のための意思統一を図り、人にやさしく、心がふれあう、にぎわいあふれた商業地空間を創出することを目的とします。
（協定区域）
第3条　この協定の対象となる区域（以下「協定区域」という。）は、別図「海野町商店街まちづくり協定区域図」に示すとおりです。
（協定の締結）
第4条　この協定は、海野町商店街振興組合（以下「組合」という。）組合員のおおむね3分の2以上（以下「協定参加者」という。）の合意により締結します。
（協定の運営）
第5条　この協定の運営に関する事項の処理は、組合があたります。
（景観形成の基本方針）
第6条　協定区域内における景観形成のための基本方針は次の各事項に定める基準によることとします。
 1　色彩に関する事項
　（1）店舗ファサードはどぎついデザインや派手な色を避け、周囲との色彩調和を図ることとします。
　（2）彩度の高い色は、アクセントとしてポイント的に使用するものとします。
　（3）アーケードとファサードの色彩調和をはかります。
 2　建物用途に関する事項
　（1）1階部分は原則として商業系施設とし、住宅等の非商業系施設は避けるとともに、風俗営業等の風紀を乱す施設は禁止します。
 3　建築形態等に関する事項
　（1）来街者のための滞留スペースを極力確保するよう壁面後退に努めるとともに、壁面の統一により連続性を図ります。
　（2）店舗開口部は、街並みに豊かな表情を生み出すものとして、極力広く取り、休日や閉店後のウィンドーショッピングが楽しめたり、壁面ギャラリーを設置するために、シースルーシャッターの使用や、ショーウィンドウ化に努め、夜間照明にも十分配慮するものとします。
　（3）ファサードに、配管類やダクト等を露出しないために、同色のルーバー等を使い、目立たせないようにします。
 4　営業時間に関する事項
　（1）お客様にナイトショッピングも楽しんでいただくために、極力営業時間を延長するよう努め、賑わいをつくることとします。
　（2）あわせて夜間照明にも配慮し、夜10時まではショーウィンドウ等の照明を点灯しておくこととし、歩いて楽しい商店街づくりを目指すこととします。
 5　広告物に関する事項
　（1）突出看板は、原則として1建物1個、（テナントビルは、1ヵ所に集約する。）建物壁面からの出幅は1m以下、歩道からの高さ（下端）は、2.5m以上とし、アーケードのデザインや素材感の統一感を図ります。
　（2）壁面利用看板、屋上利用看板は、極力避けるものとします。
　（3）店頭スタンド式サイン・置き看板、自動販売機は極力設置を避け、設置する場合は、敷地内とし、景観と調和するよう努めることとします。
　（4）短期間のイベント等開催時を除き、のぼり旗、はり紙及びはり札は禁止します。
 6　緑化に関する事項
　（1）四季の変化を感じられる彩り豊かな緑地空間をつくるため、新緑、花、果実、紅葉によりまちなみを演出します。
　（2）日頃の維持管理を行うとともに、必要に応じて、緑化に関する学習会等を開催し、意識高揚を図ります。
 7　その他
　（1）美しい環境での買い物を楽しんで頂くために、毎週木曜日朝、町内一斉清掃を行うこととします。
　（2）アーケードのある商店街として、高齢者、障害者にやさしい街を目指し、バリアフリーの店づくりに努めます。
　（3）各店舗への荷捌きは、来街者の多い時間を避けることとします。
（協定の有効期間）
第7条　この協定の有効期間は、締結された日から5年間とし、期間満了1ヵ月前に協定参加者の過半数が廃止について申出をしなかった場合は、更に5年間延長するものとし、以降この例によります。
（協定の改廃）
第8条　協定参加者は、協定区域、景観形成の基本方針又は協定の有効期間を変更しようとするときは、おおむね3分の2以上の合意を得るものとします。
 2　協定参加者は、この協定を廃止しようとするときは、その過半数の合意を得るものとします。
（協定の効力）
第9条　この協定は、締結された日以降において組合員となったものに対しては、協定への参加を求めることとします。
（補則）
第10条　この協定に規定するもののほか、協定の実施について必要な事項は、組合が別に定めます。

海野町商店街まちづくり協定 08

協定区域として設定し、入居者に庭で実の生る樹木を植えることを義務づけたり、柵は樹木に限定するようなところもある。

■建築協定を仕立てあげる

建築基準法第69条に基づく建築協定は、建築基準法の基準に上乗せする形で設けられる。地域の個別的な要求を満足するため、住宅地としての環境を維持・増進するためのルールを関係者全員で取り決める。具体的には建築物の敷地、位置、構造、用途、形態、意匠、建築設備について定めることができる。図は神戸市の協定締結までの手順である。

住宅地においては兵庫県芦屋市の例に示すように、階数、建ぺい率、容積率、外部空間や隣地との境界について定められている。

社会情勢などの変化に応じて、内容の見直しができるよう、おおむね10年を目処として有効期限を定め、変更する必要がなければ更に10年延長するような取り決めもできる。また、協定違反に関する罰則も定める。建築協定区域、建築物に関する基準、協定の有効期限、協定違反があった場合の措置を「建築協定書」として作成し、地方公共団体の長の許可を得て、自分たちの住むまちの環境を自分たちのルールにのっとり守り、誇りを持って育てていくことになる。

◎基準内容の例

建築に関する様々な内容について協定できます
建築基準法では、建築物の敷地・位置・構造・用途・形態・意匠・建築設備について協定できるように定められています。
具体的な基準例としては、次のようなことが考えられます。

項目例	基準内用例
「敷地」に関する基準	分割禁止、最低敷地面積の制限、地盤高の変更禁止、区画一戸建てなど
「位置」に関する基準	建築物の壁面から敷地境界や道路境界までの距離の制限
「構造」に関する基準	木造に限る、耐火構造など
「用途」に関する基準	専用住宅に限る、共同住宅の禁止、兼用住宅の制限など
「形態」に関する基準	階数の制限、高さの制限、建ぺい率や容積率の制限など
「意匠」に関する基準	色彩の制限、屋根形状の制限、看板など広告物の制限など
「建築設備」に関する基準	屋上温水設備の禁止、アマチュア無線アンテナの禁止など

建築協定の基準内容の例 [09]

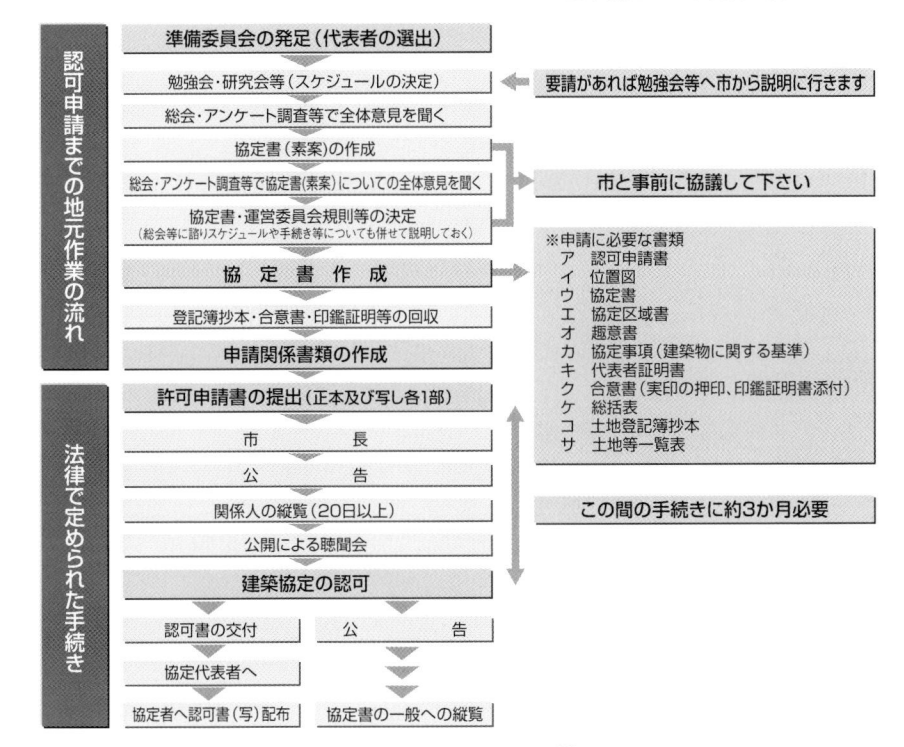

建築協定の手続きフロー [09]

項目	内容
区画	64
用途等	1区画1戸建・個人専用住宅
階数	地階を除く階数は2以下
建ぺい率	40%
容積率	80%
高さ	最高高さ：10m以下
門扉	内開き又は開放時に境界線を超えないもの
敷地の出入口	規制あり
車出入口	道路角きり部分禁止
道路側囲障	生垣又はフェンス等（見通しのあるもの）1m以下の部分緩和
隣地囲障	高さ：1.8m以下、生垣又はフェンス等、1m以下の部分緩和
地盤の変更	50cm以下

芦屋浜シーサイドタウン緑町第1地区 建築協定 [10]

5-5. 地区計画をつくる

■**地区の特性にあった一体的整備のための都市計画**

　いわゆる都市計画法に定められる用途地域、道路計画、建ぺい率や容積率といった密度規制は、都市計画区域を単位に指定基準等に基づき定められる。いまだ地区の明確な将来像が見定まらない地区においても、市街化区域内では用途地域が指定され、土地利用に一定の制限が課せられる。

　住民参加のまちづくりのプロセスにより地区の将来像や将来の空間像が構想され、それが地区の住民等関係者や行政の間で一定の合意を得られると、将来像を実現するために、地区計画制度を利用して、地区の特性に応じ、きめ細かい土地利用の用途規制、密度規制、道路等の施設計画を定めることができる。

■**地区計画の役割**

　地区計画は、都市計画法により定められた制度であり、一定の地区を単位として、その地区のまちづくりを推進し、安全性や快適性の確保、美しいまちなみ形成のための基本的な方向を明らかにするとともに、道路や公園等の配置や建築物の形態等を総合的に計画し、建築行為や開発行為を適正に規制・誘導するために利用される制度である。

　地区計画制度を利用すると、まちづくりのプロセス

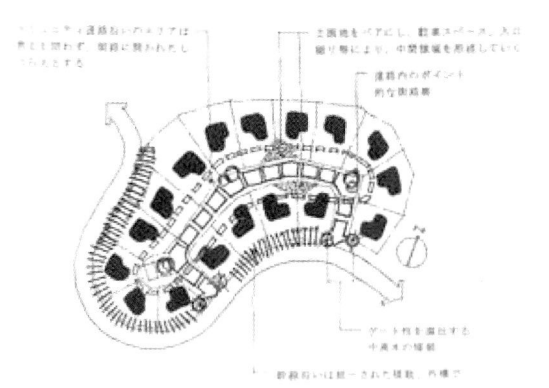

計画概念図

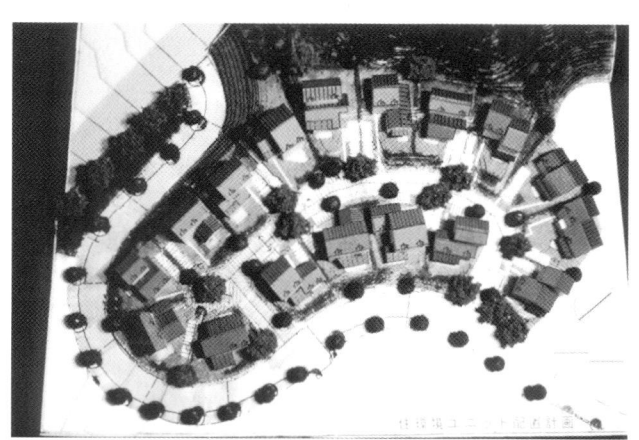

配置イメージ模型

配置計画図

住宅開発地(斜面地)における戸建住宅地区の基本計画[11]

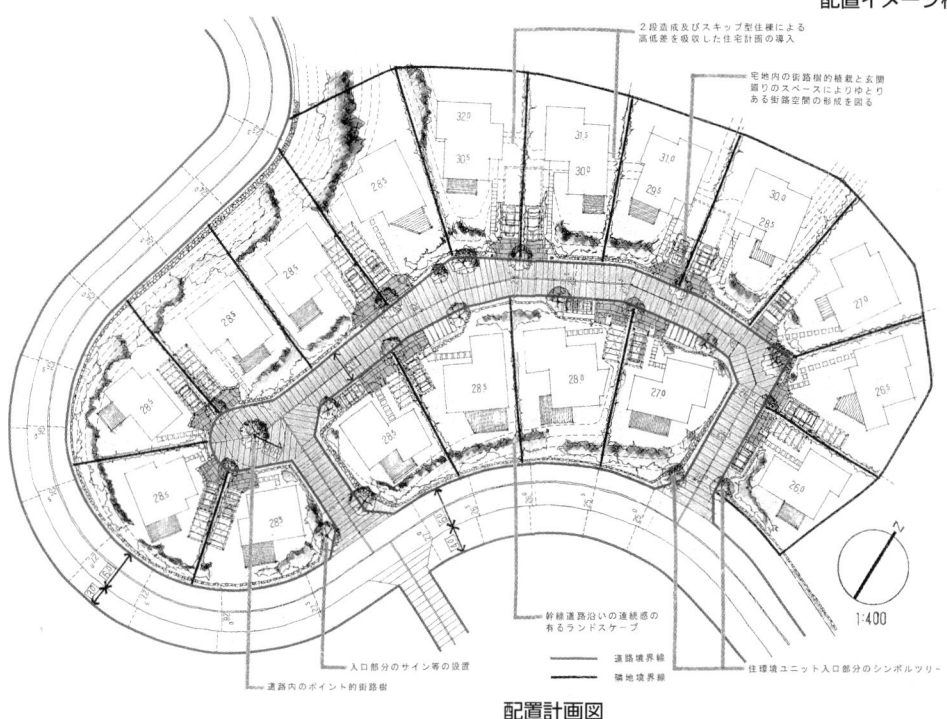

住宅開発地における戸建住宅ゾーンの配置計画をもとに、敷地造成後に建設される戸建分譲住宅の建て方のルールを地区計画と建築協定等により定めた例。
まず、計画概念図(左上)、配置計画(下)、配置イメージ模型(右上)等により、基本計画を立案し、土地造成や基盤整備を進めた。

で構想してきた将来像の実現へ向けて、土地利用のコントロールと道路や公園等の施設計画などを一体的に定めることができ、まちづくりの内容を一部法的に担保していくことができるようになる。

■まちづくりの目標や方針を整理する

新規開発の戸建住宅地でも建築物の建て方や将来の建替え時のためのルールを定めないと、環境がたちまち悪化する可能性がある。商業地区の再開発、既成住宅地区の再開発や住環境の改善では、多くの関係者の意見調整をして、地区の将来像やその実現のための規制内容などに関して合意形成に至ると、目標や土地利用の方針、具体的な用途規制や建築物等の整備の方針を地区計画の中で定め、その方針の下で構想を実現させることとなる。

■目標や方針を地区計画の方針として仕立て上げる

地区計画は、区域の整備・開発及び保全に関する方針と地区整備計画から成る。まず、まちづくりの目標や地域が目指す整備・開発・保全に関する総合的な方向を地区計画の方針として定め、その方針の下に整備計画において、詳しい計画内容として地域の個性や特性に応じた建築物等に関する制限などについて必要な事項を定めていくこととなる。

基本計画（左頁および下図）に基づき開発された住宅地における地区計画と建築協定 [12,13]

良好な居住環境形成のために、基本計画に基づき進められた土地造成と基盤整備の後、個々の敷地上に個別に建設される戸建分譲住宅の建て方のルールを定めている。全体方針と建築物の密度や形態に関する事項を地区計画（左：方針、中央：低層専用住宅地区の地区整備計画の概要）として、また工作物や植栽に関する事項を建築協定（右）として策定している。

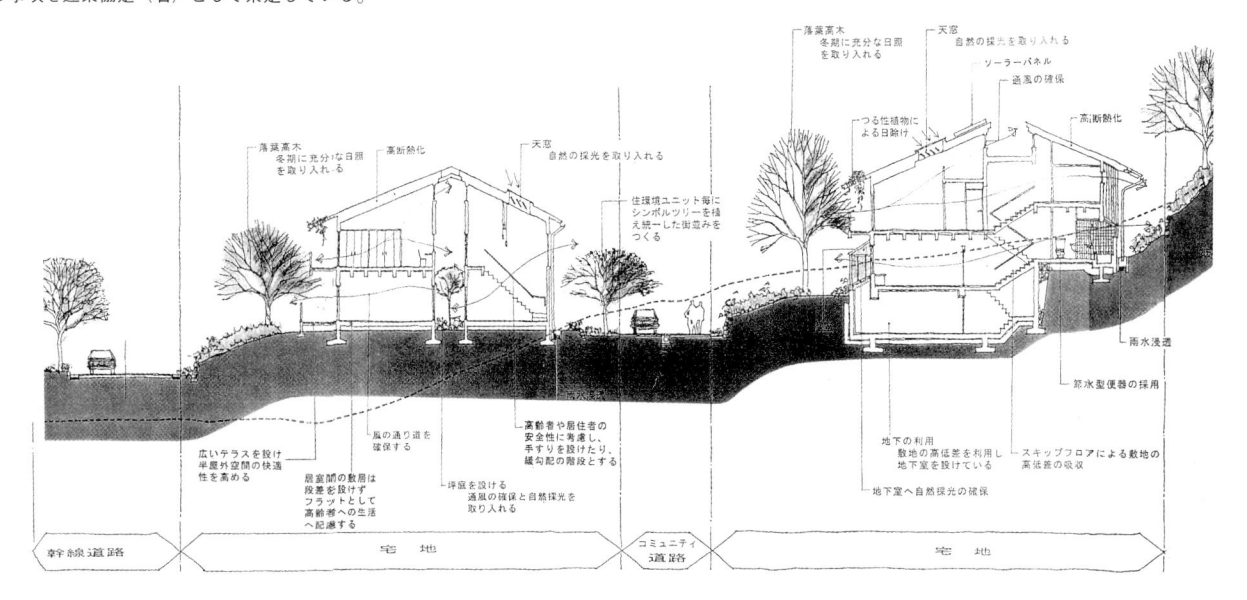

住宅開発地（斜面地）における戸建住宅地区の基本計画（左頁配置図の南北断面図）[11]

■ **地区計画の構成に基づきルールを明文化する**

地区計画では、まず対象地区（方針地区）における地区計画の目標、土地利用の方針、道路や公園等の都市基盤施設および地区施設の整備の方針、建築物等の整備の方針などから構成される整備・開発及び保全に関する方針を定めることとなる。

次に、それらの方針の下に、方針地区の全部もしくは一部をゾーンに区分し、それぞれのゾーンに対し、よりきめの細かい計画内容である地区整備計画を策定する。地区整備計画では、建築物等の用途の制限、建ぺい率の最高限度、容積率の最高限度または最低限度、建築物の敷地面積の最低限度、建築物の高さの最高限度または最低限度、壁面の位置の制限（セットバックの制限）、建築物の形態または意匠の制限、かきまたはさくの構造の制限などを規定する。いわば地区内の関係者が最低限守らなければならないルールとして、住民や行政らの皆でつくり出したまちづくりのルールを法的に明確化することとなる。

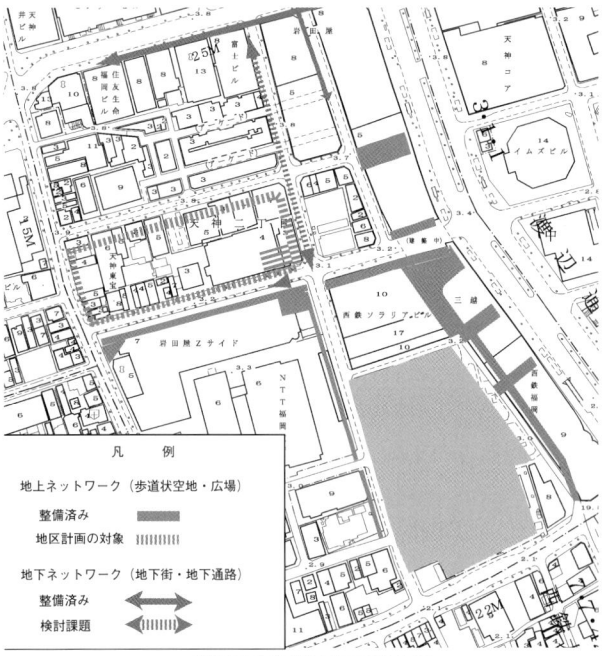

地区の歩行者空間の概念図

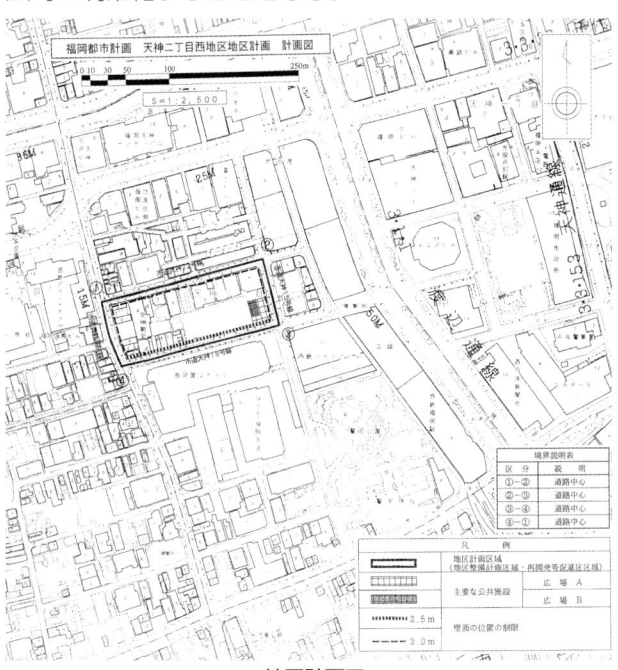

地区計画図

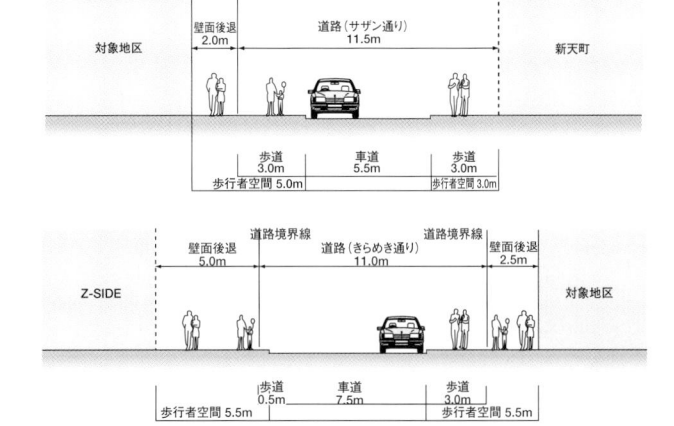

セットバック後の歩道空間（地区南側道路の断面）

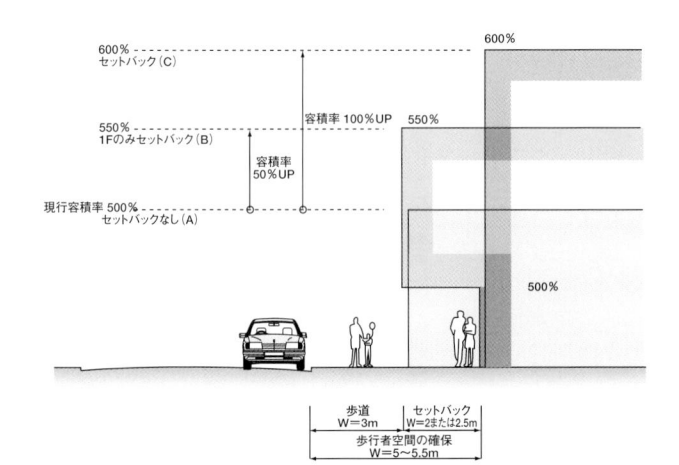

セットバックによる容積率緩和の考え方（敷地面積500m²未満の場合）

商業地域におけるゆとりある歩行者空間創出のためのセットバックと容積率緩和のルールを地区計画として策定した例（福岡市天神二丁目西地区地区計画）[14]
この地区計画の例では、都心商業地域における歩行者ネットワークの考え方（左上図）に基づき、対象地区（右上図）の南側および北側の道路沿道において、ゆとりある歩道空間の創出を目指して、建築物の壁面のセットバック（左下図）を地区計画により誘導するルールを策定した。例えば、敷地面積500m²未満の場合、一般の容積率規制は500％であるが、1階のみセットバックの場合、550％に緩和し、上層階までセットバックした場合、600％まで緩和する（右下図）地区計画の内容となっている。

■地区施設の配置・規模を定める

地区整備計画では、対象地区内の道路や公園などの配置や規模（道路の幅員や延長、公園の面積など）を定めることにより、地区の基盤整備を進めることができる。道路や公園などの基盤整備が不十分な地区では、狭幅員道路の拡幅や道路の新設を定めることなどが考えられる。道路に指定された部分は道路としての取扱いを受け、建築物を建てることができなくなり、建替え等に合わせて徐々に道路が整備されることとなる。

■建築物の壁面の位置の制限を設ける

道路や隣地の境界までの壁面の距離を定めることにより、道路沿道の歩道状のオープンスペースの確保や秩序あるまちなみの形成を図ったり、建築物の密集を防止し、日照や通風の確保、火災時の延焼の防止に寄与することができる。

■建築物等の形態または意匠の制限を設ける

屋根の形態や外壁の色彩などを定めたり、屋外設置物や工作物の露出面積などを規制することにより、まちなみの調和を図り、まちのイメージを守り、連続性や一体感を創り出すことに寄与する。

■地区計画に基づく建築条例を策定する

地区整備計画が定められた区域について、建築物に関する事項のうち必要なことについて、条例により定めるものを建築条例と呼ぶ。地区計画の中の規定のうち、特に重要な事項について、法的な規制力を持たせるためにこの条例により制限として定めるものである。

商業地域における建築物の形態に関わるルールと地区計画（福岡市天神二丁目西地区地区計画の例）[14]

この都心商業地域における地区計画の例では、ゆとりある歩行者空間の創出と商業・業務機能の誘導を目的に掲げ、その実現のために、対象地区内の再開発地の沿道建築壁面のセットバックを誘導する地区計画となっている。沿道の壁面をセットバックして沿道に歩道状のオープンスペースを確保した場合（左頁左下図）には、容積率制限の緩和というボーナスを付与する内容（左頁右下図）となっている。

■引用文献・引用ホームページ

01 日本建築学会・編（2004）「まちづくり教科書第1巻 まちづくりの方法」丸善
02 日本建築学会・編（2004）「建築設計資料作成 地域・都市Ⅱ―設計データ編」丸善
03 山田市（1995）「山田市地域住宅計画（HOPE計画）策定報告書」
04 神戸市（1982）「神戸市都市景観形成基本計画」
05 神戸市（1990）「神戸らしい都市景観を目指して―都市景観条例及び地域・地区指定のあらまし」
06 内子市（2000）「街なみ環境整備事業 内子町大瀬・成留屋地区 調査報告書」
07 山口市（2001）「都市景観形成地区 一の坂川周辺地区景観ガイドライン」
08 上田市ホームページ ……………………………………………… http://www.city.ueda.nagano.jp/
09 （財）神戸市都市整備公社こうべまちづくりセンターホームページ ……………… http://www.kobe-toshi-seibi.or.jp/
10 芦屋市ホームページ ……………………………………………… http://www.city.ashiya.hyogo.jp/
11 山口県住宅供給公社（1994）「山口朝田ヒルズ 基本計画 報告書」
12 山口県（1995）「山口朝田ヒルズ地区計画」
13 山口県住宅供給公社「YAMAGUCHI ASADA HILLS 美しい街づくりのために 住宅建設ガイドブック」
14 福岡市（2001）「天神二丁目西地区地区計画」

Process 1
まちを調べる

Process 2
まちを分析・評価する

Process 3
まちの将来像を構想する

Process 4
まちの空間をデザインする

Process 5
まちづくりのルールをつくる

Studio & Practice
まちづくりを実践しよう
- S-1　まちづくりを実践しよう
- S-2　商店街のリノベーションとにぎわい景観をデザインする
- S-3　住民・利用者参加でコミュニティの公園をデザインする
- S-4　地域文化を反映させた街路環境と景観をデザインする
- S-5　シャレット・ワークショップで歴史的まちなみの修復を図る
- S-6　歴史的建築の保全・再生により地域交流館をデザインする
- S-7　都心居住を促進するために更新のプロセスをシミュレートする
- S-8　都市の将来ビジョン具体化のために戦略的なデザインを考える
- S-9　シャレット・ワークショップにより環境改善の提案をする
- S-10　計画のプロセスをスケッチで記録する

Communication & Presentation
コミュニケーションの手法

S-1. まちづくりを実践しよう

■まちづくりの実践と考え方

　まちづくりは、地域が主体的かつ内発的にみずからの都市の将来像について考え、実現すべき目標を定めてそれを共有化し、公共空間の整備や改善とともに、個々の建物の更新や機能転換を調和的かつ継続的に進めていく行為とプロセスである。こうしたまちづくりのプロセスでは、私的な財産である個々の建物の更新を都市全体の空間構成や機能構造と関連づけ、建築敷地のスケールから街区、地区、そして地域のスケールまでを都市環境の総体としてとらえることが大切であり、まちづくりの多様な主体が協働でデザインしながら市街地像を制御、改善、そして創造していくことが重要な視点となる。

■まちづくりの課題、資源の発見・理解と評価

　まちづくりのデザインでは、それぞれの場所において目標とする環境や景観、機能を明らかにし、それらが都市全体の環境と調和的な関係を構築できるような計画方法、設計の支援技術を示していくことが必要である。すなわち、都市の空間構成や機能を「解読し記述する（Descriptive）」段階を踏まえ、その結果を基にして、地域ごとの望ましい空間目標やデザインを「教示し具体化する（Prescriptive）」プロセスへと展開していくことが求められるのである。

　まちづくりの実践では、個別敷地や建築の単位から街区、地区、そして都市全体を連続的に理解し、地域固有の資源を設計・計画へと反映させることが重要である。それぞれの都市の現状や成り立ちを要素ごとに分析し、それらの特徴、相互関係などを理解した上で、既存の市街地環境や都市景観との調和などに配慮しながら、具体的なまちづくりの目標を、より実践的な計画単位、規模、形態、機能として計画していくことが重要となる。

■まちづくりの実践のための7つの原則

　地域の中でまちづくりを実践するためには、住民、

まちづくりデザインのプロセス	S-2：商店街のリノベーションとにぎわい景観をデザインする ― 四日市・三番街・表参道諏訪前商店街プロジェクト ―	S-3：住民・利用者参加でコミュニティの公園をデザインする ― 名古屋市・大曽根北公園プロジェクト ―	S-4：地域文化を反映させた街路環境と景観をデザインする ― 名古屋市・四谷・山手通りプロジェクト ―	S-5：シャレット・ワークショップで歴史的まちなみの修復を図る ― 岡山県・高梁プロジェクト ―
Process1：まちを調べる				
まち歩きの準備をする	◎	●	●	●
現地で調べる	○	●	●	●
歴史を読み取る	△		●	●
統計資料などを調べる		◎	●	
規制内容・既存計画を知る	●		○	
Process2：まちを分析・評価する				
調査結果を整理・加工する	○		○	○
まちを分析する	●	●	●	●
まちの現状を評価する	●	●	●	●
まちづくりのテーマをまとめる	○			●
Process3：まちの将来像を構想する				
人口と土地利用の将来フレームを設定する				
マスタープランをつくる				
まちの将来像を空間概念図にまとめる	●	●	●	●
Process4：まちの空間をデザインする				
機能の配置と交通動線を計画する		●	●	
地区の構造やパタンを計画する			●	
街区の形態と空間像をデザインする		○		
まちなみ景観をデザインする	◎		◎	◎
にぎわう空間を創り出す	●		○	○
公園をデザインする		◎		
Process5：まちづくりのルールをつくる				
まちづくりを担う組織と仕組みをつくる	○		◎	
計画からルールへ展開する	●			
デザインガイドラインをつくる	○			◎
まちづくりの協定をつくる				
地区計画をつくる				

◎：重点的　○：標準的　△：補助的　●：該当項目

まちづくりデザインのプロセスと実践プロジェクトでの応用

地域組織、専門実務家、行政などまちづくりを担う多様な主体がお互いの役割を十分に理解すると共に、個別利害や立場の対立を越えて、地域課題とまちづくりの将来目標を共有化し、継続的な取り組みを行うことが不可欠である。住民、市民の生活環境や地域の自然、文化資源を再生し、魅力的かつ活力あるまちにしていくため、まちづくりの7つの原則を以下に示す。

1. 地域が共有できるまちづくりの仕組み、組織・主体（例：まちづくりプラットフォームなど）、行政制度、専門的支援体制などを構築する。
2. 地域固有のまちづくり課題や資源を発見し、計画づくりに活かせるような調査・記録の手法、課題整理の方法、計画の支援技術、合意形成の仕組みなどを実践の中で創意工夫し、改良していく。
3. 住民・関係権利者による個別の建物更新や市街地整備を、公共的なまちづくり計画と連携させ、目標とする"市街地像"や"環境・景観"を地域協働によってつくり出していく。
4. 優れたまちづくりデザインの実践を通して地域外の人にとっても魅力的な市街地を形成し、地域ストックとしての価値と競争力を高めると共に、質の高い生活環境、地域環境を創造し、その維持、管理、運営を継続して行う。
5. まちづくりの目標と都市全体のマスタープラン、景観計画、土地利用計画などとを相互に計画調整する地域協議の仕組み、制度、手続きを構築する。
6. まちづくり計画の策定やデザインの立案に際し、環境影響評価やそのための環境・景観シミュレーションを実践し、計画案の改善と社会的な合意形成、また影響の回避、軽減の検討を行う。
7. 持続的なまちづくりの方法として「環境・景観評価と将来シミュレーション」→「計画の影響評価・事前予測」→「まちづくりデザインの改善と共有化」→「まちづくり事業の実践」→「環境・景観変化の検証」→「まちづくりデザインプロセスへの反映」という循環的プロセスを実践する。

S-2. 商店街のリノベーションとにぎわい景観をデザインする

■にぎわい景観のまちづくり整備計画の策定と実施

　四日市市中心市街地にある三番街通り商店街および、表参道諏訪前商店街では、通りのにぎわい景観の創出と、沿道店舗のファサード改修を連携させ、商店街空間全体の魅力創造と活性化を目指したデザインワークショップを進めている。そのデザインワークショップの成果としてまとめられた「まちづくりブック」では、商店街全体に関するまちづくりのテーマとデザインの基本的な考え方を整理した。この「まちづくりブック」の内容を踏まえ、商店街のにぎわいを再生するために、商店街全体の統一性、連続性と、個別店舗の個性のバランスを実現するデザインルール（例：ファサードの色合い、シャッターの透過性、看板位置など）を策定した。

　まちづくりの検討課題に取り組むため、ワークショップでは「まちづくりブック」に描かれたまちの将来像を議論のスタート地点として位置づけ、商店街・商店主の意向と現状を踏まえながら、商店街として個性的で魅力を高めるための景観づくりを推進するため、個店のファサード改修の「ガイドライン」になるもの（まちづくりルール）をつくることを目的に進めていくことにした。

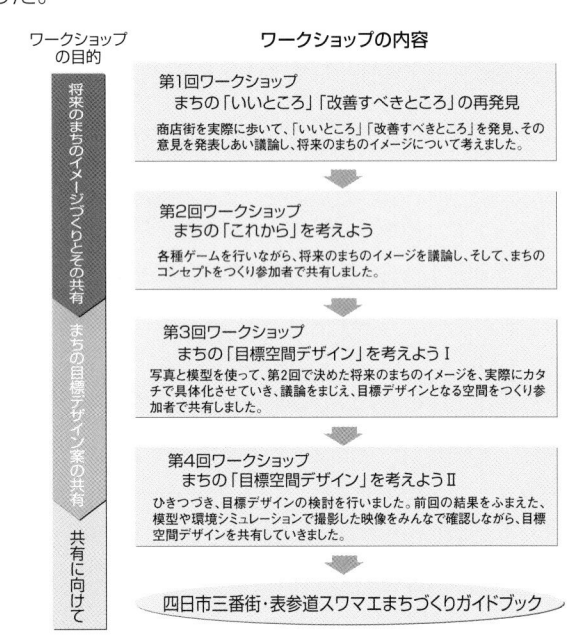

ワークショップの展開と各内容 [01]

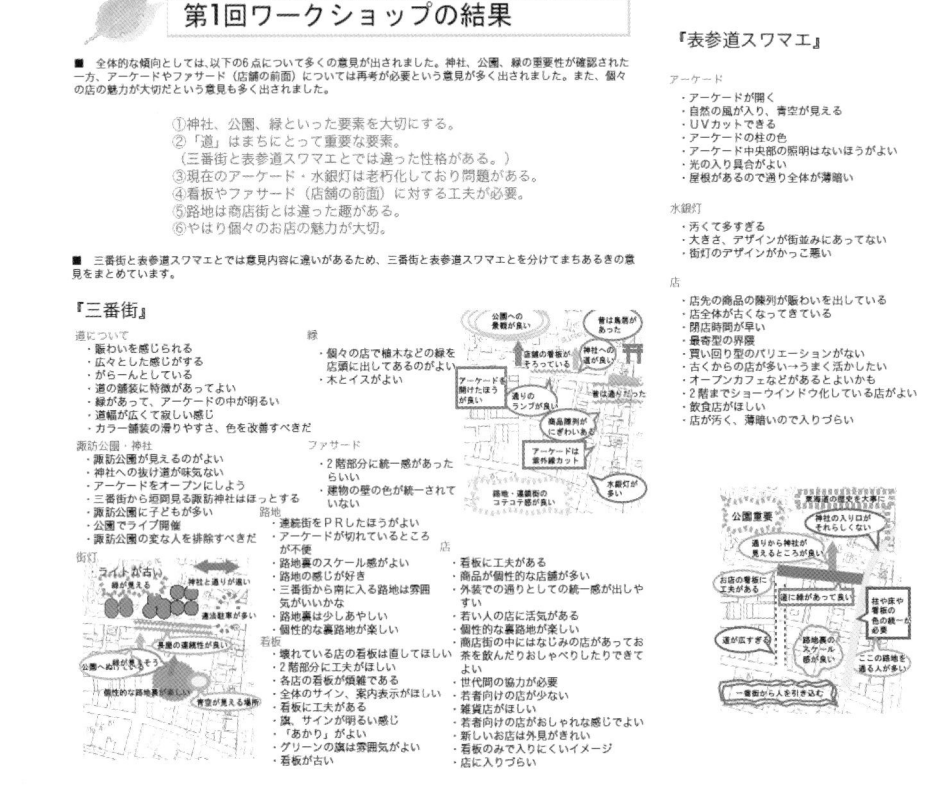

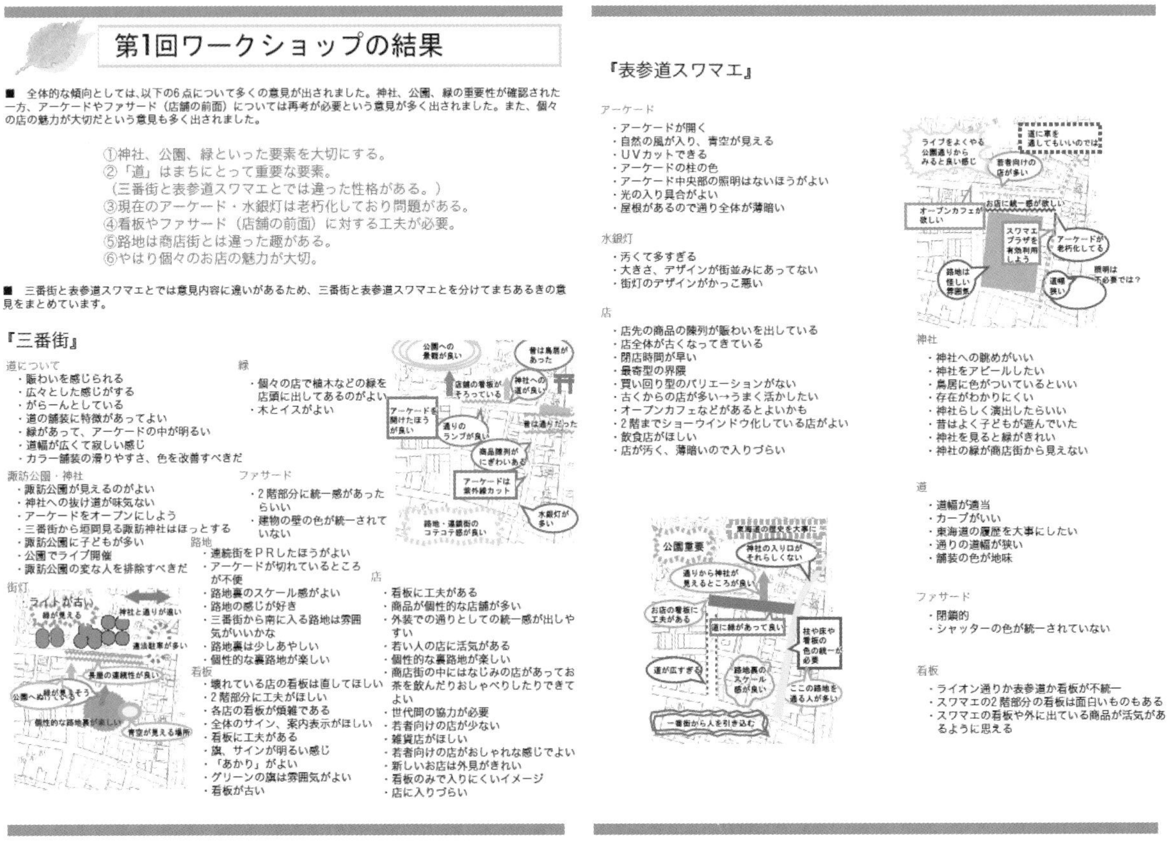

三番街通り・表参道諏訪前商店街のまちづくり課題・資源マップの作成 [01]

PROCESS-1 / PROCESS-2 / PROCESS-3 / PROCESS-4 / PROCESS-5 / **Studio & Practice** / Communication & Presentation

三番街発展会

　三番街では建物の2階をどうするかということに意見が集中しました。2階の有効利用について関心が集まっているようです。商店街の全体的なデザインについては木目調のものが三番街にはよく合うという意見も出されました。ほかには照明などみなさんの気になるところも意見として出されました。

2階の活用
- テラスが面白い
- 防犯が問題、泥棒が入ってくる
- メンテナンスが大変
- 2階をつけるとでっぱりがけっこうあるのでは？
- テラスの奥をガラスに
- 階段をどこにつけるか問題
- 上下の店舗をつなぐことが重要
- 飲食店のものを外に持ち出したい
- 2階に飲食をつける

水銀灯
- 壁を間接的に通りを照らす
- 水銀灯のあつかい方
- 2階を歩いたとき水銀灯がまぶしいかもしれない

デザイン
- 木目調は少し暗い感じがする
- でこぼこするのがおもしろい

家賃
- 家賃収入に工夫が必要

表参道スワマエ発展会

　表参道スワマエでは、東海道の歴史を活かすということを前提として、照明、のれんなど具体的な案が議論されました。ちょうちんやのれんといった和風なものには関心が高いようです。しかし、「商店街が和風で統一すると雰囲気が合わなくお店も出てくるのでは？」という課題も見つけ出されました。

統一性
- ファサードの統一は必要
- 1階と2階のデザインはどう合わせるのか
- 歴史とあわないコンセプトをもつ店はどうすればいいのか

照明
- 足元を照らすと親密感が出る
- ちょうちんなどは雰囲気が良い
- 光の使い方が重要
- とおりが明るいとお店が目立たないのでは

のれん
- 垂れ幕を付けると良い
- 街灯をちょうちんに替えてみる
- のれんは店ごとに色を変えてやるとよい
- 家紋を使いたい
- スワマエの看板のデザインを変えたい

にぎわい景観創出のためのテーマの検討とデザイン対象要素の抽出 [01]

三番街発展会のまちづくりガイドライン

まちの目標 / 具体的な提案

にぎわいの感じられる商店街にしよう
- 建物の2階を活用する
- 2階にテラスをつけて人が歩けるようにする
- 2階を住居にして生活してもらう
- 商品の張り出しを積極的に行う
- 店の正面から中がのぞけるようにして、店のにぎわいをおもてに出す
- スポットライトを間接照明として使いまちを演出
- 通りで休憩できる場所を置く
- イベントを開きにぎわいを出す
- 個々のお店の魅力を高める
- 看板・ストリートファニチャーを置く
- 食を楽しめるようにする
- オープンカフェをつくる
- 夜でも外から店の中が見えるようにシャッターを工夫する

諏訪公園と緑を活かそう
- プランターを置く
- 通りから公園の緑を見せる
- 公園の緑をどんどん取りいれる
- 公園にシンボル的なものを立てる
- 四季を感じられる花を置く
- 諏訪公園の存在感をだす
- 公園でイベントを開く

自然の一体感と統一感を感じられるあたたかみのある街並みにしよう
- 木の看板をそれぞれの店舗につける
- 店の壁を木目調にして自然感を出す
- アーケードの柱の色を変えて目立たなくする
- ランプを照明として使いあたたかみを出す

表参道スワマエ発展会のまちづくりガイドライン

まちの目標 / 具体的な提案

東海道の歴史や趣を感じられる商店街にしよう
- 神社の存在感を出す
- 神社の緑を商店街から見えるようにする
- 神社で人が休めたり滞留できるような場所にする
- ちょうちんを照明に使う
- 2階の壁を木目調に統一する
- のれんをそれぞれのお店につける
- 垂れ幕を通りにかける
- 苔、坪庭など和風の緑を置く

魅力ある街並みをつくろう
- 看板の形を統一する
- 縁台を置いて休んでもらう
- バリアフリーのまちにする
- 商品の張り出しを行いにぎわいを出す
- 個々のお店の魅力を高める
- アーケードの柱の色を変えて目立たなくする
- 店舗に統一感を出す
- 看板やサイン、トイレを置くなど人にやさしくする

四日市らしさまちの個性を活かそう
- 萬古焼など地場産品を活かす
- アーケードの屋根に山車の絵を書く
- 舗装に萬古焼を使う
- プランターの鉢を萬古焼にする
- 急須やながもちをオブジェとして飾る

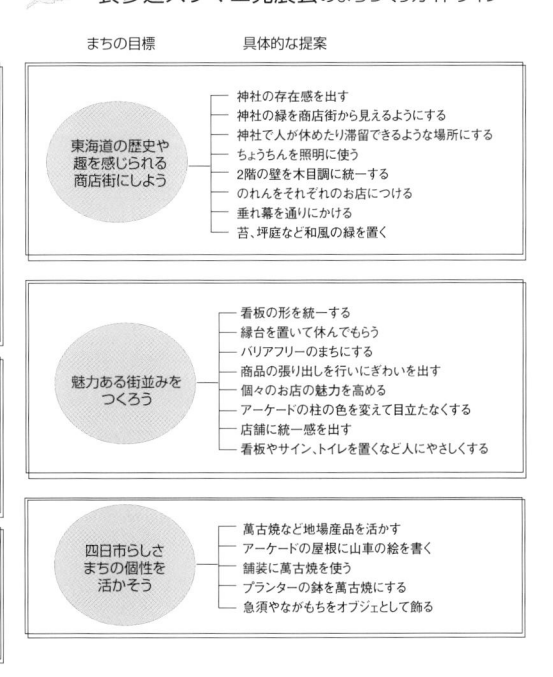

ワークショップで策定したまちづくりガイドライン [01]

具体的なワークショップの流れとしては、個店のファサード改修案と「まちづくりブック」で描かれたまちの将来像との整合性を、模型などを用いたデザインシミュレーションで確認しながら、再生・改修のための指針（「まちづくりルール」）を作成することとした。

■ファサードのデザインルール検討と合意形成

「まちづくりブック」を基にした個店のファサード改修のガイドラインを作成するにあたり、表参道スワマエ発展会の「東海道らしい」デザインの共有とそれを妨げる要因について課題、テーマごとの検討を進めた。

看板	大きさ	街路（通り）に面する店舗立面全体の20％以内である。
	照明	特になし。
	素材感	サイディングボードの木目調のものを採用。
外壁	色	けばけばしくならないよう努める。その範囲は、マンセル表色系においておおむね次のとおりとするように努める。 ①R(赤)、YR(橙)、Y(黄)、GY(黄緑)系の色相を使用する場合は彩度6以下明度7以上 ②G(緑)、BG(青緑)系の色相を使用する場合は彩度1以下明度7以上 ③B(青)、PB(青紫)、P(紫)、RP(赤紫)系の色相を使用する場合は彩度1以下明度10以下
	デザイン	表参道スワマエの通りの景観全体を向上、改善するものとする。商品に関連が薄いもの、公序良俗に反するものは認められない。
シャッター	色	けばけばしくならないよう努める。その範囲は、マンセル色票系において概ね次のとおりとするように努める。 ①R(赤)、YR(橙)、Y(黄)、GY(黄緑)系の色相を使用する場合は彩度6以下明度7以上 ②G(緑)、BG(青緑)系の色相を使用する場合は彩度1以下明度7以上 ③B(青)、PB(青紫)、P(紫)、RP(赤紫)系の色相を使用する場合は彩度1以下明度10以下
その他	窓枠、てすり	窓枠を黒とし、東海道を連想させるものとした。

表参道諏訪前商店街まちづくりルール（ファサードデザインのルール）[01]

デザインシミュレーションの様子 [01]

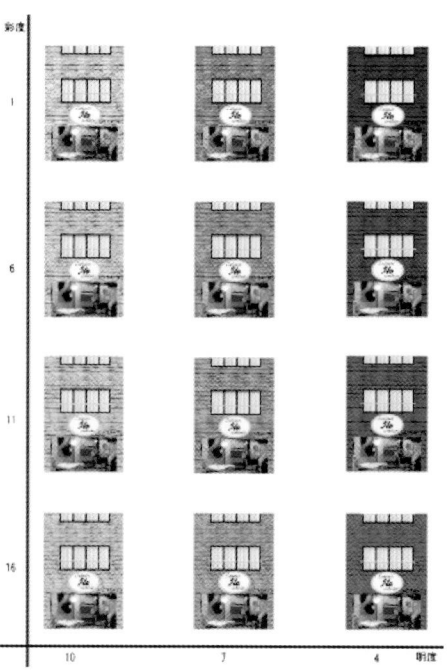

マンセル表色系によるファサードの検討 [01]

「まちづくりブック」に描かれた将来像を基に「個店のファサード改修において『東海道らしい』デザインを決定するときに課題となる現実的なデザイン要素は何か」を抽出した。また『東海道らしさ』のデザインの許容範囲はどこまでか」を3次元模型を使用しながら自由討論した。具体的な店舗改修を考えている店舗が2店舗（Ｉカーテン、Ｃ楽器）あることが確認された。

■3次元模型によるデザインシミュレーション

商店経営者が持ち寄った店舗のファサード改修のスケッチ、写真、雑誌切抜き等のイメージと、大学研究室が用意した「店舗改修イメージカタログ」を用い、具体的なルールについての検討を行った。またファサード模型を製作しそれに基づく具体的なデザインルールの視覚的な検討を行った。ファサード模型は1／100スケールの模型に表面仕上げ材、窓、看板、のれん、プランターの大きさ・位置などを再現したものである。また色についてはマンセル表色系による基準を設けることも提案された。シミュレーションによって、文章化されたルールと視覚的デザイン情報の相互の確認、また「まちづくりブック」に基づく具体的ファサードデザインの検討を行った。

ワークショップでは左表に示す表参道スワマエ発展会の「まちづくりルール」を承認したうえで、具体的なファサード改修を予定している店舗（Ｉカーテン、Ｃ楽器）のファサードデザインについて「まちづくりルール」に適合していることを承認した。「まちづくりルール」を踏まえた上で今後の商店街のあり方についての展望が話し合われた。その内容は、「まちづくりルール」を軸として商店街の活性化に役立てていくというものであった。今後、多くの店舗が改修されることが想定されるが、そのとき

は、この「まちづくりルール」を基本とし、商店街全体で話し合い、よりよいまちなみを形成していくとの参加者の合意のもとにワークショップを終了した。

■**まちづくりルールに基づくファサード改修**

　ワークショップで合意された「まちづくりルール」にシャッターについての規定を加筆修正したものを最終的な「まちづくりルール」として、商店経営者、四日市市商工課職員が2班に分かれ、表参道スワマエ発展会の全商店を訪問し、別添の「まちづくりブック概要版」にて、まちなかにぎわい塾ワークショップの概要、「まちづくりブック」の趣旨を説明した後、「まちづくりルール」の賛否、「まちづくりルール」の感想について、商店経営者にアンケート用紙で回答してもらった。

　その後、デザインシミュレーションを行った「Iカーテン」の事例で「まちづくりルール」に基づく初めての店舗改修が行われた。

（C楽器）

（Iカーテン）
ファサード改修検討案 01

（改修前）　（改修後）

まちづくりルールに沿ったファサード改修事例「Iカーテン」 01

S-3. 住民・利用者参加でコミュニティの公園をデザインする

■密集市街地のまちづくりと街区公園のデザイン

　名古屋市では公共施設の整備など市街地整備の課題について、緊急に整備を図る必要のある地区を「地区総合整備地区」と位置付け、複数の事業手法を用いたまちづくりを進めている。これまでに事業完了地区も含め、全市で26地区が指定されている。

　「大曽根北地区」では、土地区画整理事業により都市基盤の整備をはかるとともに、密集市街地整備促進事業によって、安全で快適な住環境整備のためのまちづくりが実施された。地区はJR中央線、名鉄瀬戸線、市営地下鉄名城線が交差する大曽根駅の後背圏として、住宅を中心に商店、工場が混在する土地利用となっている。

　地区内の住宅の多くは戦災を免れた戦前からの木造住宅で老朽化が進み、防災、居住環境の面から改善が求められていた。また南北に縦断する都市計画道路と交差する都市計画道路のいずれも未整備部分が多く、災害時の消火、救援活動に支障を来す状態となっていた。こうした問題への対応から、昭和55年に「地区総合整備地区」に指定され、以下の3つのテーマに沿ってまちづくりが実施された。

1. 主要幹線道路の整備
2. 宅地の適正化・整形化
3. 街区公園の設置

事 業 者 名	名古屋都市計画事業大曽根北土地区画整理事業
施 工 者	名古屋市
施 工 期 間	昭和59年度～平成20年度
総 事 業 費	22,590,000千円
施工地区の面積	29.97ha
施工地区の区域	名古屋市北区上飯田東町1丁目、2丁目の各一部
	上飯田東町3丁目、4丁目の全部
	上飯田東町5丁目の一部
	上飯田南町4丁目の一部
	矢田町1丁目の一部
	山田町3丁目、4丁目の各一部
	山田北町1丁目、2丁目の各一部
	山田西町3丁目の一部

「大曽根北地区」全景 02

「大曽根北地区」事業区域図 02

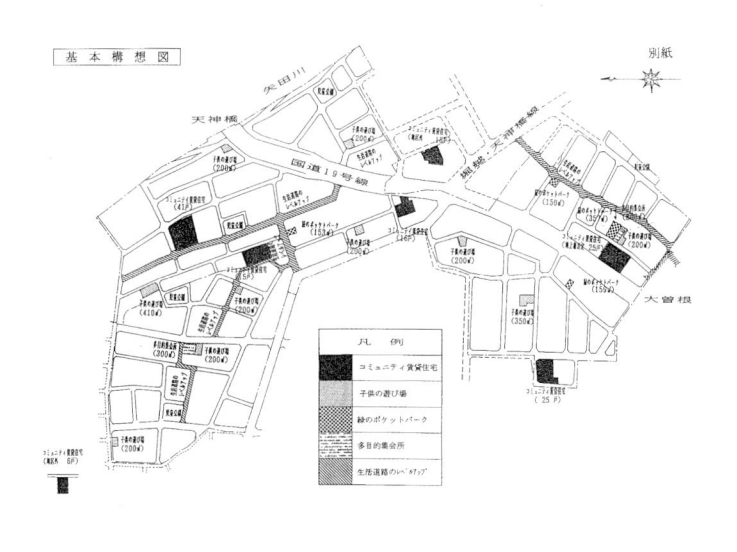

地区総合整備事業基本構想図 02

■市民参加による街区公園デザインワークショップ

　子供達が安心して遊べ、高齢者が近所の人たちと語らえる公園は地域のふれあいにとって不可欠な公共施設のひとつであるため、事業では緑とコミュニケーションの場である街区公園の計画と整備を、市民参加による公園づくりワークショップを通して進めることとした。

　ワークショップは六郷まちづくり協議会のメンバーを中心に、全5回実施された（右表の通り）。ワークショップでは、まず最初に市内の4公園を視察し、それぞれの良いところ、悪いところを参加者が共通認識としたうえで、「こんなイメージの公園があったらいいな」というアイデアの抽出を行った。

○公園点検　東志賀公園の評価例（下図参照）

　評価では、大型団地に囲まれた広々とした公園の規模や、遊具の充実が長所としてあげられた。一方で、計画対象とする公園は小規模であるため、異なったアイデアの必要性が認識された。

種　目		施　行　前		施　行　後	
		地　積(㎡)	％	地　積(㎡)	％
公共用地	道　路	36,851.25	12.30	80,322.06	26.81
	公　園	642.31	0.21	5,020.00	1.67
	計	37,493.56	12.51	85,342.06	28.48
宅　地	民有地	260,044.22	86.77	213,907.55	71.37
	国有地	549.75	0.18	455.57	0.15
	計	260,593.97	86.95	214,363.12	71.52
測量増		1,617.65	0.54	——	
統　計		299,705.18	100.00	299,705.18	100.00

土地区画整理事業施工前後の地積の対比 02

公園デザインワークショップの概要 03

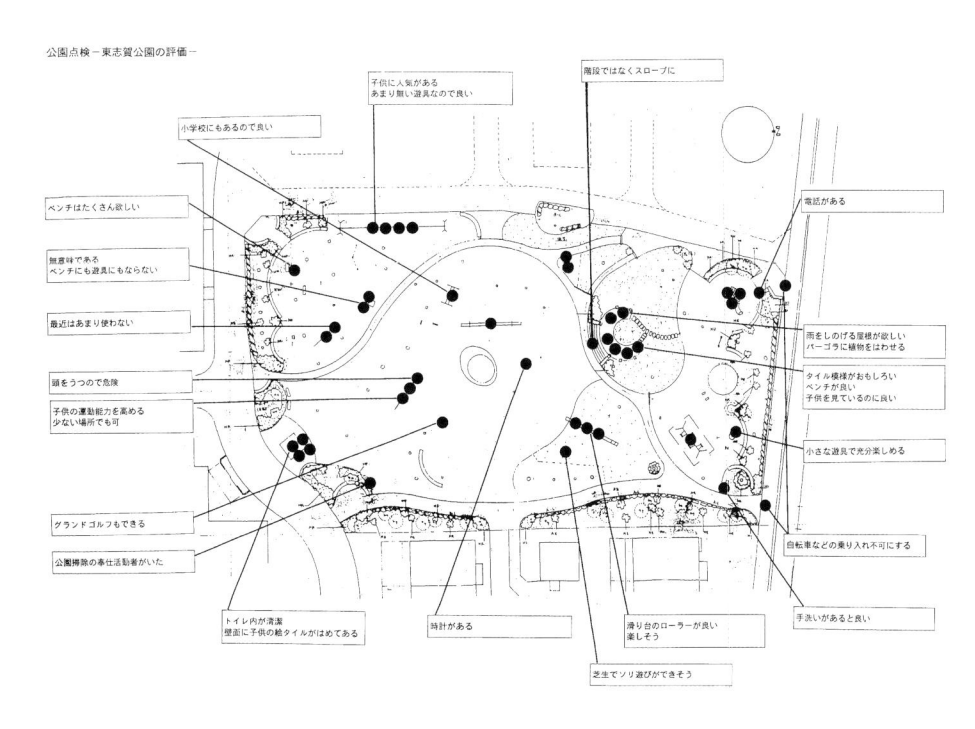

東志賀公園　点検図（まとめ）03

■「こんな公園があったらいいな」絵画コンクール

　ワークショップでは、地元住民や子供達が望ましいと考える公園のイメージについて、「こんな公園があったらいいな」をテーマとした絵画コンクールを開催した。応募された絵画に描かれた内容の分析から、子供達が希望する公園づくりのテーマとして以下のような項目が抽出された。

①公園の中には、必ず樹木、花、芝、水（池・噴水）などの自然に関する環境要素が表現されている。
②魚、鳥、実のなる木を描き、積極的に自然を取り込もうとする気持ちが表現されている。
③夢のある公園を描くことはテーマのひとつだったが、遊んでいる子どもや大人達の姿を描いたものは少なかった。
④子供達が描いた3大遊具は、「ブランコ」、「すべり台」、「砂場」という典型的なものだった。これらが楽しい遊具として描かれたのか、既存の公園施設のイメージに影響を受けたものか明確ではなかった。子供達が遊びの創造ができるような、アスレチック系の遊具などの検討が必要と考えられた。

■公園づくりわくわくワークショップ

　参加者はチームごとに分かれ、つくりたい公園のテーマについて、「○○が○○する○○公園」などのアイデアを出し合った。チームごとに決めたテーマに沿って、「お助けグッズ」（以下写真参照）などを用い公園の模型づくりを行って、自分達の考えるイメージを立体的に表現した。

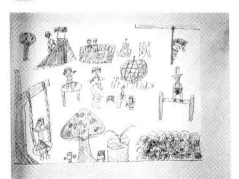

アイデア公園　提案絵画例 03

ワークショップで提案された公園設計のテーマ 03

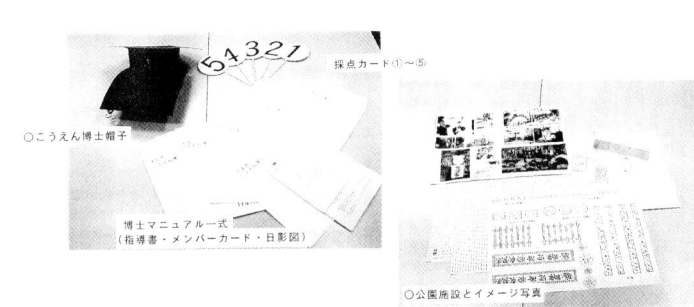

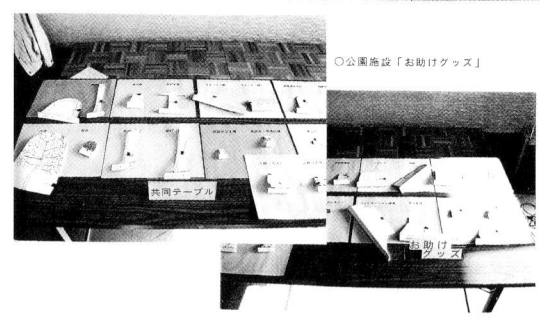

公園模型づくり　お助けグッズ 03

公園模型づくりの基本計画提案図 03

■大曽根北公園　基本設計へ

ワークショップで提案されたアイデアに基づき、実際の公園整備に関する事業、管理上の課題や、地元住民グループによる公園完成後の主体的な運営の仕組み、方法などについての検討が重ねられ、参加者によるアイデア公園づくりから、実際の公園整備のための基本設計へと進んだ。

基本的な公園整備の方針として、右に示す5つが合意された。

> **六郷北がったい公園**
> ・子供からお年寄りまでが、一緒になって楽しめる広庭
> ・地域住民が一体となってコミュニティ活動を展開できる中心広庭
> ・緑・水・光を組み合わせた六郷北学区のシンボルとなる広庭
> ・地域住民手づくりにより成長する広庭
> ・四季折々の風情があり、地域住民の心象に残る思いで広庭

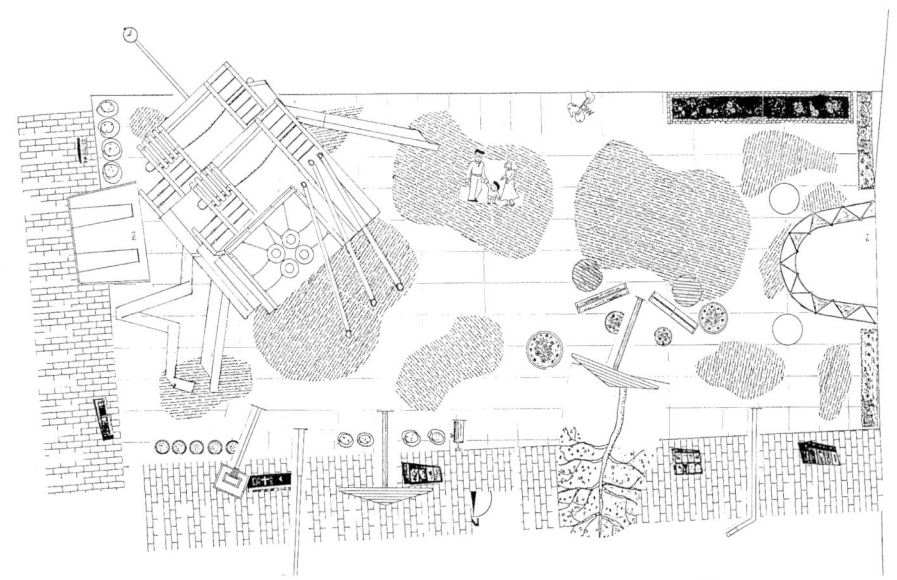

公園づくりわくわくワークショップ　アイデア提案例 03

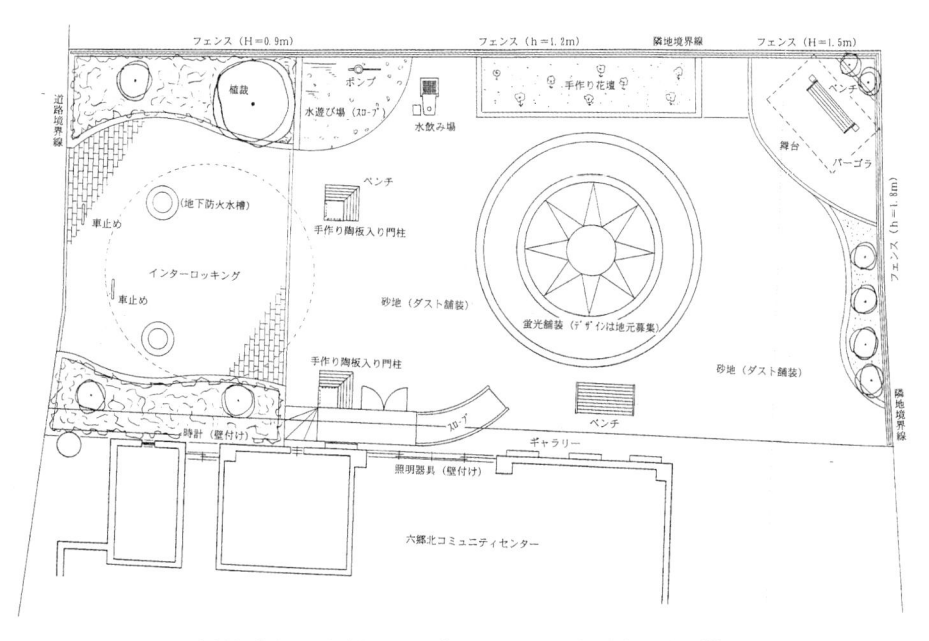

大曽根北公園（呼称：六郷北がったい公園）基本設計図 03

S-4. 地域文化を反映させた街路環境と景観をデザインする

■街路環境デザインのプロセスと参加の仕組み

　公共街路の環境デザインは、沿道住民や商店街などの関係権利者の意見はもとより、街路利用や管理にかかわる機能、道路構造上の制約、また公共交通機関運行上の基準など、多様な課題に対応することが求められる。まちづくりの視点からは、地域の景観形成や住環境改善など幅広い計画課題と目標への取り組みが求められる。事例対象地区は、愛知県名古屋市千種区の四谷・山手通り（対象範囲約720m／幅員24m／両側歩道／片側2車線／中央分離帯）である。この四谷・山手通り地区では1986年から地域住民、商店街代表者、そして沿道に立地する名古屋大学の研究グループ等が中心となり、街路環境改善を目指した事前調査や基本構想立案等の取り組みが続けられてきた。今回の街路環境デザインでは、「景観整備事業」の実施計画策定に際し、地域参加の場として設置された「四谷・山手通等整備検討部会」（1999年8月～2000年2月）が中心となり、協働による街路環境デザインを策定した。

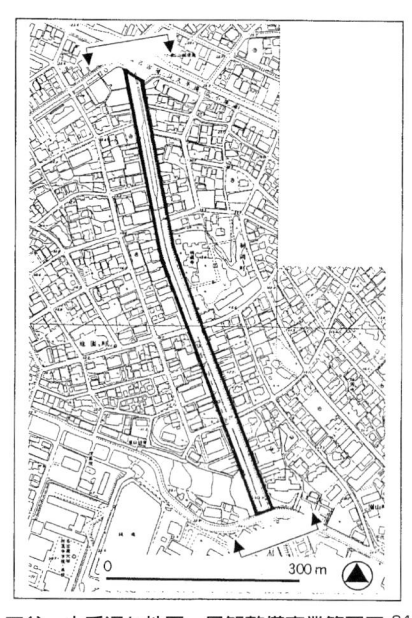

四谷・山手通り地区　景観整備事業範囲図 [04]

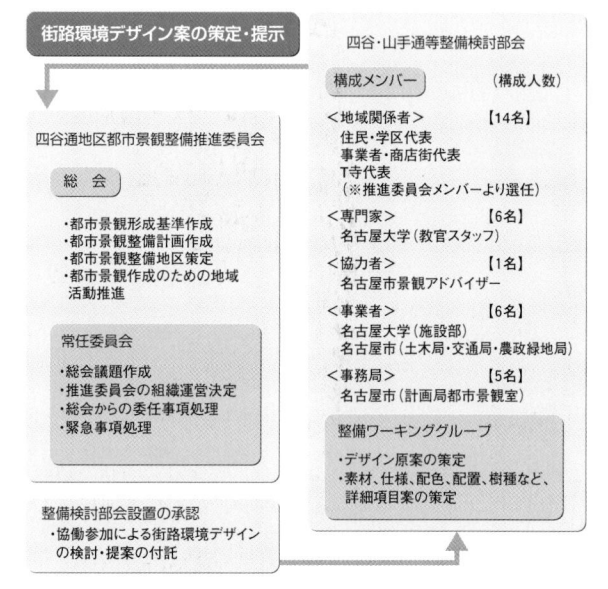

景観整備事業　実施計画策定の仕組み [04]

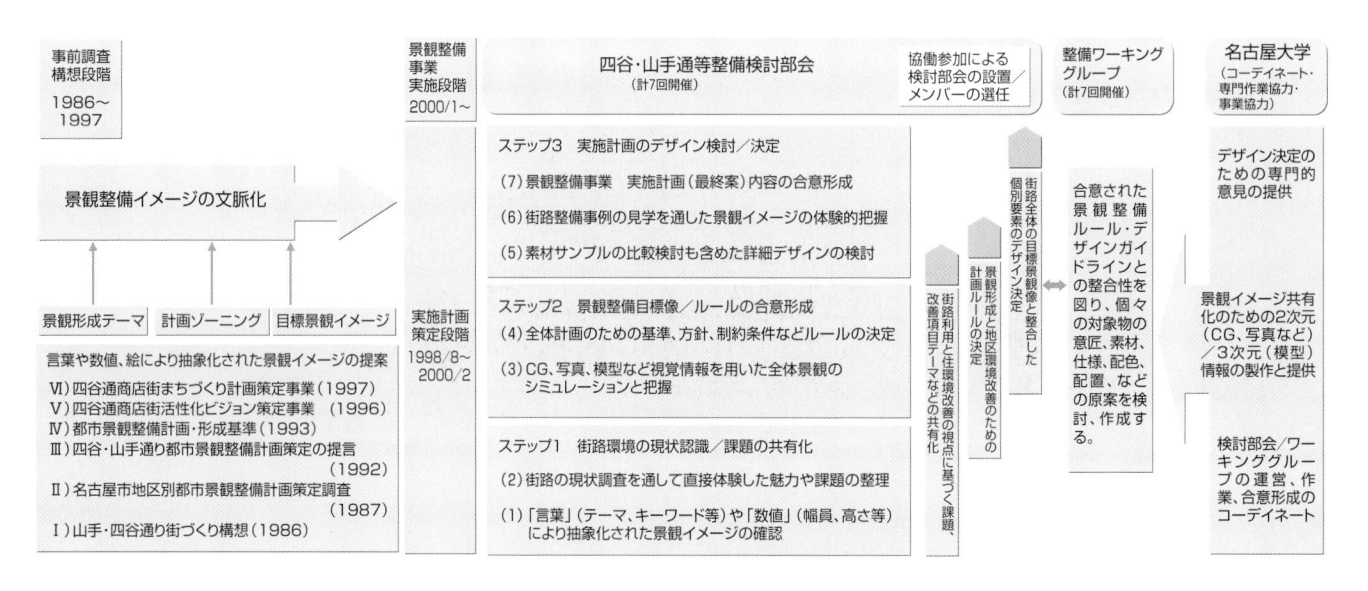

四谷・山手通り地区街路環境デザインの検討組織と計画プロセス模式図 [04]

■計画範囲の検討と実施デザインの立案

実施計画策定プロセスは、ステップ1－現状認識と課題の共有化、ステップ2－目標像／計画ルールの合意形成、そしてステップ3－実施デザインの検討と決定、の3段階で進められた。特に景観整備の基本的な方向性については、事前の基本構想の提案内容を文脈化し、その枠組みを検討部会で共有化したことが大きな特徴と言える。ステップ2では、視覚化された景観シミュレーション情報を活用して街路全体の目標景観像を合意し、それに基づき個別計画のルールを決定した。ステップ3では「整備ワーキンググループ」が作業中心となり、個別の詳細デザインや仕様の原案を決定して検討部会での承認を得る方法をとった。

この計画決定の仕組みは、専門度の高い幅広い資料や情報を基に、効率的なデザイン検討と決定を可能としたが、一方で大学側メンバーと事業者による事前検討という傾向が強くなり、地元参加者のデザイン立案に対する関与度合いが低下した事は短所としてとらえられる。

■個別デザイン項目の決定順序

街路環境デザインのプロセスでは、個別具体的な設計対象項目ごとに、それぞれの実施デザイン案を立案、決定していった。設計対象項目は、歩道のタイルパタン、車道灯の意匠、植栽計画、ストリートファニチャーデザイン、C.C.ボックス（地下埋設配電ケーブル用地上機器）塗装色、歩道橋塗装色などである。それぞ

四谷・山手通り全景（北方向を望む）

四谷・山手通り街路環境現況調査

抽出された課題の検討結果 06

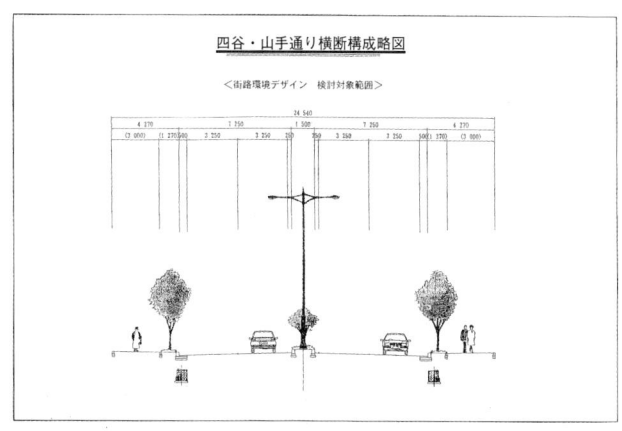

四谷・山手通り横断構成略図 05

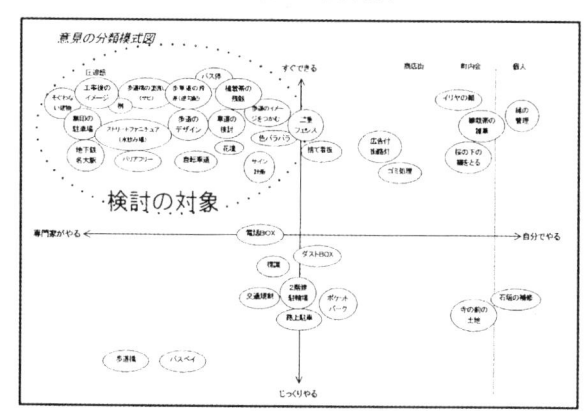

現地調査によって抽出された課題の分類 06

れの検討項目の立案経緯を下図に示す。デザイン決定プロセスでは、①課題の抽出・条件整理、②イメージ・ルールづくり、③個別項目のデザインの検討・決定、の3段階をとおして進められた。まず街路全体にかかわる課題を抽出、分類し、事業としての検討条件を明確化し、全体のイメージやデザインの方向性を確認したあと、ルールやゾーニングを定め、個々の項目ごとに実際の形態・色彩・素材といったデザイン検討を繰り返し、最終案を決定した。

検討プロセスではある項目のデザインが決定された後、それがきっかけとなり、関連項目のデザインが連鎖的に決定される特徴が見られた。具体的には、歩道を中心とする全体イメージを確認する段階で、電柱の埋設化に伴う電力会社の地上設置機器（C.C.ボックス）の色彩の決定が合わせて行われた。同様に、街路灯の意匠や塗装色の決定後、それがきっかけとなり、歩道の仕上げ材の種類や色彩、ストリートファニチャーのデザインや色彩などが決定された。

個別項目の検討範囲、検討回数と検討結果 06

現況調査に基づく課題と資源の空間分析

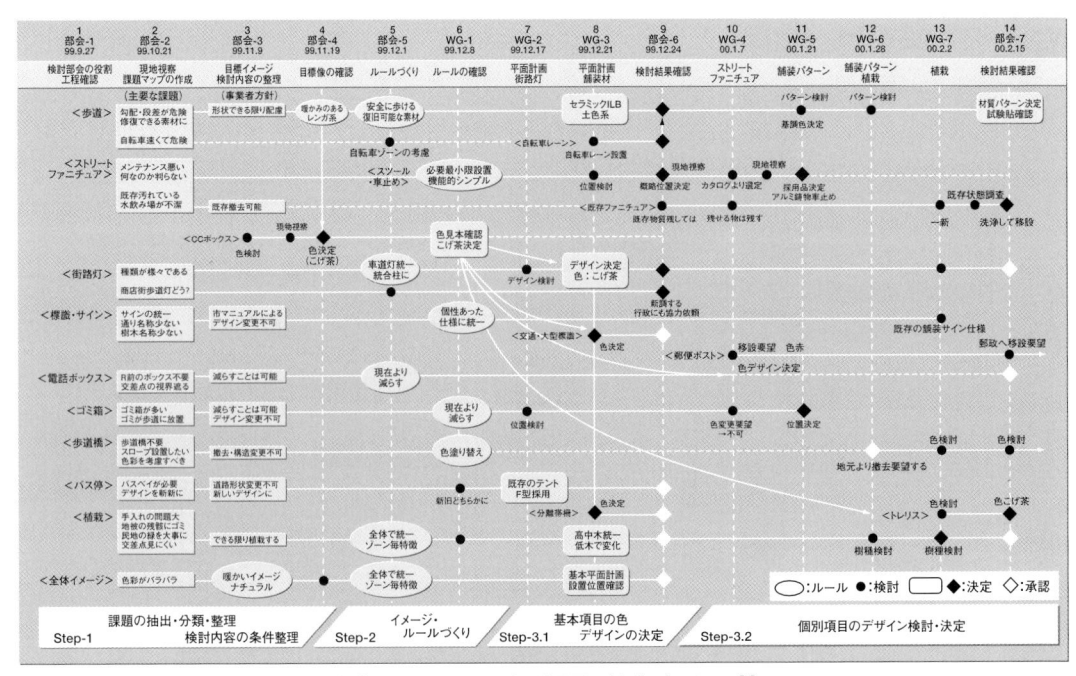

部会・WGにおける個別項目の決定プロセス 06

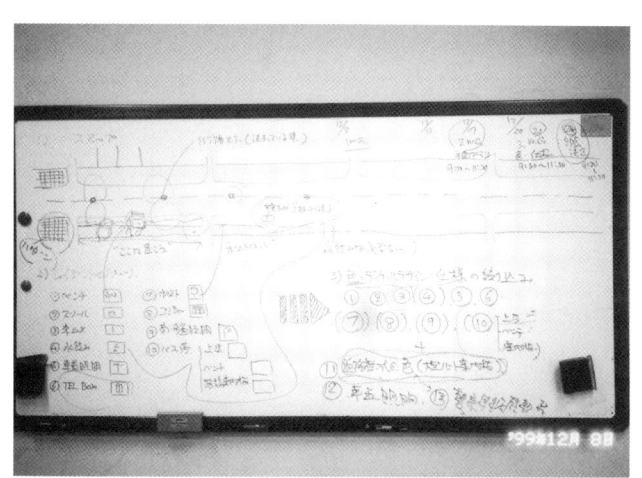

| PROCESS-1 | PROCESS-2 | PROCESS-3 | PROCESS-4 | PROCESS-5 | **Studio & Practice** | Communication & Presentation |

計画コンセプト立案のための意見整理

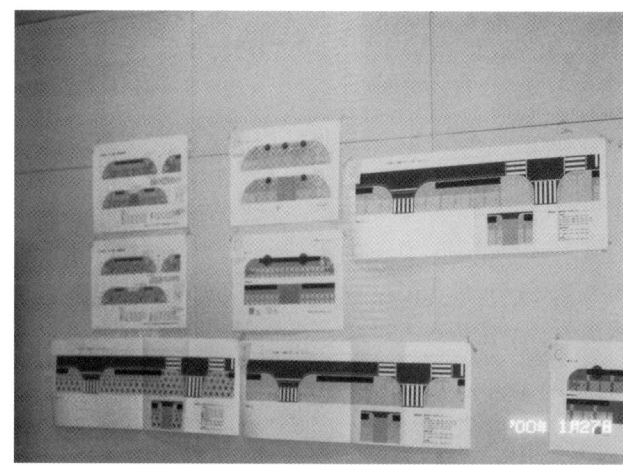

歩道のデザインシミュレーション

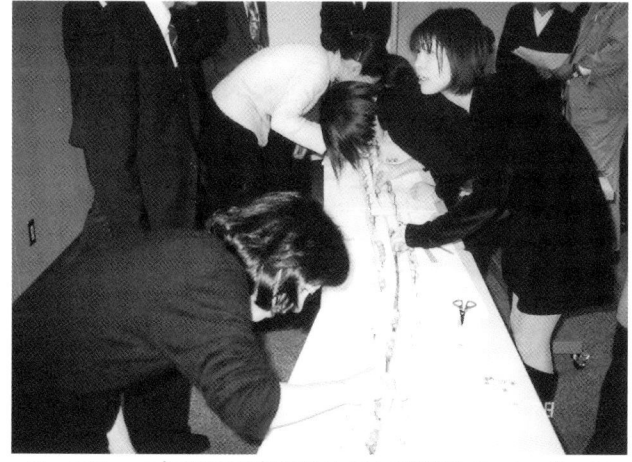

ワークショップにおける計画コンセプトの模型シミュレーション

歩道仕上げ材の色・材質・透水性能確認のための試験貼りと実寸検査

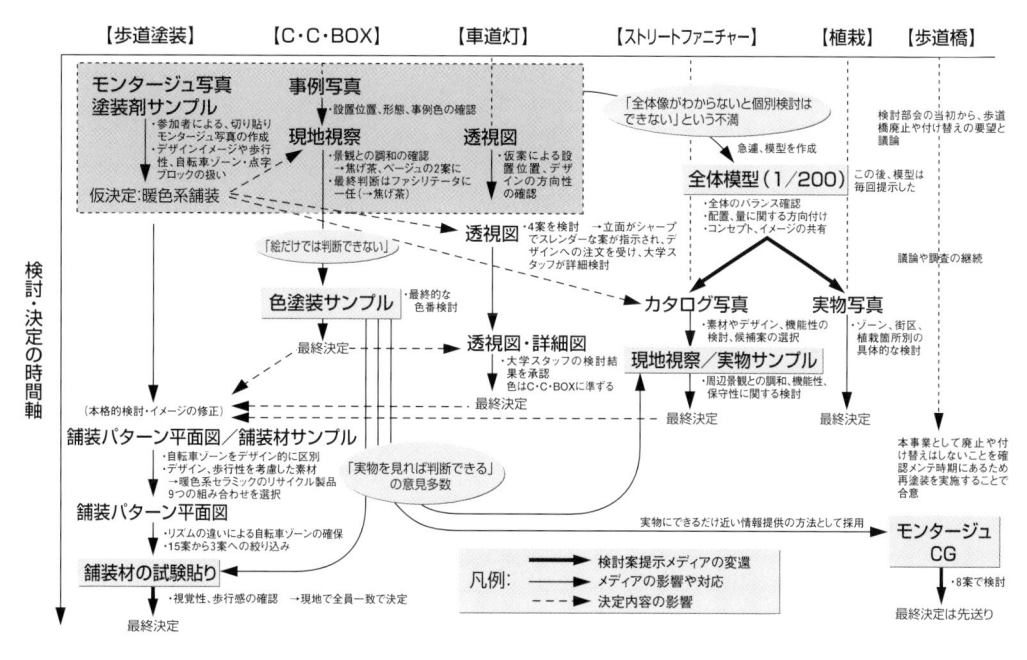

意思決定プロセスと検討メディア 07

S-5. シャレット・ワークショップで歴史的まちなみの修復を図る
大学の研究室による継続的活動

■まちづくりと専門家のかかわり

これからの地方分権、再編成の時代における「まちづくり」活動では、地域の活動に建築家や都市計画家などの専門家がどうかかわり、またそのような専門家をどう育成するかという問題が問われようとしている。ここでは、このような問題意識にたちながら、現在まで10年以上の長期にわたって、大学の研究室を単位として行ってきた「シャレット・ワークショップ方式」による一地方都市に対する「まちづくり」の支援、研究、教育活動を概説する。

■シャレット・ワークショップの形式

今では米国のニューアーバニズムと呼ばれるコミュニティ計画における主要な手法として取り入れられているワークショップの手法に、専門家集団による集中的ワークショップを意味する「シャレット・ワークショップ」がある。通常、1週間程度の短期間に、20人近くのさまざまな領域の専門家が現地入りし、行政や住民と不定期に会合を重ねながら、徹夜で具体的な計画案を示し、何回も議論を繰り返しながら最終的な合意案（マスタープラン、典型的な建物の計画、デザインコード、主要なランドスケープなど）を確定するというものである。ここでは、これを学生用にアレンジした短期的方法を行っている。

■岡山県高梁市の特徴と課題

岡山県の高梁市は県西部を流れる高梁川の中流域の三方を山に囲まれた盆地に位置し、備中松山城の南側にその城下町として栄えてきた。人口が25,000人を数える典型的地方小都市であり、近隣市町村との合併を2004年に予定している。地域の特徴と課題としては、次の三点があげられる。

(A) 地形的に周囲が山に囲まれた盆地にあり、比較的境界が明確で平面的スプロールも少なく生活領域が把握しやすい。

(B) 歴史的背景が豊かで、備中松山城のほかに武家屋敷町、寺町、町人町、高梁川を加えた都市修景要素が明確に保存されており、イメージアビリティが高い。

(C) 歴史的まちなみの保存と世代交代や産業構造の変化による建替えの要求が相克し、放置しておくと確実に美しいまちなみが破壊されることが予測される。

特に1990年から1992年まで実施された伝統的建造物群保存対策調査と1990年に誘致された大学の開学により、本町界隈では歴史的建造物群保存地区の指定を避けるための駆け込みとして伝統的町家が急に学生用マンションに建替えられるという不幸なでき事がおきている。

シャレットワークショップの風景

伝統的町屋と学生用マンション

高梁市の中心市街地

ワークショップの段階的フロー 08

■ワークショップの手順と段階的フロー

「シャレット・ワークショップ」の手順については、いまだに試行錯誤の部分を含むが、典型的な手順と段階的フローは以下の通りである。

```
シャレット・ワークショップの手順とフロー
①標準日程：原則として3泊4日程度
②場　　所：市内の半公共的施設（福祉会館など）
③主　　催：市の公共的団体（商工会議所など）
④参加者：学部生（4年）約12名
　　　　　大学院生（修士、博士）約10名
　　　　　研究者／教員　1～2名
　　　　　若年専門家（建築、まちづくり）　2～3名
　　　　　市内のまちづくりに関心のある住民　5～6名
⑤手　　順：準備段階　予備調査
　　　　　　1日目　　基礎調査
　　　　　　2日目　　詳細調査および診断
　　　　　　3日目　　シミュレーションと提案
　　　　　　4日目　　関係者へのプレゼンテーション
　　　　　　事後段階　記録・広報など
```

■ワークショップのテーマ

ワークショップのテーマは毎年異なるが、「新しい観光ルートの開発」、「商店街の活性化計画」「無電柱化と石畳による景観整備」、「川を生かした生活提案」「門の企画設計」、「蔵再生のビジョン」、「歴史に残る人物記念館の企画」などを提案している。ここでは、1997年に行ったまちなみの調査とその結果得られた具体的な成果を主にとり上げる。

新しい観光ルートの提案

集積密度グラフによる本町界隈の住宅形式の分析 [09]
伝統継承型町屋形式の住宅がどんどん他の形式に建替えられていることが分かる。

■調査および分析

□集積密度グラフによる研究

高梁市の市街全域に建てられている建物を〈伝統継承型（町屋形式、屋敷形式、郊外住宅形式）〉、〈非伝統継承型（町屋形式、集合住宅形式、郊外住宅形式）〉に分類し、その分布状況を集積密度グラフを用いて視覚化した。集積密度グラフはある一定範囲における同一要素の密度を集積度として立ち上げたグラフのことである。これにより、高梁市では、本町を中心とした旧町人町に伝統継承型の建物が多く残存し、駅前近辺地区に郊外住宅形式や集合住宅形式の建物が密集している現状況を視覚化することができた。

□木質系ストリートエッジの研究

高梁市のような伝統的地域における景観修復方法を通して、日本の都市を特徴づけている街路空間の構成要素を、その地域独特の建築形態、外部空間と内部空間とを特徴づけている断面のディテールから抽出し、今後の木質系素材を使用した街路空間の可能性について検証を行った。快適性と防火性を同時に満たす新しいストリートエッジのあり方を模索し、本町などの実際のまちなみ修復計画に取り入れる方法論を考察した。

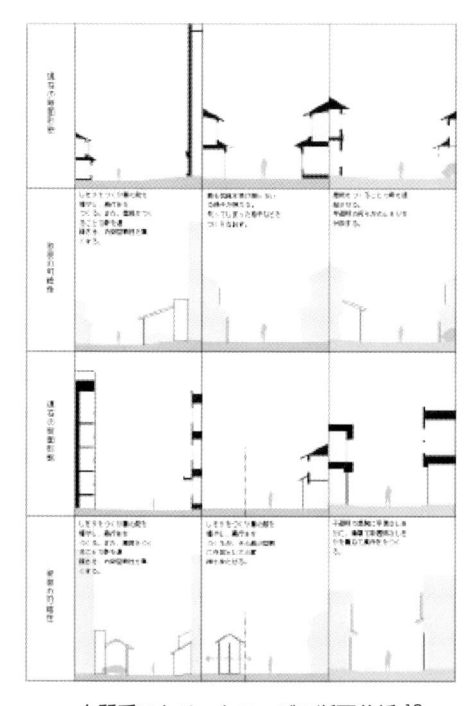

木質系ストリートエッジの断面分析 [10]
軒下の中間領域的な部分がRC造では失われ、まちなみが分断されることが分かる。

□色彩によるまちなみの分析

　本町に現存する建物について、詳細な色彩調査を行い、まちなみとしての特徴を客観的に抽出することを試みた。具体的には建物の部位別に色度図グラフ、色差グラフを作成し、まちなみとしてのシークエンスについて考察を行った。その結果、伝統的まちなみの色度は全体に明度が低く、近代的なまちなみには各種の色調が混在していることが判明した。デザインコードの策定により、将来のまちなみのイメージを絞り込むことが重要であることを裏付けることができた。

■まちなみ再生に関する成果

□助成金制度とデザインコードの策定

　1998年に市による「歴史的まちなみ保存地区整備計画」が策定され、本町地区が重点保存地区に指定されたため、1997年に行った本町地区のまちなみに対する厳密な調査・分析に基づき、今後のまちなみの修復工事が従うべき「デザインコード」の策定を住民および行政との協議のうえで行った。具体的には、歴史に裏づけされた伝統的な建築ボキャブラリーに対し、今の時代を反映した遺伝子的要素を組み込む可能性について議論をし、その結果旧来のまちなみが示す色彩範囲に対し、より明るい木色を使用可能とし、現代という時代性をまちなみに盛り込むことを試みた。

□「門」の提案

　デザインコードにのっとった実施例を早急に住民に示し、その意味とまちなみ修復のビジョンを理解してもらう必要があったため、1997年に本町地区の一住宅の前面の駐車場に、軒をそろえる意味での「門」の提案をした。学生達によるデザインコンペ、住民代表による審査講評、その経過の広報などのプロセスを経た後に、最終的に建主の合意を得ることができたため、1998年には実際に竣工することができた。ここでは、伝統的町家が壊され虫食い状になった空き地や駐車場に、軒をそろえ、道と垂直方向の視線や奥行き感を表現するというデザインプロトタイプによるまちなみ再生のモデル的方法が提案された。その後の近隣住民からの評価は比較的高く、1998年に4軒、1999年に4軒、2000年に2軒の住宅が助成制度により修復を行った。

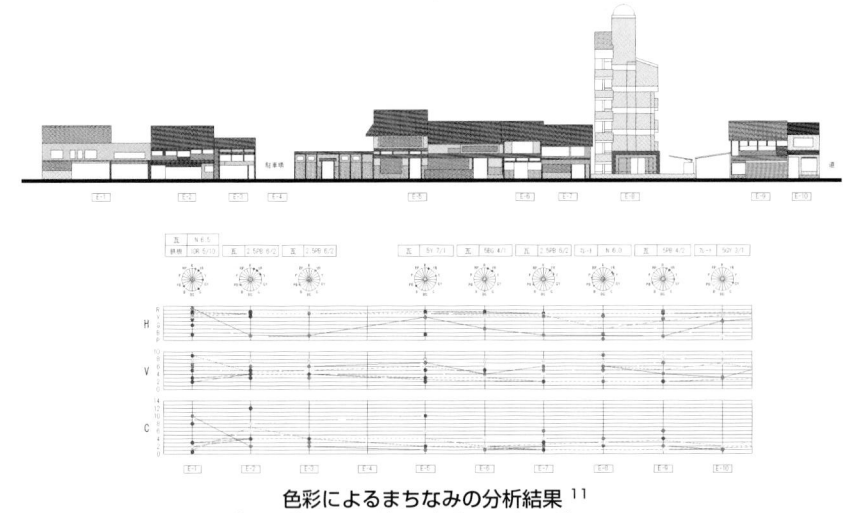

色彩によるまちなみの分析結果 [11]
自然素材と人工素材では色彩のリズムが乱される。

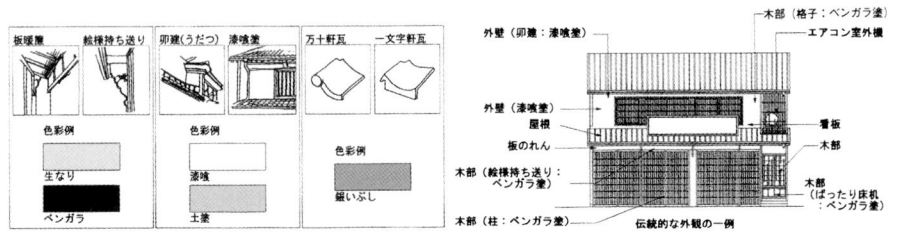

新しく制定されたまちなみデザインコード [08]
伝統的な色合いに現代的な色を加えた。

□「蔵」の再生と「観光物産センター」へのコンバージョン

　紺屋川沿いに不良債権化して放置されていた蔵は 昭和初期に建てられた歴史的風情を残す建物であるが、これまで放置され、マンション建設のために取り壊される計画が示された。1996年、商工会議所を中心とした住民は、急遽第3セクターによるまちづくり会社を設立することを前提に、結果的に市がこの建物を購入することができた。そのため、新たな改修計画を練り直し、市の予算をつけ、1999年には「高梁市観光物産館・紺屋川」として再生した。ここでは、単なる物産館としてだけではなく、さまざまなまちづくり活動の拠点となるよう多目的空間としてのしつらえを内部にデザインしている。

■「まちづくり」における「空間論」の意味

　町の模型やCGなどの分かりやすい伝達手段を用い、まちなみや景観について共に考えることは、特に専門的な知識を必要としないため、多くの住民に参加意欲を持ってもらうことができる。また「まちづくり」を大変なことと思わず、身近に感じてもらうことが長期的なヒューマンインフラを育てるきっかけになる。「シャレット・ワークショップ」はその意味で「まちづくり」を「空間論」として展開するための重要なツールであり、建築系の学生が持つ「抽象的な概念を具体的な空間に翻訳することができる能力」が大事な役割をはたす。

■ケーススタディの有効性

　まちなみ保全やまちの活性化には、唯一の正解がある訳ではなく、多数の解が存在し得る。ケーススタディによるシミュレーションは最終的な効果を予測したさまざまな解の存在可能性を具体的に示す方法であり、意思決定者（行政や住民）はそれらのケースを踏まえたうえで、リスクの少ない判断を下すことが可能である。一般にまちづくりにはアイデア、知識、技術、人材のストックが必要であるが、平常時にこのようなストックを継続的に蓄積することが重要である。

　ある地域の抱える問題について洞察力を持って観測し、具体的な方法でこの解決策を示すことは高度な技術を要し、訓練を受けた専門家でないとできない。住民にとってはそのような専門家の力を借りることにより、ゼロの地点からではなく、具体的な選択肢の中から選ぶべき方向性の判断を下すことができる。多くの住民からの合意形成を得るためには、このような地道なプロセスの繰り返しにより、住民自身の意識が全体的に高まることが重要な点である。

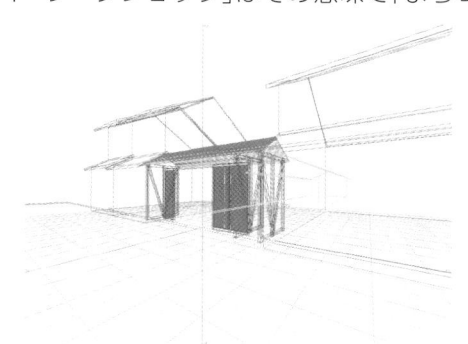

「門」の設計時のイメージ [12]

学生によるコンペの住民による審査風景

「門」によるまちなみの連続性の修復

修復後再生された「観光物産館・紺屋川」

S-6. 歴史的建築の保全・再生により地域交流館をデザインする

■**地域協働による都心再生まちづくりのプロセス**

三重県四日市市では平成11年度の市町村都市計画マスタープラン策定に際し「まちづくり市民円卓会議」を結成して以来、その後の中心市街地活性化基本計画（以下中活計画）の策定や、個別のまちづくり活動に際しても、協働型の計画検討組織と活動拠点の形成を推進している。本節では市民・地元商業者・行政・大学研究室の協働による地域まちづくり拠点「まちなかにぎわい塾」を中心として実施された歴史的建物の保全・再生による「諏訪公園交流館」の計画とデザインプロセスを検証する。「まちなかにぎわい塾」は既存商店街（3番街地区）の空き店舗を活用し、行政の支援と地域協力を得ながら大学の都市計画研究室が中心となり、地域のまちづくり拠点として開設したものである。ここではまちづくりに関する情報発信や地元の商店経営者、住民、利用者等との意見交換を実施している。

■**歴史的建物の再生による公共施設のデザイン**

諏訪公園交流館の前身となった施設は、戦前、四日市市で鉄道会社や銀行など数十社を経営していた熊澤一衛氏が図書館として1929年に建設し四日市市に寄贈

諏訪栄地区まちづくりワークショップ対象範囲 12

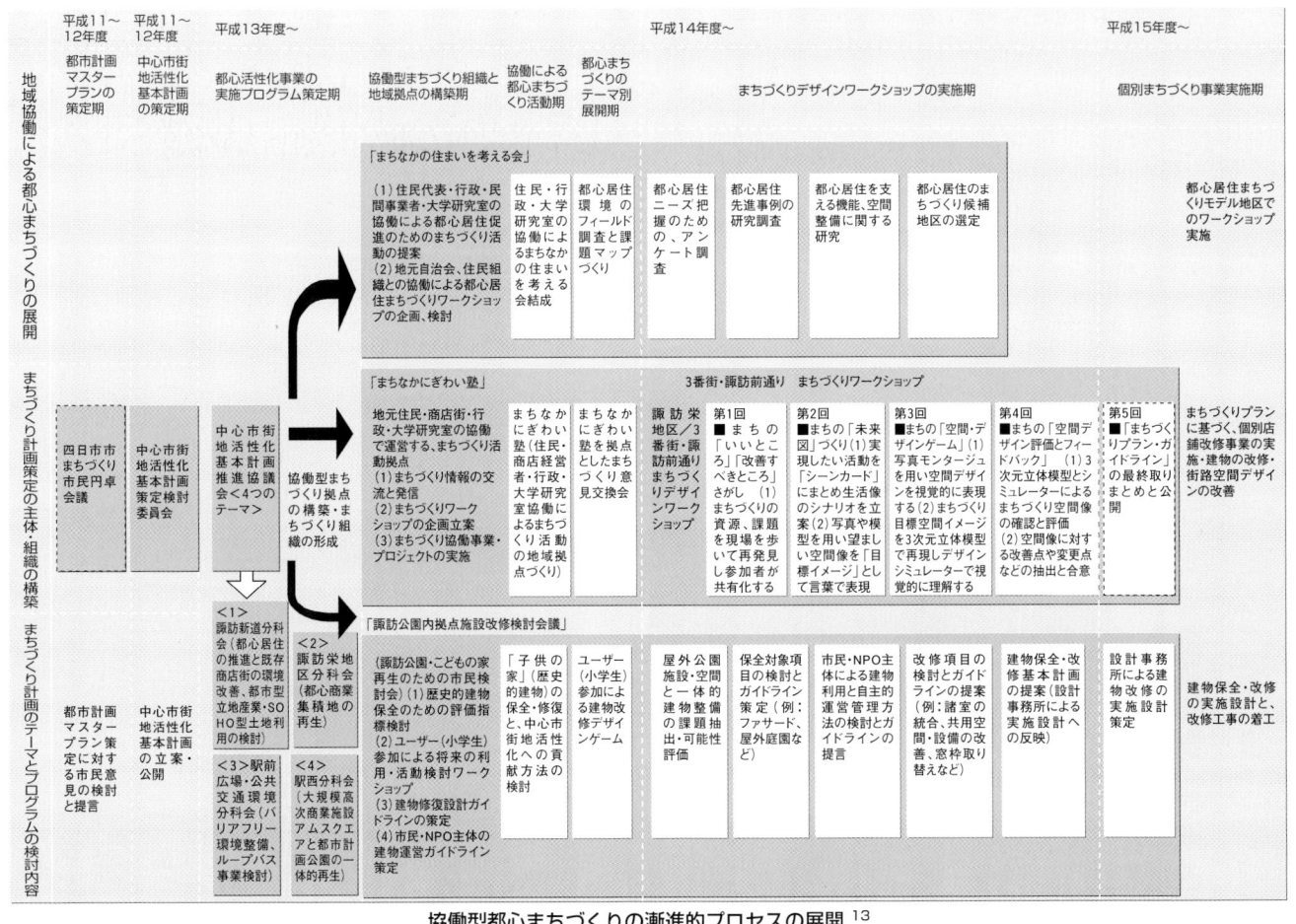

協働型都心まちづくりの漸進的プロセスの展開 13

した建物である。第二次世界大戦での四日市空襲時には一時病院として使用された他、近年、市の児童会館「こどもの家」として、また地域の自治会館として住民に利用されてきた建物である。都心再生を目指したまちづくりではこの建物の歴史的価値と都市計画公園内に建つ公共施設としての機能を高く評価し、設備と構

諏訪公園交流館南面外観（上）、北側外観（下）

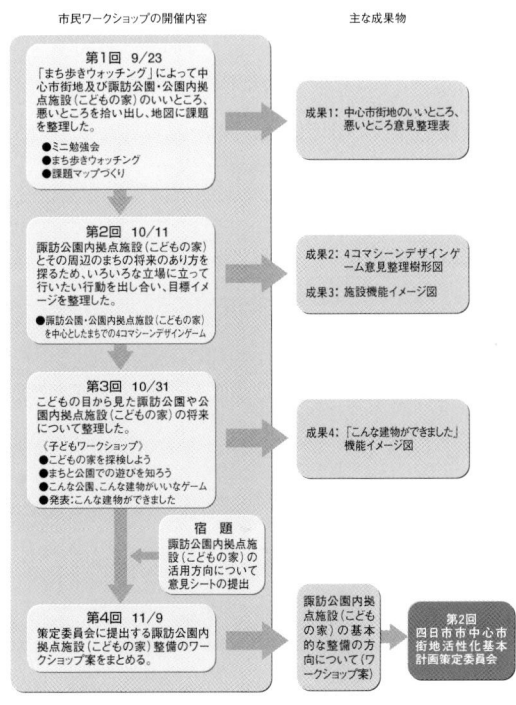

市民ワークショップのプロセス

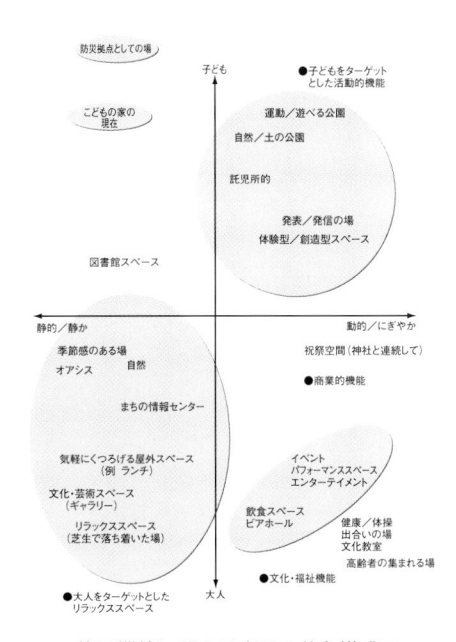

施設機能に関する意見の分布模式図

WSで合意された整備・改修の基本項目

[キーワード整理]
○建　物：《建物は財産であり残していくことは共通意見。しかし、現状で良いという意見はなかった。》
　　　　　─シンボルとして。外観は生かす。内装、特に1階は改修必要。明るく。
○対　象：《利用対象を拡大することは共通意見》　─開かれた施設に。全市的な利用。繰り返し利用。
○機　能：《さまざまな意見がある》　─この施設を目的に来る。反復利用を促す機能。子どもの活動拠点。文化発信の場。情報発信機能。飲食機能。公園の屋根のある広場。市民活動の拠点。
○公園等：《四季を感じられるように。》木を植える。建物のライトアップ。夜も明かりの灯る施設に。
○その他：《現在の機能を別の場所で確保。》スタッフ常駐。夜まで、土日も利用できる施設に。

造の改修を行い幅広い市民の活動交流拠点となる新たな施設へと再生するための計画、デザインワークショップを行った。

■デザインワークショップでの提案プラン

ワークショップの参加者は、市民、児童館（従前用途）の利用者、地元商店街関係者、交通機関関係者、小学生の利用者などである。

検討プロセスでは、改修の基本的考え方として「四日市のひとつの顔となること」、「繰り返し来てもらえること」、「建物に来る事自体が目的となる用途とすること」などが提案された。建物の保全・再生に対しては、子供達のために歴史的な建物を残すことは大切な一方、現状の建物に対する評価は使い難いという意見が大勢であったため、改修にあたっては利用者の考える活動イメージとそれに対応したプランの検討をデザインゲームなどを通して立案した。

■改修プランのコンセプトと提案図

建物改修のコンセプトとして、以下のテーマが提示された。

1. 「まち」は子どもの活動フィールドであることから、改修にあたってはその活動拠点、いわば「子どもの基地」としての機能を充実する。
2. 建物への来訪を促進し、滞留時間を長くするためには大人も子どもも安心して「くつろげる場」が必要である。
3. 隣接する諏訪神社の森、諏訪公園（都市計画公園）との一体的な立地環境を最大限活用し、外部空間と内部空間が連携利用できるような接続空間を1階に設ける。
4. 四季を感じられるように、ランドスケープ、植栽計画を一体的に立案する。
5. 不特定利用者を想定する1階の市民交流館と、2階の子ども活動拠点とは、施設の安全管理上、区別したゾーニングとする。

ワークショップで提示、合意された改修の基本テーマに基づき、プラン検討のためのデザインゲームを実

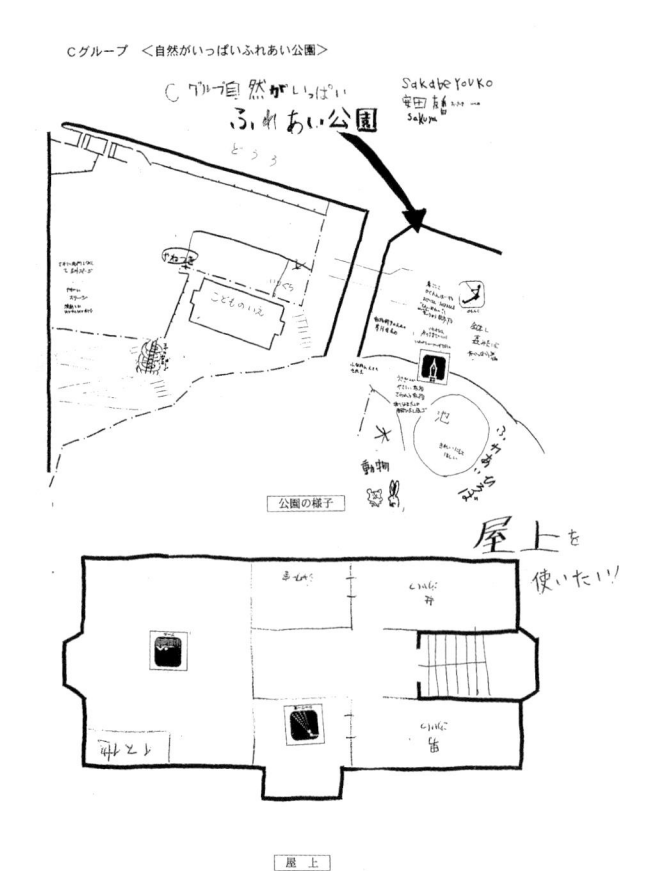

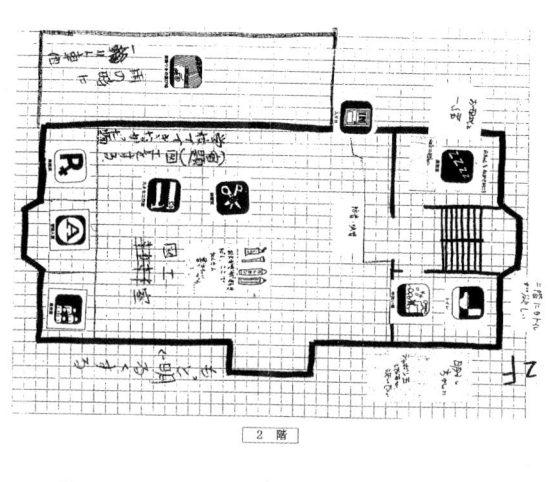

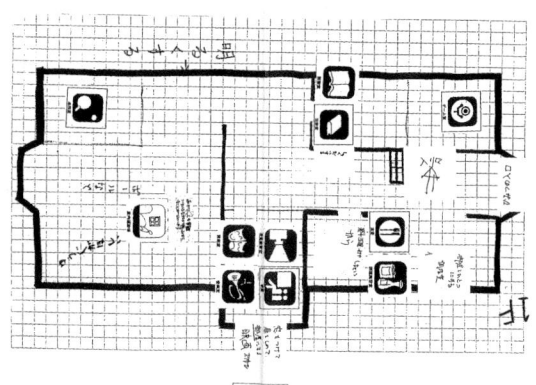

デザインワークショップで小学生の利用者が提案した改修プランの例

施し、活動イメージの抽出とそれに対応するプランの構成イメージをグループごとに提案した（小学生による提案例：左ページ下図）。建物改修のための実施計画は、ワークショップで合意された基本計画に基づき、外部専門家が担当した（下図）。

■市民による市民のための「諏訪公園交流館」へ
（「文化庁指定有形登録文化財」2003年度）

ワークショップでは、建物の改修提案に加え、管理・運営の新しい仕組みを提案した（下図）。現在の行政による管理から、将来は市民・NPOによる建物運営と利用管理の仕組みへと移行させる事を提案し、そのための運営会議組織の検討と、実現のための市民運営の基本的方向性を立案した。

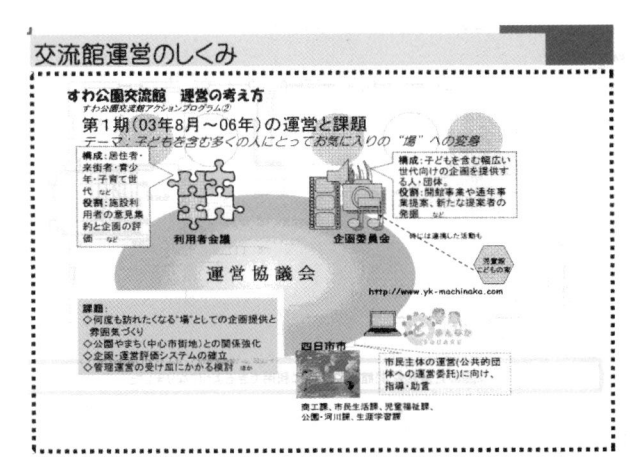

WS提案に基づくフロア改修計画の竣工写真（上：1階、下：2階）

市民委員による交流館運営の仕組み [14]

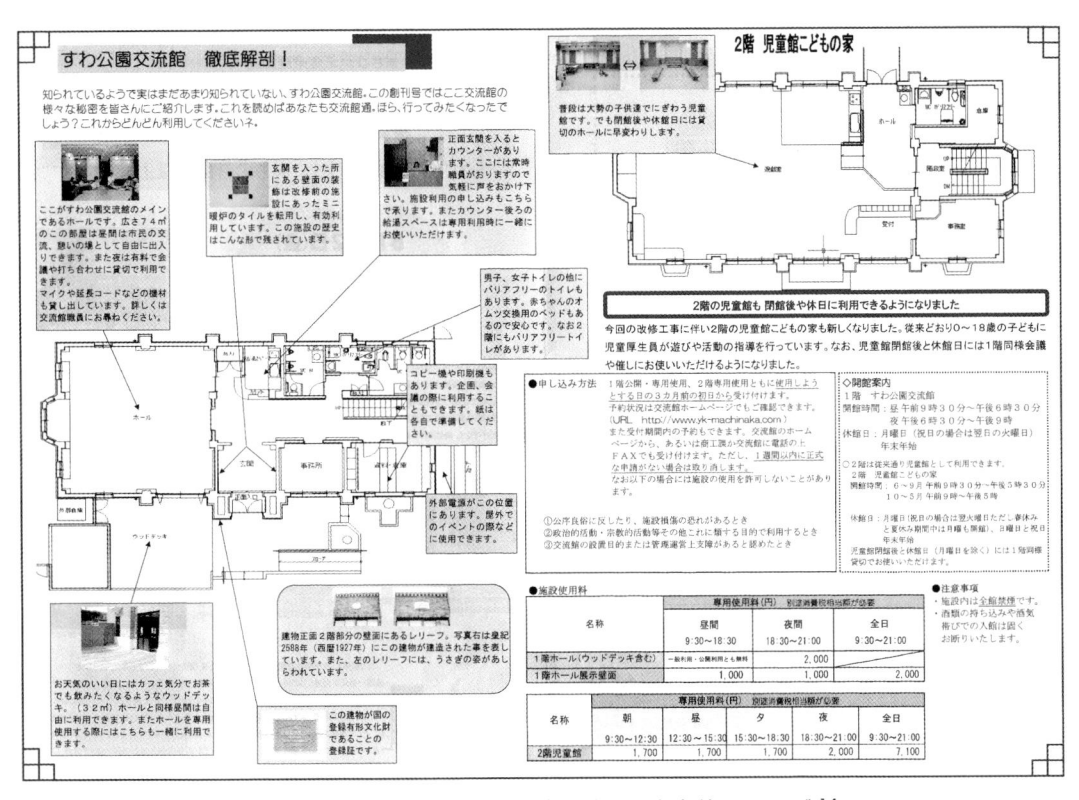

デザインWSで提案された基本プラン概要と各室利用イメージ [14]

S-7. 都心居住を促進するために更新のプロセスをシミュレートする
日米大学院生によるアーバンデザインスタジオ—港区赤坂地区のケース

■日米の大学院生による並行演習

米国の大学院生と日本の大学院生が共通テーマを軸にアーバンデザインの演習を並行して行った事例である。主要なテーマは東京の中心市街地における都市居住の可能性の追求であった。対象地区を、赤坂、京島、六本木、日本橋としたが、ここでは赤坂の事例を取り上げる。演習の進行は基本的には以下のプロセスをとっている。

(A) 敷地・コンテクストの現況調査と分析、歴史的背景の把握、問題点の抽出
(B) 地区全体の将来ビジョンの策定、デザイン目標の明確化
(C) デザイン目標に到達するための具体的戦略の策定
(D) 戦略にのっとった個別のデザインおよび提案
(E) それを実現するための方針とその効果の予測

■敷地の現状分析と歴史的背景の把握

対象地域の赤坂3・4・5丁目地区の規模は34.3haで、南西から北東にかけて凹型の高台から坂で斜めに下る起伏に富んだ地形となっている。この地区は、山の手のエッジに当たり、江戸時代からの神社仏閣や坂、道路区割りを歴史的要素としてよく伝える。古くは高台に中屋敷を中心とした大名屋敷、谷間に黒鍬屋敷など小規模の住宅が配されていた。この高さのヒエラルキーは明治維新後も受け継がれ、高台にはまとまった土地の利点を生かした私立女子校、警察署、放送局（陸軍の諸施設跡）などの大規模建造物が設けられ、谷間には長屋から敷地を細分化した小規模の住宅、そして低中層の住・商・業の小規模建造物が混在している。特に住宅地区には狭あい道路に面した既存不適格の建物も多くアンコ状態になっている。これらの木造住宅密集地の防災性、土地の高低による土地利用のアンバランス、利用頻度の少ない公開空地などが地区全体の大きな課題となっている。

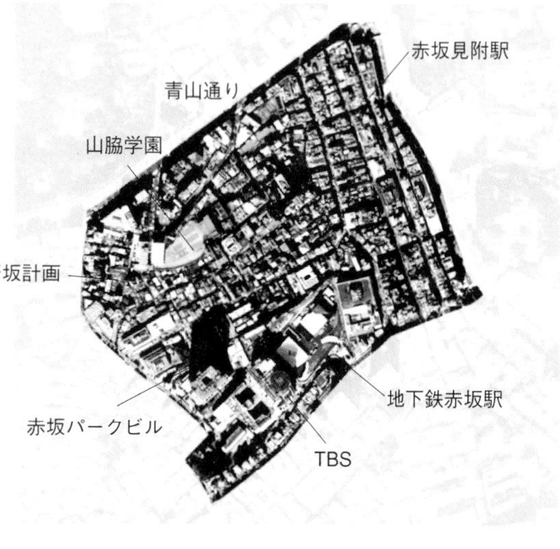

赤坂地区の概要 [15]
外側は幹線道路に囲まれているが、内側は地形的に落込んでいる。

高台に建つ巨大なテレビ局のビル 　　中型オフィスビルが並ぶ街路

にぎわいのある商業街路 　　低地に密集する住宅地

地区内のさまざまなスケールの建築群 [15]

■ 地区が抱える問題点の抽出

[人口動態]

　港区全体および赤坂地区の定住人口は微増状態にあり、戸建住宅が減少し、共同住宅が増加している。赤坂地区では核家族が半分以上占めているが、居住環境を考えると今後単身者が増えることが予想される。地区外の住宅需要も反映した住宅供給のビジョンが求められる。

[用途と景観の混乱]

　現行の用途、容積率、路線価の指定は平面的なゾーニングや道路幅員をもとにばらばらに策定されており、赤坂のような地形の複雑な地区では有効に機能していない。商業・業務系のポテンシャルが高いため、用途指定とはほとんど無関係に、住居系地域のアパートや戸建て住宅から小オフィスへの無秩序な転用が多く見られる。総合設計制度による高層の建物（高台）と接道条件による小規模低容積率の建物（低地）がアンバランスに配置され、日光や景観の阻害、アクセス困難な公開空地の存在などの弊害を生んでいる。

（A）用途地域と地形：用途地域図と地形図を重ね合わせてみると明白なように、道路から一定の幅員で定めた用途地域の境界などはまったく地形の特徴を無視して決定されているため、建物のスケールや用途と地形の関係がばらばらで、ちぐはぐな景観を生んでいる。この結果、ガワとアンコと呼ばれる建物スケールの差が同一街区内に生じている。

（B）路線価と道路幅員：路線価を示す図と道路幅員図を重ね合わせると、街区の周縁部の太い都市計画道路沿いの路線価（地価）が非常に高いのに比べ、街区内部の細街路（路地）部分では路線価がつけられない部分が多いことが分かる。これは、4m以上の道路に接道していない部分では建築基準法上、建替えが認められていないことが影響している。

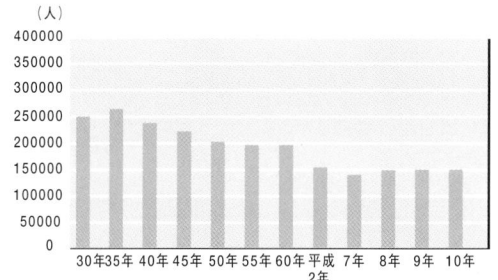

港区の人口動態 [15]：最近は微増状態にある。

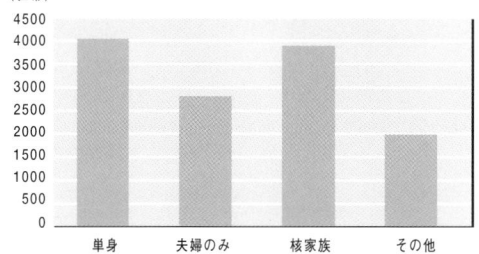

港区の世帯構成 [15]：高齢者の核家族が多い。

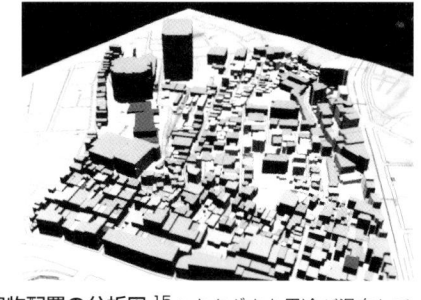

用途別建物配置の分析図 [15]：さまざまな用途が混在している。

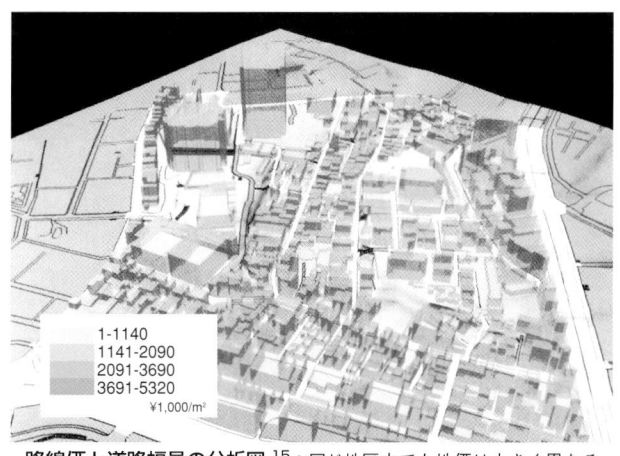

路線価と道路幅員の分析図 [15]：同じ地区内でも地価は大きく異なる。

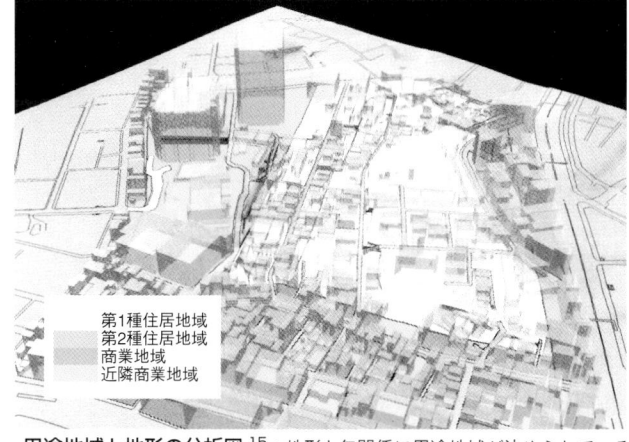

用途地域と地形の分析図 [15]：地形と無関係に用途地域が決められている。

■ **地区全体の将来ビジョンの策定、デザイン目標の明確化**

以下のプロセスを経ることにより、段階的建替えの方法を模索し、具体的な都心居住環境の実現のためのシナリオを提案する。

（A）精密に地区内の人口動向を把握し、将来の定住人口と住民の属性を予測する。また環境を悪化させない範囲で増築可能な建物ボリュームを算出する。

（B）接道条件が満たされない「アンコ」地区の段階的共同建替えのプロセスをシミュレーションし、低層型の都心居住のイメージを明らかにする。また、6〜8軒のスケールでの建替えの際にオープンスペースの設置を義務付ける「極小地区計画(マイクロディストリクト)」をデザインガイドラインに盛り込む。

（C）地形によりアクセスが不可能な地区においても応用が可能なように公的インフラ整備、民間開発の役割分担のシナリオをシミュレーションし、中層型の都心居住のイメージを明らかにする。

■ **具体的な戦略としての建替えのシナリオ**

前面道路が4m以下の既存不適格建物が密集している街区の建替え計画をシミュレーションする。

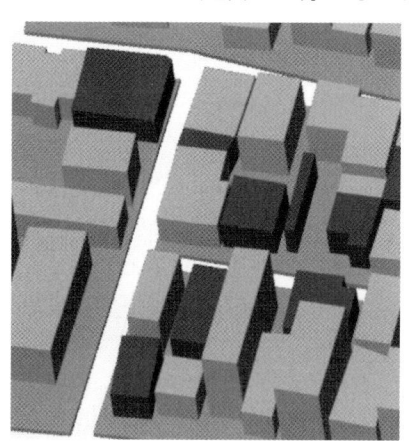

［第1ステップ］
建替えが必要な既存不適格建物群（アンコ部分）を特定し、対象街区を確定する。地権者の合意を図る。

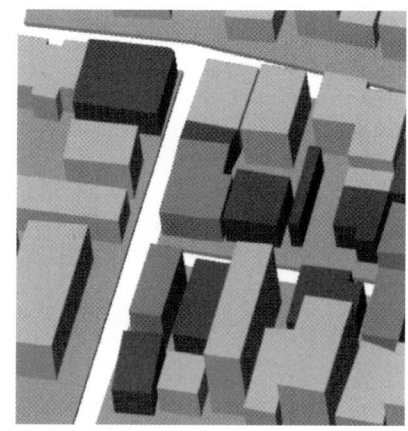

［第2ステップ］
接道している建物の地権者（ガワ部分）にも共同化による建替え計画に参加するように行政が働きかける。

［第3ステップ］
前面道路を4mに拡幅すると共に、街区内を再編成し、協調あるいは共同化の計画とそれらを包括する地区計画の方向性を検討する。

［第4ステップ］
空地の整備を義務付けた地区計画のルールをデザインガイドラインとして定める。斜線や日影規制をある程度緩和した中低層建物による一団地開発を促進する。

■開発後の効果のシミュレーション

建替えのシナリオを実施することにより、地区の中心部においては、建ぺい率を下げながら、2倍の容積を確保し、新たに30戸の住宅を供給することが出来る。

■戦略にのっとった具体的なデザインの提案

地形によりアクセスが不可能な地区における公的インフラ整備、民間開発の役割分担のシナリオを検討し、段階的建替えのプロセスにより、中層型都心居住の具体的なデザインイメージを明らかにする。

	Total Floor Area	Lot Coverage Ratio	Net FAR
BEFORE	5,908㎡	84%	1.68
AFTER	11,250㎡	71%	3.21

地区中心部における開発後の密度シミュレーション [15]

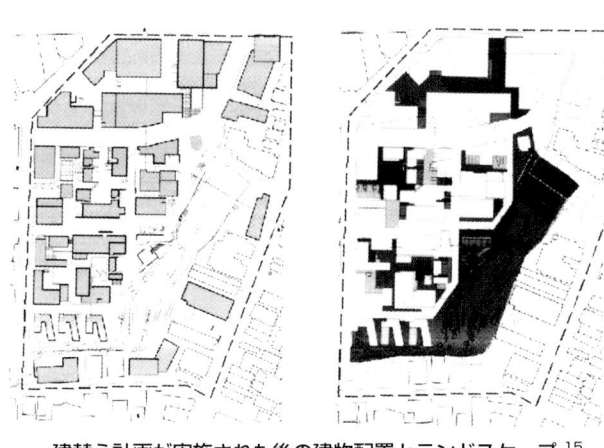

建替え計画が実施された後の建物配置とランドスケープ [15]

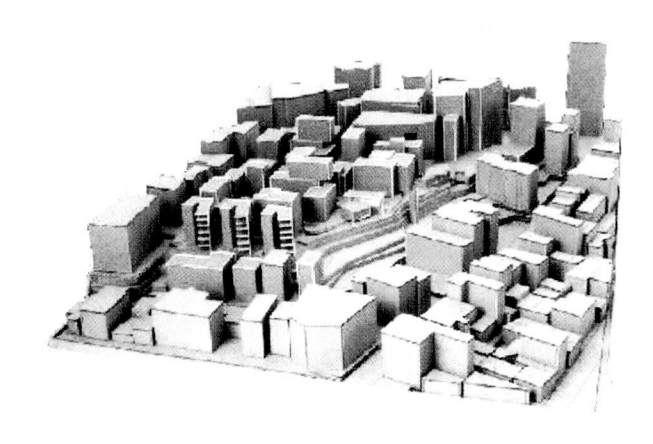

建替え後の建物と空地の関係を示す模型 [15]

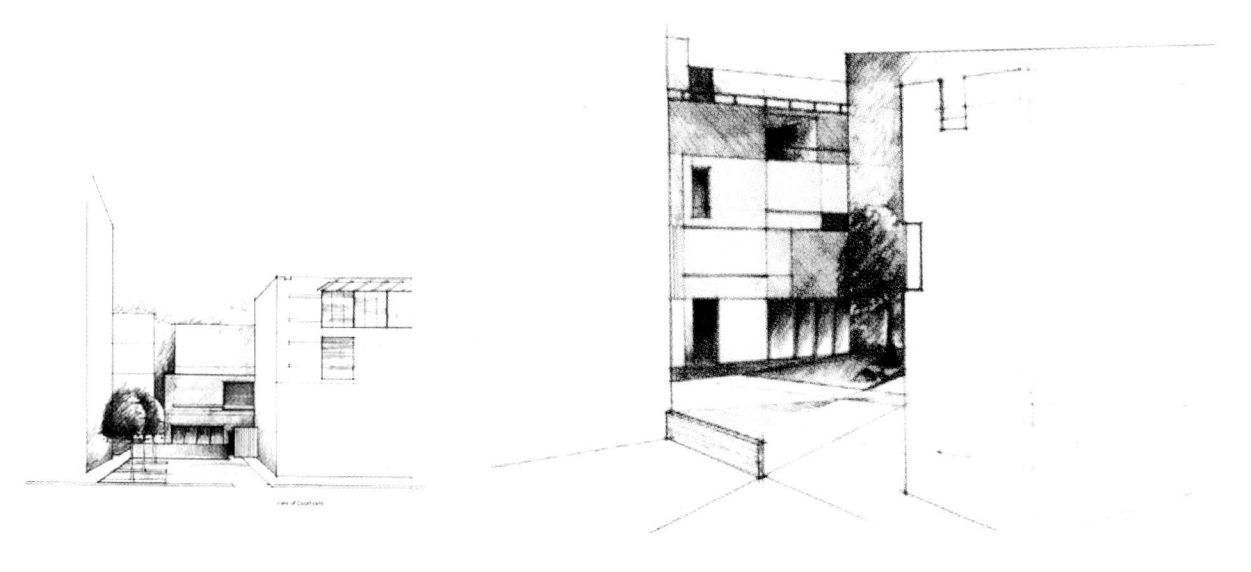

義務付けられた空地を介在した集合住宅のイメージ [15]

S-8. 都市の将来ビジョン具体化のために戦略的なデザインを考える
大学院におけるアーバンデザインスタジオの演習―中央区月島のケース

■ アーバンデザインスタジオのプロセス

演習のプロセスにはさまざまな形態があるが、ここでは標準的な段階的なプロセスを示し、おのおのの段階での達成目標を明らかにする。一部本書の前半を繰り返す内容となるが、一貫したスタジオの中で最低行うべきプロセスをまとめたものとして理解することが重要である。原則的には、(C)までのプロセスは4～5人のグループによるディスカッションを中心に調査・計画を行い、(D)は個人で実際の空間デザインを行う。
(A) 都市のイメージマップと模型作成による感覚的把握（2週間）
(B) 歴史、人口、建物用途、人の歩行動態などのデータによる都市分析（3週間）
(C) 将来ビジョンの策定とそのための戦略の検討（3週間）
(D) 各ポイントでの環境（ランドスケープ、建築）デザイン（5週間）

(A) 都市のイメージマップと模型作成による感覚的把握
① 初めて訪れる都市やまちに対し、まちなみや地形、特徴のある界隈などを感覚的に把握し、心地よさや改善すべき点などをメモし、これからの演習の足がかりにする。イメージマップはK.リンチによるものも参考にするが、独自の切り口をできるだけ心がける。共通の特徴のある界隈とその境界、建物の密度やまちなみの違い、路地や道路の特徴やオープンスペースの効果、その他気づいたことをできるだけ詳細に把握し、記述する。
② 模型は500分の1程度のスケールの都市模型を作成し、地形の変化、建物の集合度、スケールなどを都市のランドスケープとして認識する。他の地区とのスケール比較にも使用できるように模型の保存形式を考慮すること。

(B) 歴史、人口、建物用途、人の歩行動態などのデータによる都市分析

感覚的に都市を把握した後に、様々な角度からその原因をデータを用いて探る。
① 歴史的背景を知るため、古地図や写真を参照し、当該地区がどのように形成されたかを把握する。
② 居住や就労の実態を知るため、昼夜間人口、家族構成、就学児数などの経年的変化を統計調査などから調査する。
③ 当該地区に建つ建物の用途、規模、構造などを統計資料を参考にしながら、自分の目で確認する。統計資料の精度は荒いため、自分の足を使って調査することが重要である。
④ どのような人のタイプが日中、夜間にどの方向に歩いているかを把握することは計画を考えるうえで重要なキーとなる。できればウィークデイ、ウィークエンドの昼夜間の実態を調べることが望ましい。

これらのデータをグラフィックに示し、当該地区が抱えている本質的な課題について考察し、解決すべき問題を深く検討する。

(C) 将来ビジョンの策定とそのための戦略の検討
① 当該地区のさまざまな問題点や尊重すべき良い点を把握した後に、将来のあるべき姿を討論し決定する。すべてを解決することは無理であるから、あるテーマに沿って、街の将来ビジョンを描くことが重要である。緑地・オープンスペースの拡大、まちなみの保存、コミュニティの維持、都市居住の促進、木造密集住宅の更新、若年層のコミュニティ参加、新しいSOHOの提案などのさまざまな現代的テーマと当該地区の問題点を照らし合わせながら、2～30年後に実現すべきビジョンをいかに明快に示すかが求め

月島の路地と超高層マンション[16]　　路地にはみ出した生活小物[16]

られる。
② 将来ビジョンの実現のために、現状の制度や問題をどう見直し、解決していくかを専門的見地から戦略的に組み上げる。他の領域の専門家のアドバイスを最も必要とするのはこのプロセスである。計画やビジョンにできるだけ実現性を与え、説得性の高いものするかはこの戦略の精度にかかっている。

(D) 各ポイントでの環境（ランドスケープ、建築）デザイン

(A)～(C)のプロセスで抽出された最も効果的なポイントにプロトタイプとなるべき具体的な環境デザインを計画する。当該地区の将来ビジョンを実現するために、起爆剤となり、また触媒的な働きをするランドスケープや建築をデザインすることで、今までマクロ的に捉えていた視点から、ミクロ的視点に頭を切り替え、ヒューマンスケールな街のイメージを視覚化する。特に、抽象的なアイデアを具体的な空間に翻訳する能力を最大限に発揮し、できるだけ分かりやすいプレゼンテーションを心がける。この段階は、欧米では「アーバン・インターベンション（都市への介入）」として位置づけられ、都市にかかわる専門家が考えるべき最も重要なプロセスである。

■ 中央区佃・月島地区のケーススタディー

中央区の佃・月島地区は大変特徴のある町割りを有し、木造密集地が地区計画制度により徐々に建て替えられつつあるが、再開発事業により巨大なマンションが既存のファブリックに暴力的に建てられつつある。ここでは、基本的な収集資料、考察資料などを紹介しながら、スタジオ全体のプロセスと成果について検証する。

□ 佃・月島のイメージマップと模型

最初に、予備知識を持たずに月島地区を細部まで歩き回り、印象をもとにした地図をスケッチした。これらの地図では、道路による界隈の分断性、時代ごとの建物のスケール、はみ出し小物のある路地の特徴、銭湯における貴重な人々のコミュニケーションなどを丹念に拾っている。また、道路が川で行き止った場所に面白い空間が発生していることに気がついている。佃・月島地区の持つヒューマンスケールな雰囲気を好意的に受け止めながらも、防災の必要性や再開発による建物の巨大化の是非についての議論が活発に交わされた。また、1/500の都市模型を作成し、佃地区の超高層建築と月島の低層密集市街地のスケール的コントラストを強く実感した。

□ 佃・月島の歴史、人口、建物用途などのデータによる都市分析

歴史については、古地図や浮世絵を調べ、この地区がもともと漁師の集落として開発されたことを認識した。また島が徐々に埋め立てられ、現在の形状になっ

| 建物スケールなど | 路地など | 銭湯 |

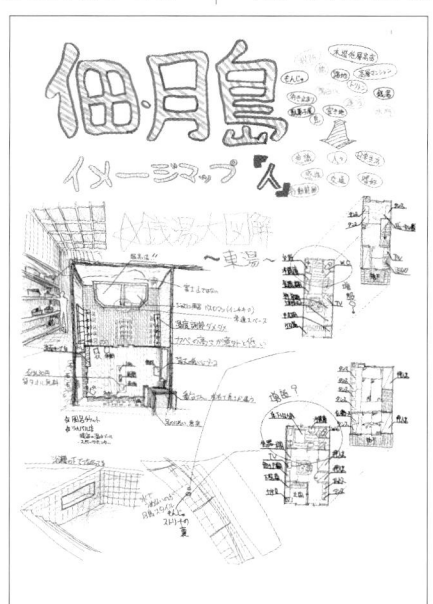

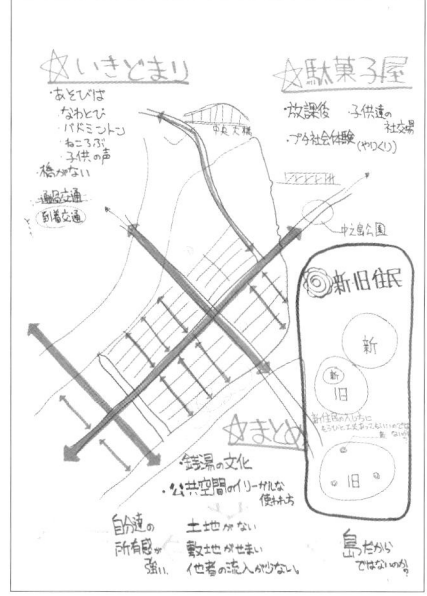

イメージマップの例 [16]

たことも基本的知識として理解した。また、地区別の年齢別人口比率図、高さ別建物分布図、素材別建物分布図、緑分布図などを、統計データなどをもとに作成し、一見均質に見える地区内の細かい特徴の差について把握した。また、中央区が独自に定めた地区計画（路地に面した建物を建替える際には、前面道路の幅員を二項道路の4mとせず、2.7mでも建築可能とする制度とした）の特徴により、少しずつ建替えが促進されることが理解された。

□ 佃・月島の将来ビジョンの策定とそのための戦略の検討

現状では、路地を単位としたコミュニティが強すぎて、地区全体としての活動や魅力作りに欠けているのではないかという分析をもとに、新たなノードを効果的な拠点に埋め込む（インフィルする）ことで、地区を横断的に移動する住民や訪問者の動きを生み、地域全体の活性化を図るという将来ビジョンを策定した。

また、大型マンションによる再開発を避けるためにも、低密度の建て替えを促進する方法を考えることとした。具体的には、そのために、どのような規模のどのようなプログラムの施設が地域にとって最も求められているかという点を戦略として考え、個人の設計に移った。

□ 佃・月島の各ポイントでの建築デザイン

各ポイントにおけるプロジェクトは、①河岸にある

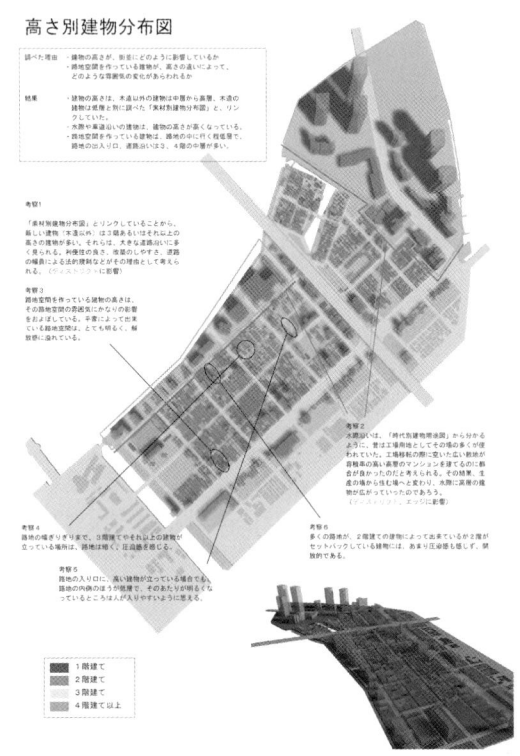

浮世絵（佃島）[16]

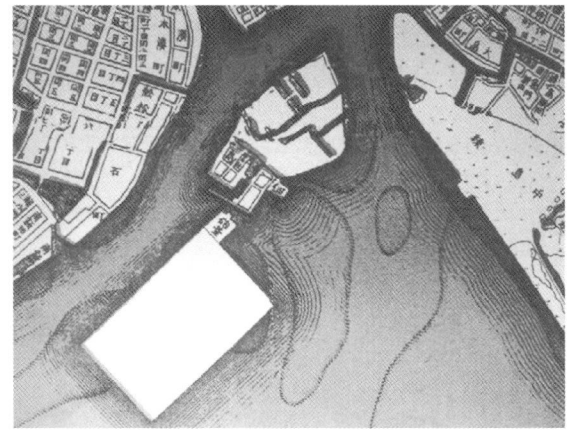

古地図（佃島・月島）[17]

高さ別建物分布図 [18]

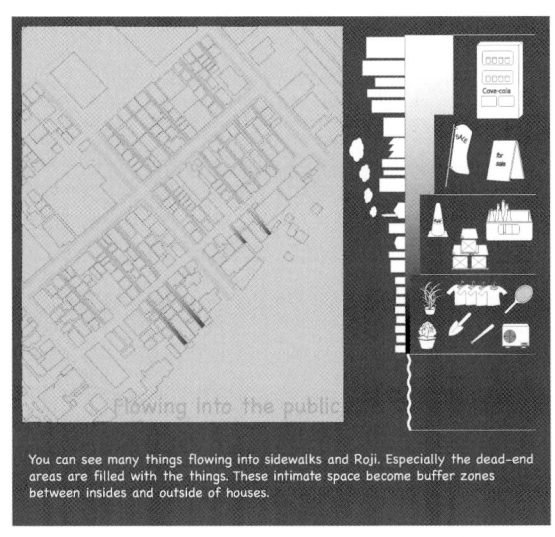

はみ出し物分布図 [16]

巨大マンションの足元を抜き、新たな水上バスステーションをデザインする。②再開発や建替えのための暫定居住用の施設をデザインする。③低層のギャラリーをデザインする。④密集市街地の中にトオリニワを生かした低層集合住宅をデザインする。などの様々な提案がなされた。これらの提案は建築デザインの質そのものよりも、そのデザインの必然性が如何にアーバンデザイン的視点で捉えられているかについて厳しく評価されている。

　アーバンデザイン的プロセスを最終的には建築的な空間的デザインにまで具体化するところに、もっとも専門家的能力が求められる。これらの演習は、実際の社会においてより有機的で魅力的な都市空間をデザインしていくうえで有効なトレーニングであるが、逆に見ればこのようなシミュレーションによる社会的ストックは住民の合意形成のための選択肢としてこれからのまちづくりにますます求められることになろう。

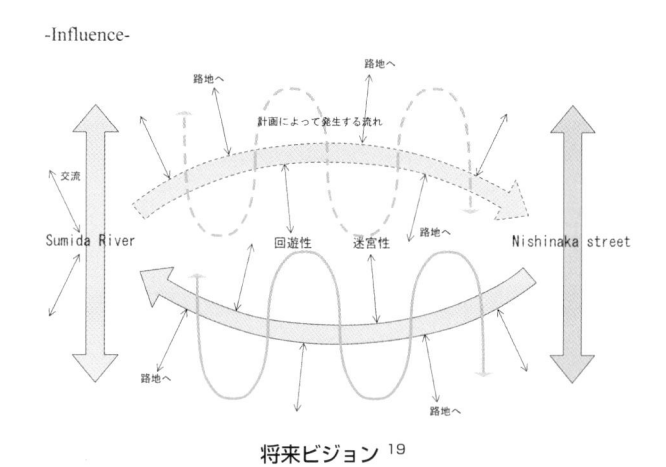

将来ビジョン [19]

河岸の水上バスステーションの提案 [17]

河岸の水上バスステーションの提案 [18]

トオリニワを生かした低層集合住宅の提案 [18]

S-9. シャレット・ワークショップにより環境改善の提案をする
欧米における専門家集団によるまちづくりへのかかわり

■米国における「地域・都市デザイン支援チーム」の活動

　米国において建築家のまちづくりに対する貢献の歴史は古い。AIA（米国建築家協会）では、1967年、当時の地域計画委員会および都市計画・デザイン委員会のもとにR/UDAT（Regional and Urban Design Assistance Team: 地域・都市デザイン支援チーム）を発足させ、以来、地方都市からの要請があった場合、その都市のニーズに合わせてチームを編成し、シャレット（特定な課題に焦点を当て解決策を導出するための集中的ワークショップ）という手法を用いて、短期間（準備期間を除くと通常4日間のプログラム）で、中心市街地を中心とするその都市の診断とそれに対する簡単な処方せんを提示する活動を行ってきている。これは、あくまでもその都市におけるまちづくりのきっかけをつくるだけのものであるが、多くの都市においてそれをきっかけに本格的なまちづくりへの取り組みがスタートしている。R/UDATの活動が評価されているのは、短期間ではあるが、住民の合意形成プロセス、建築家だけでない幅広い専門家の参画、地域住民の参加をプログラムの重要なポイントとしている点である。近年のR/UDATの活動として知られているのが、市民や専門家を巻き込んで論争を呼んだニューヨークのトランプ・シティと呼ばれる都市開発において、その開発に対する市民側の代替案であるリバー・サウス計画案を巡って、中立的な立場でワークショップを開催し、その評価に関する提言を行ったことである。その結果、デベロッパーはトランプ・シティ計画案を断念し、市民グループ提案のリバーサイド・サウス計画案を受け入れることを決定している。まちづくりやコミュニティーづくりのプロセスの調整者としての建築家の参画は、コミュニティ・アーキテクトと呼べる新たな建築家の可能性と建築家像を示している。

専門家によるシャレット・ワークショップの風景 [19]

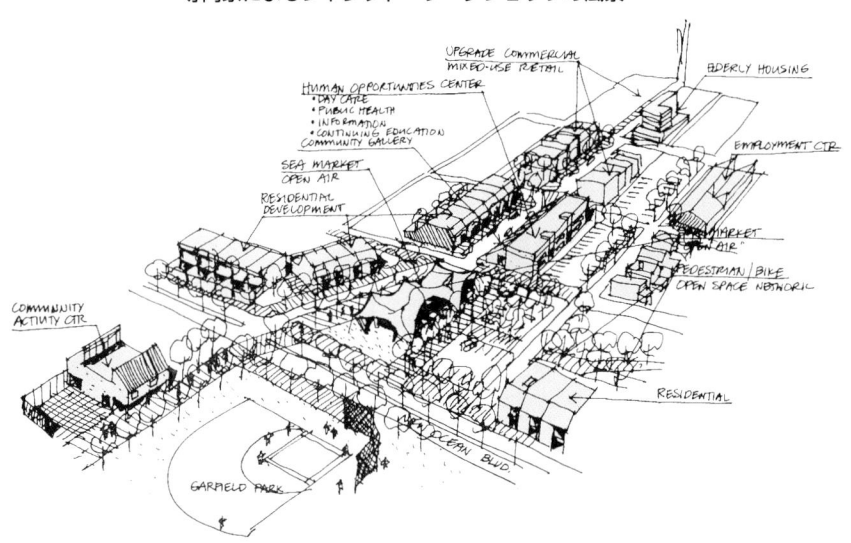

ある地方都市の将来構想スケッチ [19]

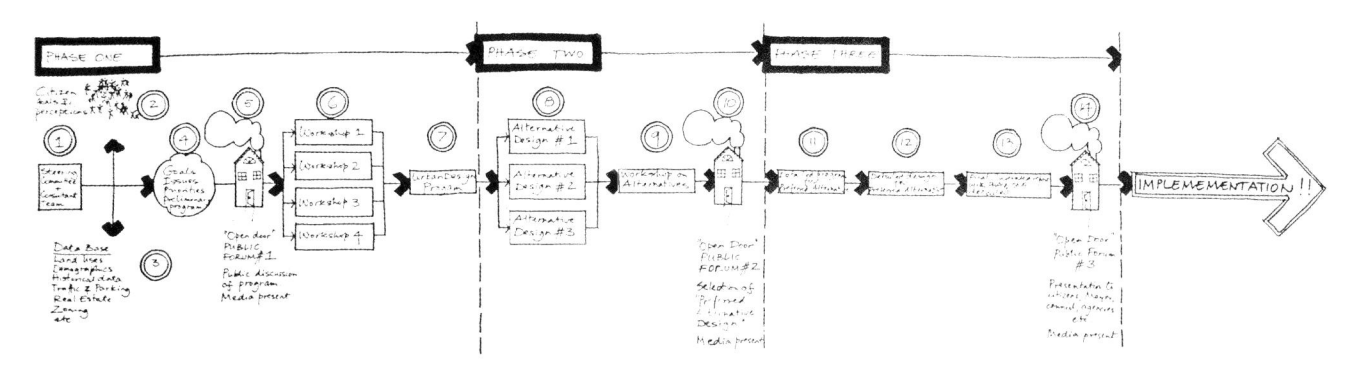

3段階に分けたワークショップのプロセス [19]
1段階目でワークショップによりプログラムを決定し、2段階目で代替案を検証し、3段階目で詳細に検討し、実行に移すというプロセスが示されている。

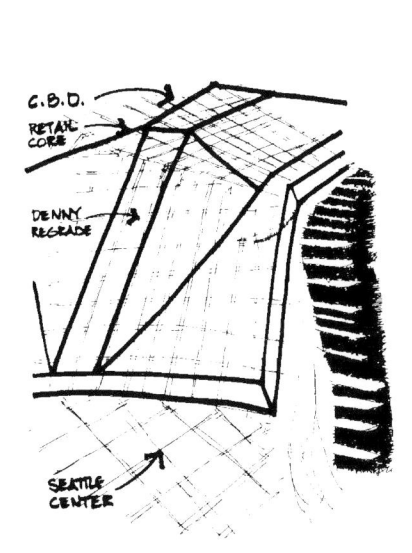

ワシントン州シアトル市で提案した内容 [19]
高さ制限による都市のシルエットのコントロールを提案している。

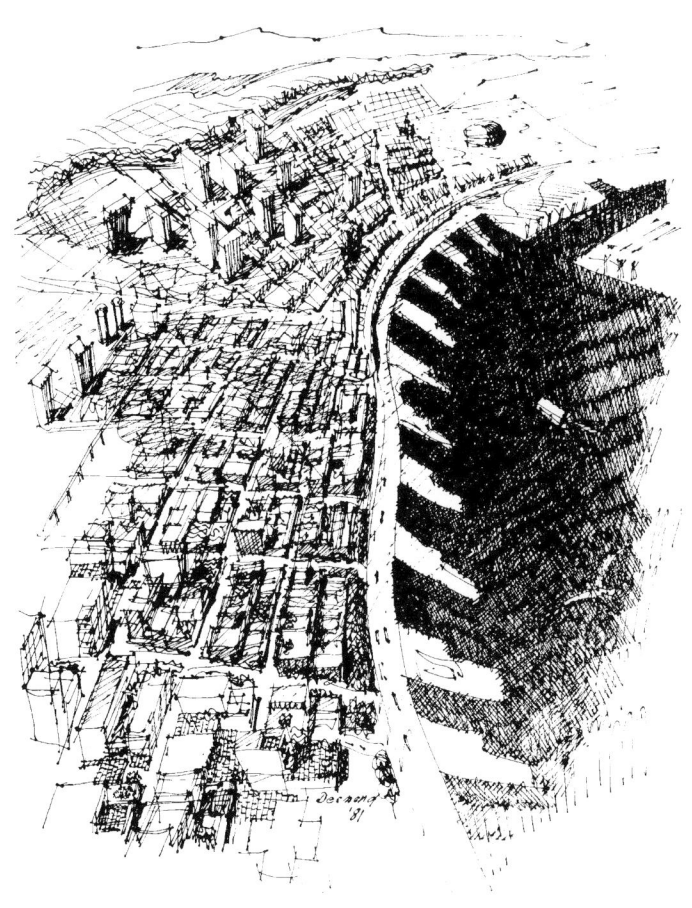

コントロールした結果のシアトル市の鳥瞰イメージ [19]

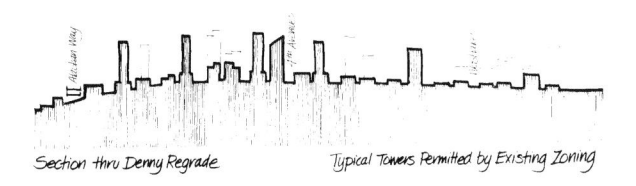

現行の規制による都市の将来シルエットのイメージ [19]

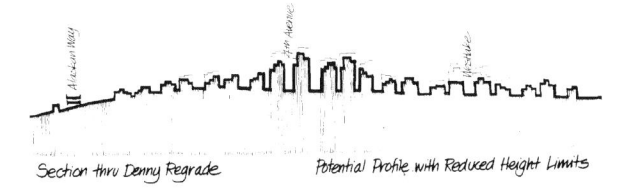

高さ制限による都市の将来シルエットのイメージ [19]

■カナダにおけるサステイナブルな環境をつくるための「シャレット・ワークショップ」

最近では、カナダや英国においても、専門家による「シャレット・ワークショップ」のイベントが多く開催され、まちづくりや環境修復活動のきっかけになっている。

1995年、カナダのブリティッシュ・コロンビア大学のランドスケープアーキテクチャープログラムは、サリー（Surrey）市の近郊を対象に、建築家、ランドスケープアーキテクト、アーバンデザイナーなどの専門家で構成されたチームを4チーム招待し、4日間のワークショップを開催した。主たるテーマは、対象地区に如何にサステイナブルな居住環境をつくり出すかという具体的なビジョンを求めるものであり、約20年間に大量の新規住宅を供給し、かつコミュニティを形成するために、どのよう計画すればサステイナブルな環境が保てるかという内容であった。

ここで紹介する「チーム2」の案のコンセプトは、1）2015年までに2200戸の住宅を整備する、2）タウンセンターを創造する、3）生態系に滋養を与える、4）高密な用途混在型建物を敷地のエッジに整備する、という内容である。特に、地形や水系から保存すべき地区を選び出し、できるだけそのエリアを包み込むように市街化を導いていること、また時系列的にどのようなスピードで市街化を誘導するかという視点を具体的に例示しているところが興味深い。

このような形式で行われる「シャレット・ワークショップ」の利点は、それまで分野別に考えられていたまちづくりのアイデアが同じプラットフォームにのせられ、さまざまな専門家たちによって同時に吟味される点である。また短時間に計画を行うために、細かい規制にとらわれずに、理想的なビジョンを打ち出しやすいこともあげられる。特に新しい政策の有効性をチェックすることにより、地域のコミュニティーが自分で問題を解決することを支援し、合意を導きやすくすることができることも特筆すべき点である。

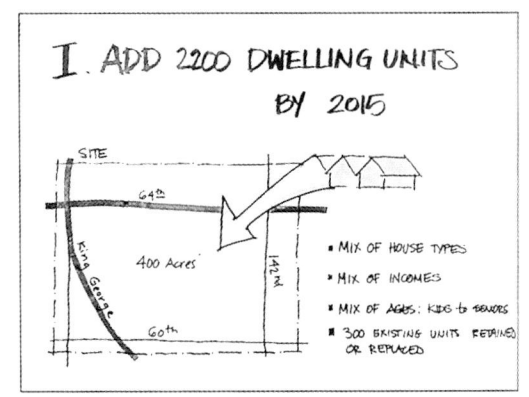

計画の目標：2015年までに2200人の人口増を見込む

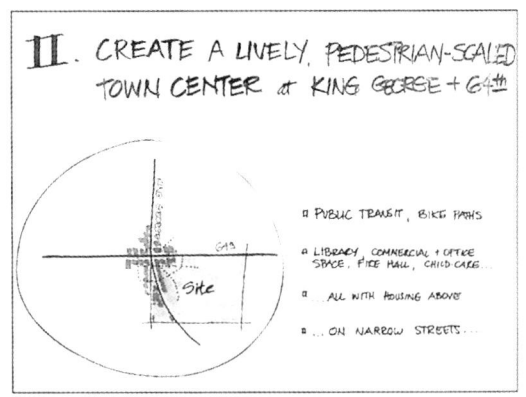

賑わいがある歩行者スケールのタウンセンターを創造する

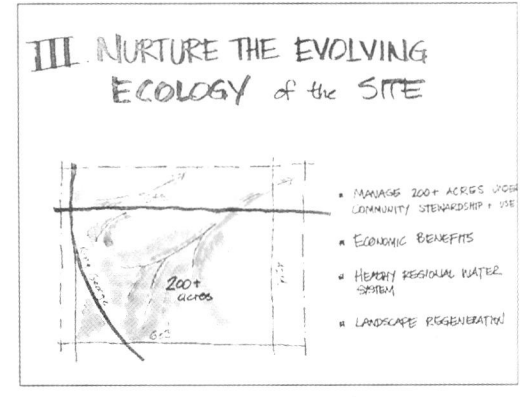

進化する生態系に滋養を与える

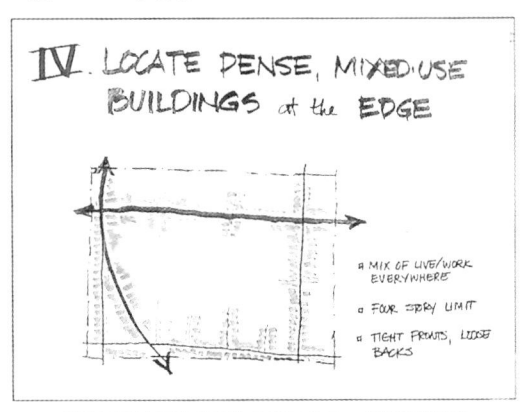

高密で複合用途の建物を地区のエッジに整備する

コンセプチュアル・ダイアグラム [20]

水系の読み込みと計画へのフィードバック [20]

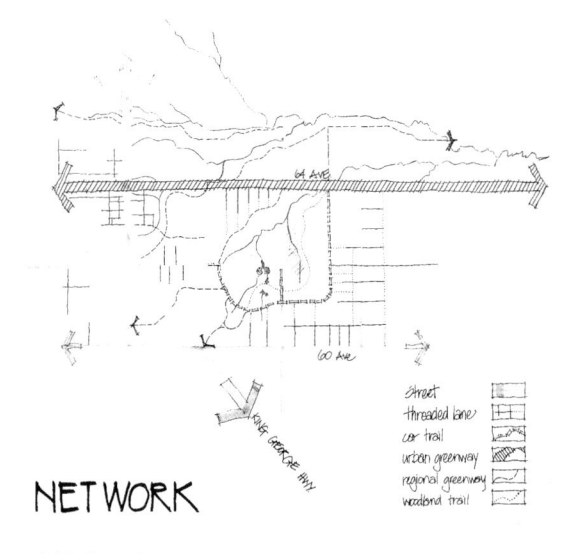

NETWORK

生態系との共生を意識したネットワークの提案 [20]

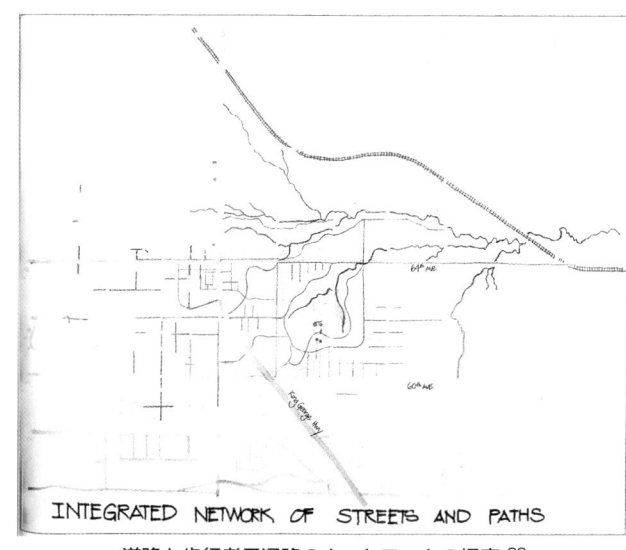

道路と歩行者用通路のネットワークの提案 [20]

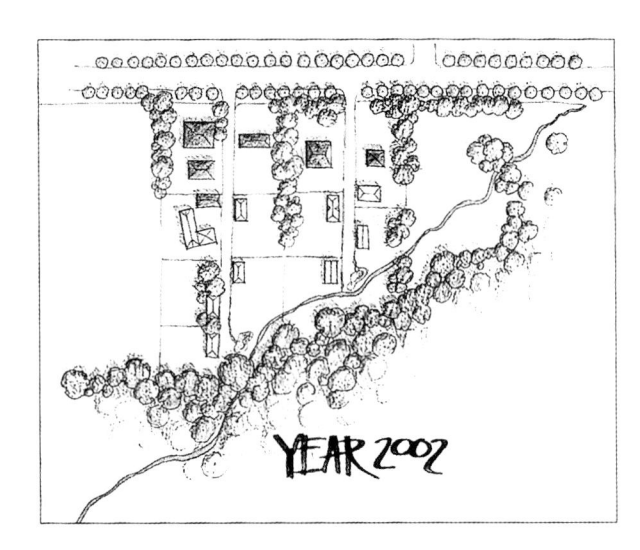

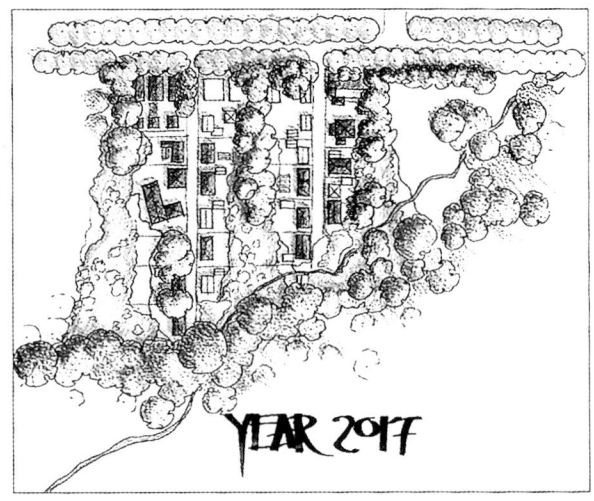

住宅地の段階的な発展計画 [20]
住宅は道路と反対の方向に建ち並ぶが、緑生が道路方向に進展することにより最終的にはバランスする。

大通りからマーケット方向を望む　　**タウンセンターのイメージ** [20]　　歩道の脇のワークショップ

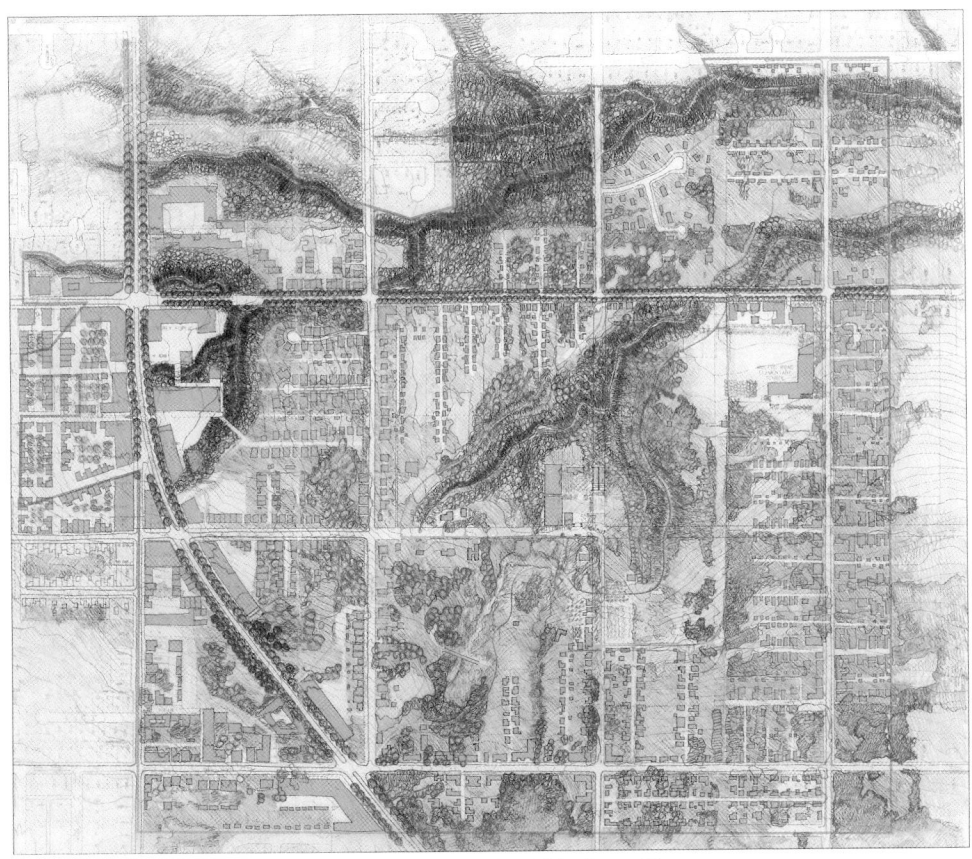

2016年の時点の街の将来プラン [20]

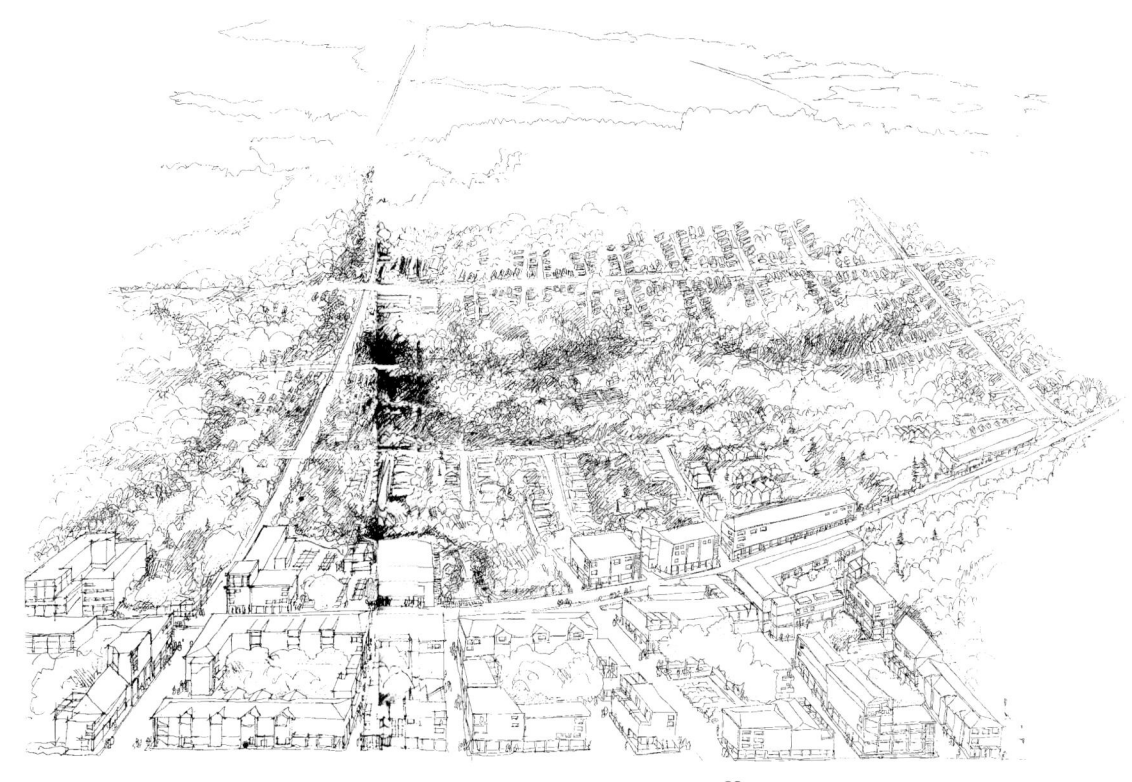

2016年の時点の街の鳥瞰イメージ [20]

S-10. 計画のプロセスをスケッチで記録する
ローレンス・ハルプリンのデザインプロセス

■ダウンタウンの再生

　ワシントン州エヴェレット市は、米国太平洋岸のタコマからシアトルまで広がる約60マイルに及ぶ市街化地域の北端に位置している地方都市である。もともとは木材の売買で栄えた街だが、1960年代に米国の大部分の都市や世界中の首都圏と同様に、中心市街地の空洞化を招き、廃きょのようなダウンタウンを生んでしまった。当時、郊外へのスプロール化にはわずかに新しい発展を見たが、街の中心部はゴミに満ちた30ブロックにわたる「死んだエリア」となっていたのである。ダウンタウンの店舗はその半数が空き家となっており、入り江と河岸は人が住めない状態であった。それらは1920年代の面影を一部残していたが、町の壮観な眺めは煙突で埋まってしまい、そこから放たれる悪臭がエヴェレットの町をいっそう不快なものにしたのである。

　ローレンス・ハルプリンは、当時ランドスケープアーキテクトとしてすでに第一人者となっており、都市計画のための政府財政援助計画である「総合計画法」に基づいて基金を与えられ、エヴェレット市が将来発展するためのシステムの開発を援助するよう依頼された。基金の性質上、第一に課せられたことは、単にエヴェレットの特定区域のみではなく、全地域を対象として調査・提案することであった。この結果、社会・経済パターンの変動に対処する解決の方法が可能となり、その解決法は市の北西部全体に影響を及ぼしたのである。彼が街に関わって以来、約30年の月日が経ったが、現在ではボーイング社やIT産業のおかげで、経済的にも恵まれ、約10万人の人口を抱える大変住みやすい街に変貌した。

■住民参加のプロセス

　プロジェクトに関する諸々の手続きはハルプリン自身の手で決定された。彼は、最終計画案が外から来た建築家のアイデアを反映するものではなく、エヴェレット市民の望む将来像を反映するものであり、エヴェ

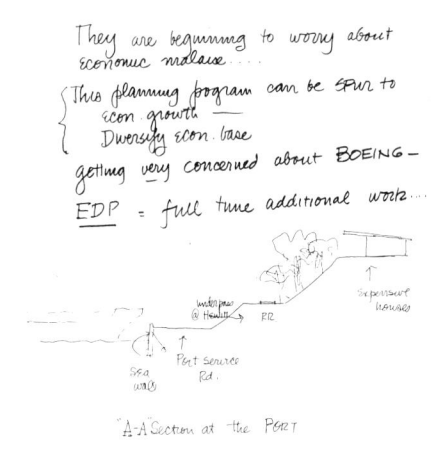

住宅の眺望と港湾の流通を立体的に処理した断面スケッチ[21]

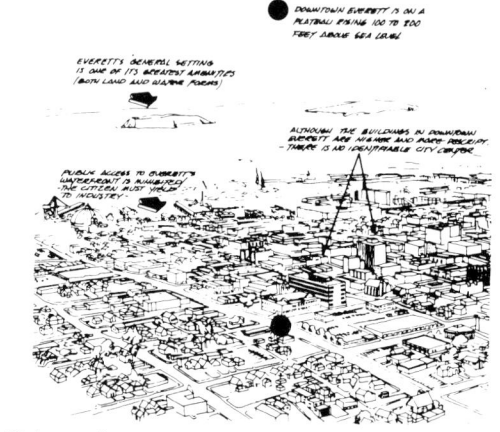

当時のエヴェレットのダウンタウンの鳥瞰スケッチ[21]

市の公園計画に抵抗し、自然形で残すことを主張したスケッチ[21]

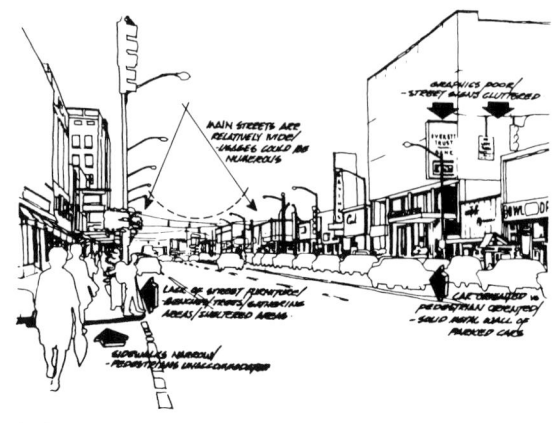

当時のエヴェレットのダウンタウンのアイレベルスケッチ[21]

レット・リポートはコミュニティ全体がかかわりあってつくりあげるべきだと主張した。そして、この主張を実現するために、彼は幾つかのワークショップを主催して、エヴェレット市民に自分たちのコミュニティの問題点や長所が何であるかについての認識を促した。そうすることにより、教育ある人々から満足のゆく解決法が引き出せるだろうと考えたのである。

　1970年9月に、50人の住民を対象とした第一回目の延べ2日間のワークショップが開かれ、週末の間、彼らは数多くの発見をした。また、ダウンタウン・ウォーク（まち歩き）では人々はエヴェレットの中で自分の知らない地域に足を踏み入れることで否応なしに多くの疑問に出会った。自動車による市内めぐりと、ヘリコプターで地域全体を眺めたことも、彼らがかつて見たことのない街の部分を知る上で大いに役立った。検討会では、市民はエヴェレットの将来について個人的な願望、アイデア、ビジョンを述べあった。計画プロセスに関するアイデアを述べたのみならず、彼らは計画が発展するにつれて計画の性質そのものについての意見も述べた。その後、彼らはさらに幅広い層のためのワークショップをみずから率先することによって、環境に対する認識を高める推進役となったのである。

　その後、エヴェレット調査の情報収集と基本計画段階が完了した時点で、焦点はプライオリティの高い問題を解くための正確な計画へと移行した。この計画では、ジェティー島のようなある地域を永久にそのままの状態で保存することによって空地を確保するべきだと提案している。また一連の「ネックレス・パーク」（歩行者のための密度の高い空間がビーズのようにつながり、首飾りのようになっている遊歩道空間）も作られた。そして、幾つかの地域は、将来の工業地に最適だと指定され、他の地域は高・中・低密度の住宅街として提案された。特に、ダウンタウンにおいては、歩行者のためのパスが街全体に配置され、交通のネットワークが再検討された。このようにして、ハルプリンが中心になり、最終的なダウンタウンの再生計画が立案されたのである。

■「ビジョン」と「スケッチ」、時間的プログラムをおり込んだ計画

　ハルプリンは「これがエヴェレットだといえるような何ら特異な点も象徴的な点も存在しない町」であると当初言っていたが、現在ではほとんどのスキームが実現され、エヴェレットらしい特徴が充分につくり出されたといわれている。ハルプリンたちが将来発展のためのコンセプチュアル・プランをもち、そのビジョンを具体的なスケッチの形で残したことは、市民の合意を

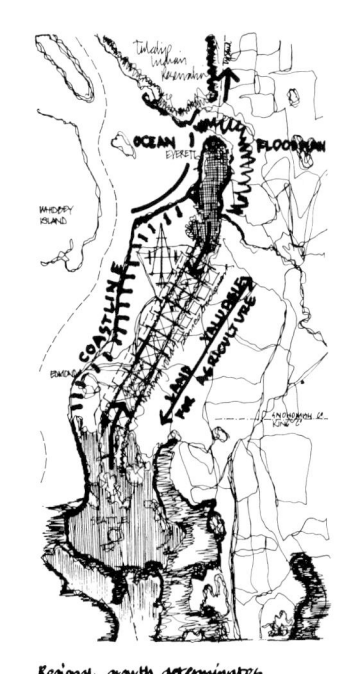

計画地域のコンセプチュアル・プラン [21]

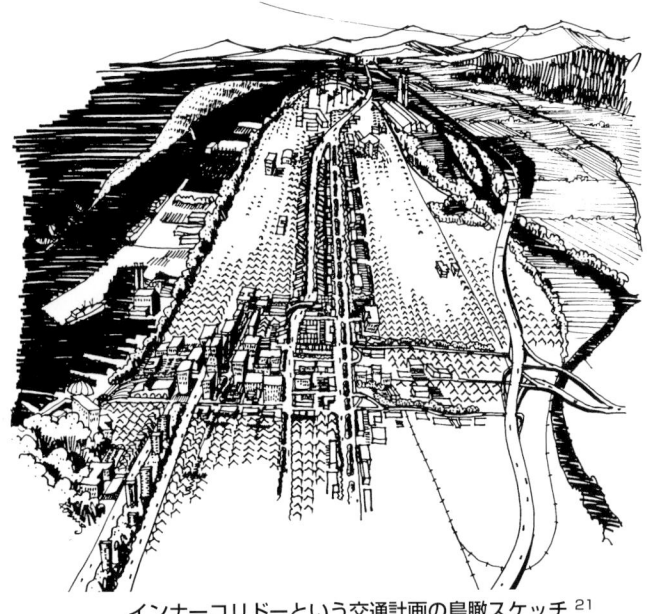

インナーコリドーという交通計画の鳥瞰スケッチ [21]

形成するプロセスにおいて非常に有効であったと思われる。特に味がある彼のスケッチが市民たちに理解され、愛されたことは間違いない。また、これらのビジョンが市民の分析に基づき、先の見通しに関する十分な理解をもって作成された短期・長期的計画であったことも特筆すべき点である。一般に「計画」は一瞬にして実現されるものではないので、実現へ向けた時間的プログラムを織り込むことが重要である。ハルプリンによる「計画」はそれを充分考慮したものであったため、時代を超えてまちづくりに有効に働いたのだといえよう。

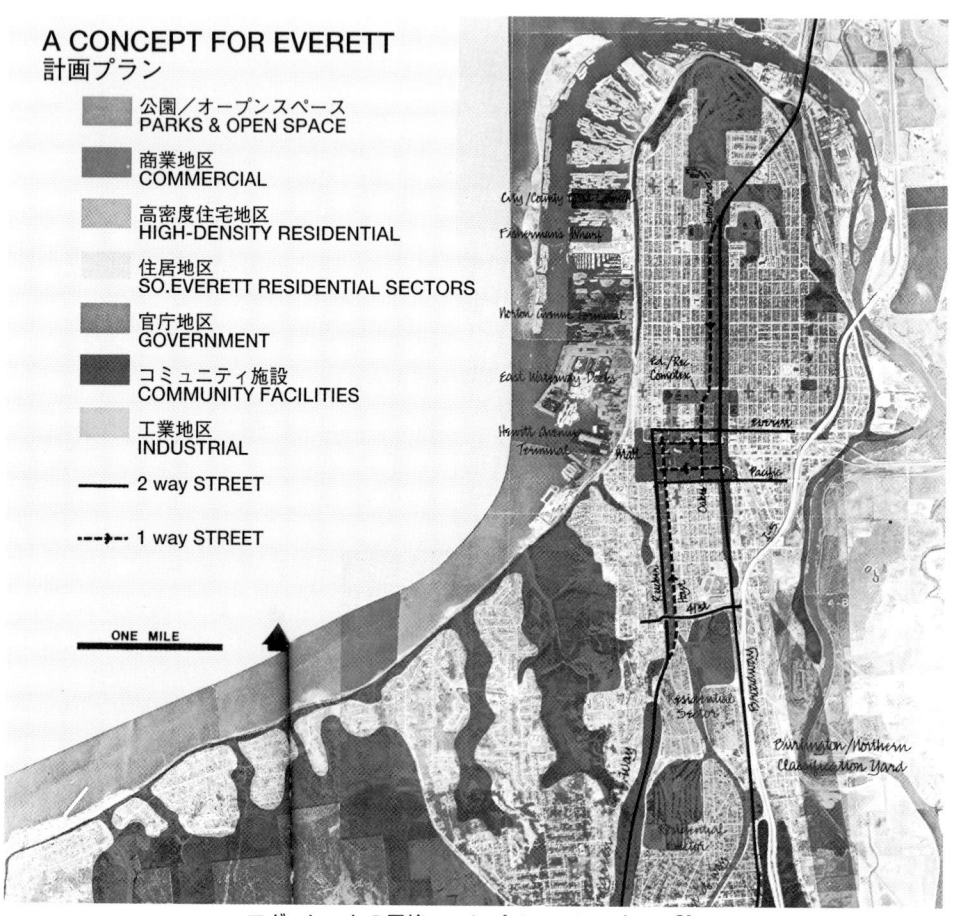

エヴェレットの最終コンセプチュアル・プラン[21]

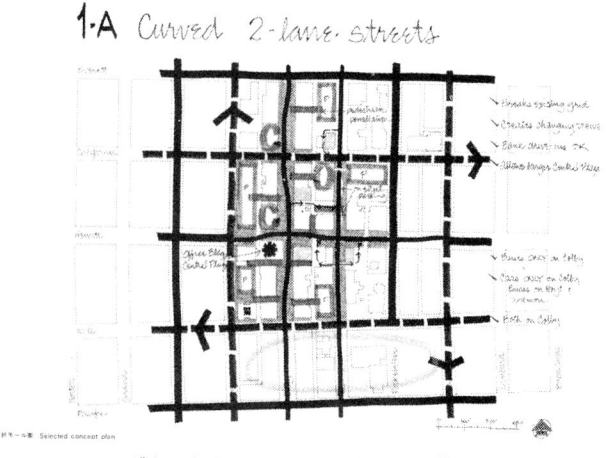

ダウンタウンモールの最終計画案[21]

モールの平面図 [21]

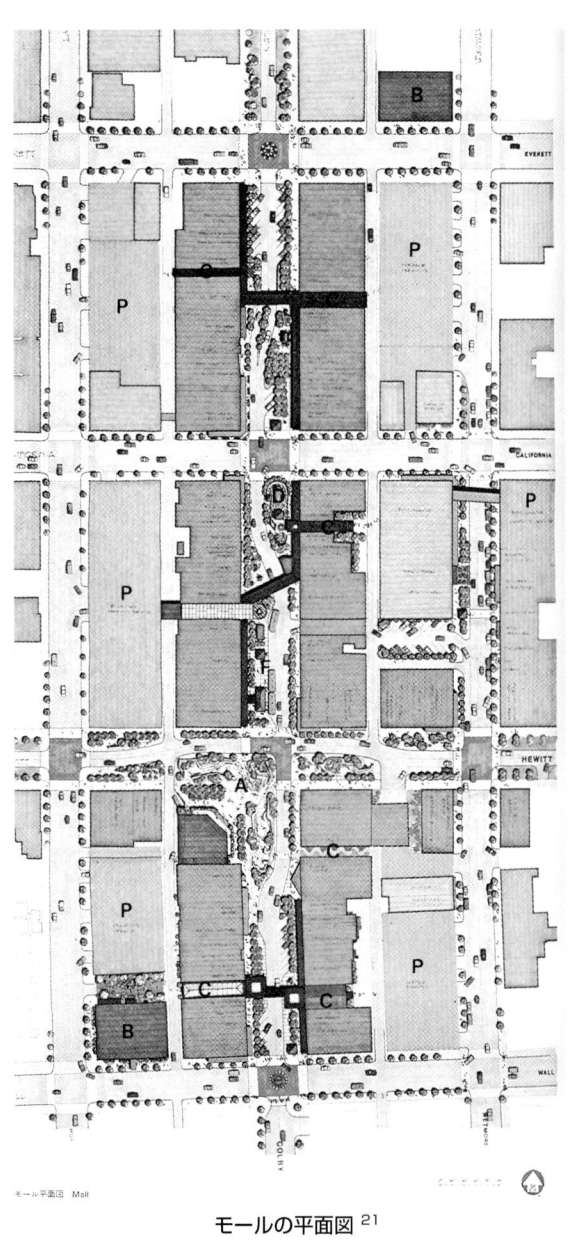

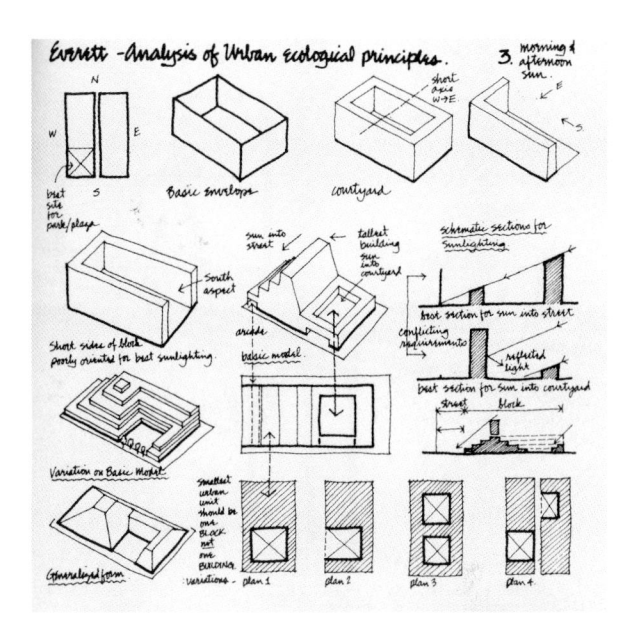

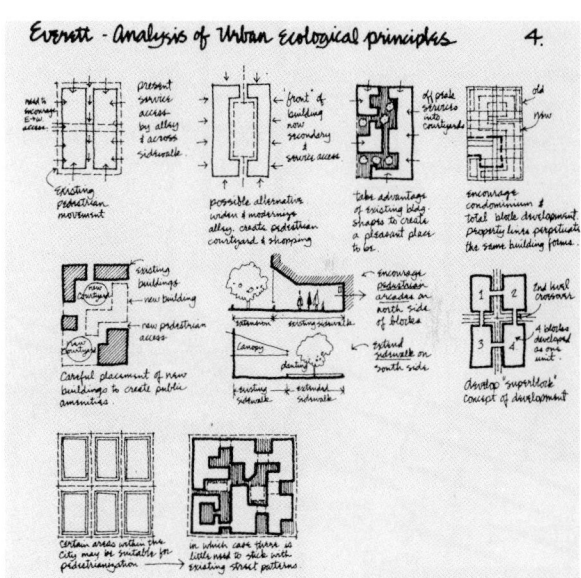

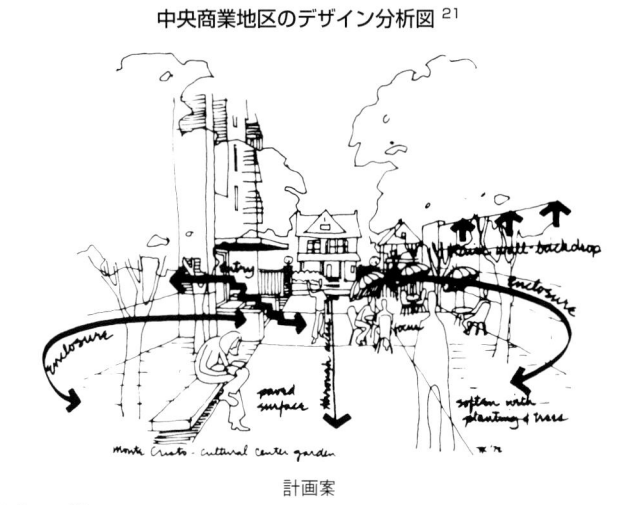

中央商業地区のデザイン分析図 [21]

既存の状態

計画案

文化センターのデザイン [21]

■引用文献

01 四日市市商工農水部商工課・名古屋大学大学院有賀隆研究室(2003)「大学と地域連携による市民参加型まちづくり拠点の形成と環境シミュレーションを活用した計画支援技術の研究開発」受託研究実績報告書
02 名古屋市住宅都市局(2001)「大曽根北土地区画整理事業」パンフレット
03 名古屋市住宅都市局(1997)「大曽根北地区ワークショップ指導業務委託報告書」
04 有賀隆他 (2000)「景観整備事業の実施計画策定の仕組み—協働参加による街路環境デザインに関する研究(1)—」日本建築学会大会学術講演梗概集F-1、pp.979-980
05 名古屋市住宅都市局(1999)「Y通り地区景観整備事業・Y通り等整備検討部会資料」
06 恒川和久・有賀隆他(2000)「景観整備事業におけるデザイン決定プロセス—協働参加による街路環境デザインに関する研究(2)—」日本建築学会大会学術講演梗概集F-1、pp.981-982
07 小松尚・有賀隆他(2000)「個別事項のデザインプロセスにおける検討メディアの役割—協働参加による街路環境デザインに関する研究(3)—」日本建築学会大会学術講演梗概集F-1、pp.983-984
08 小林正美・古市修(2002)「「まちづくり」における「シャレットワークショップ」の実験と評価に関する研究」日本建築学会技術報告集第15号、pp.283-288
09 古市修(1996)「都市構造の視覚化に関する研究—岡山県高梁市におけるケーススタディー(1)—」明治大学修士論文
10 石毛厚史(1996)「街路空間と木質系ストリートエッジに関する研究—岡山県高梁市におけるケーススタディー(4)—」明治大学修士論文
11 西田直哉(1996)「街並みの色彩構成に関する研究—岡山県高梁市におけるケーススタディー(3)—」明治大学修士論文
12 小林正美(2002)「Interventions II」鹿島出版会
13 有賀隆他(2003)「地域協働型まちづくりの拠点形成と漸進的プロセスの展開—地方都市の中心市街地再生を実現するまちづくりの方法論(1)」日本建築学会大会学術講演梗概集F-1、pp.621-622
14 四日市市すわ公園交流館運営協議会・四日市市商工農水部商工課(2003)「すわ公園交流館ニューズレター 創刊号」
15 伊藤滋・ピーター・ロウ・石川幹子・小林正美・著、小林正美・編(2003)「東京再生Tokyo Inner City Project ハーバード・慶應義塾大学プロジェクトチームによる合同提案」学芸出版社
16 明治大学大学院演習記録「Urban Intervention 2003-2004」(上田貴史・小林賢太・盛川健太)
17 中央区立京橋図書館・編(1994)「中央区沿革図集—月島篇—」
18 明治大学大学院演習記録「Urban Intervention 1998-1999」(池田誠・市川康弘・木村淳一・小森真義・阪本泰智・高橋正人)
19 Peter Batchelor and David Lewis, ed. (1985) "Urban Design in Action", The Student Publication of Design, North Carolina State University
20 Patrick M. Condon, ed. (1996) "Urban Landscape", University of British Columbia
21 Lawrence Halprin (1978)「ローレンス・ハルプリン」プロセスアーキテクチュアNo.4

Studio & Practice
まちづくりを実践しよう

Process 1
まちを調べる

Process 2
まちを分析・評価する

Process 3
まちの将来像を構想する

Process 4
まちの空間をデザインする

Process 5
まちづくりのルールをつくる

Communication & Presentation
コミュニケーションの手法
— C-1 図面で表現する／口頭で発表する
— C-2 模型のシミュレーションを活用する
— C-3 ＶＲシミュレーションを活用する
— C-4 ＷＥＢを活用する

Appendix
さまざまなグラフィックの事例

C-1. 図面で表現する／口頭で発表する

■コミュニケーションの目的と方法

　コミュニケーションとは記号学的に言えば、送り手がメッセージを記号に託し、受け手がそれを読み取るという単純なプロセスのことであるが、受け手が送り手と同じルール（コード）でその意味を読み取ることができるかどうかが不確定なところに大きな問題が存在している。特に専門家と非専門家の間のコミュニケーションについては、意味が正確に伝わるかどうかについて最大に配慮しなければならない。また、多数の人々を対象に行う「プレゼンテーション」はメッセージ性の強いコミュニケーションの一形式であると考えられるので、ここでは広くコミュニケーションの目的と方法について考えてみよう。

　「住民参加型のまちづくり」に限らず、あらゆる計画行為はそれを「依頼するもの」と「されるもの」との間のコミュニケーションを契機にひとつひとつの意思決定がされ、段階的な計画と承認が繰り返され、実行に移されると考えてよい。例えば、建築や土木設計における「基本構想」「基本計画」「基本設計」「実施設計」のプロセスは、計画の各段階におけるコミュニケーションの成果の結実であり、後々のトラブルを避けるために制度化されたプロセスであるといえよう。特に「住民参加型のまちづくり」のプロセスにおいては必ずしも計画の依頼者が明確ではない場合が多いため、これらの段階的コミュニケーションのプロセスにおいては、専門家ではない住民の側に立ってできるだけ分かりやすく、また参加しやすい方法が選択されなければならない。それは、集団による共同設計においても同様である。

　人間の認識のプロセスには、「感情移入」、「認識」、「思想化」などの数段階が存在することが一般的に言われているが、ここではこれを簡略化し、「共感」「納得」「確信」の三段階の認識レベルで考えることにしよう。

□認識レベル1：「共感」

　専門家ではない住民や、経歴やバックグラウンドの異なる人々がいきなり協働作業を行うことは困難である。したがって、まちづくりの方向や課題の設定などについて、基本的な認識を共有することが重要である。特に「言葉」が持つイメージを早い段階から共通にすることに努め、後々のトラブルを避けることに心がけたい。コミュニケーションの手法や媒体としては、「一緒にまち歩きをする」、「写真でイメージを伝える」、「カードで印象を記す」、「アンケートでお互いの印象を確認する」などの方法が考えられる。網羅的に情報を収集し、参加者の基本的な「共感」を得ることが意思決定への第一歩である。

□認識レベル2：「納得」

　一度「共感」が得られたテーマに対し、その解決方法や目標イメージに達するシナリオは多種多様である。これらを整理し、住民や専門家が協働して幾つかのケースを検証することにより、状況を知的に理解し、最終的に住民たちが「納得」のいく提案にたどり着くこ

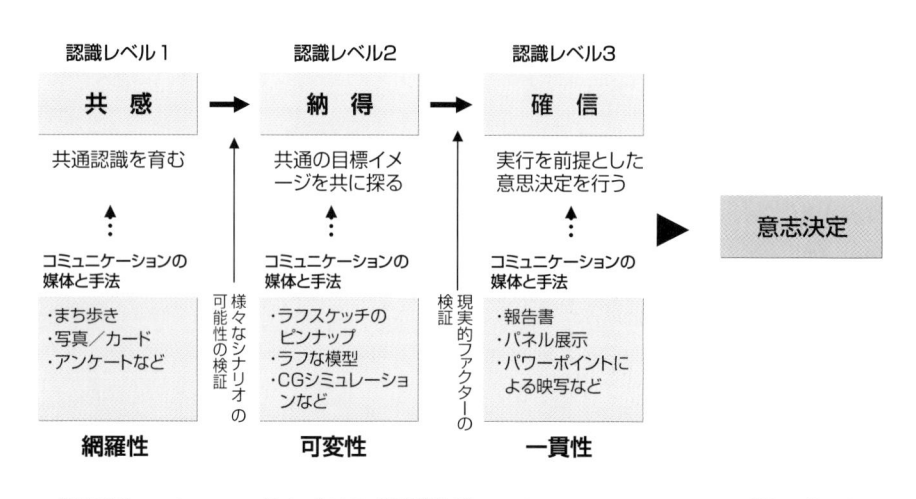

「参加型ワークショップ」における 段階的認識レベルとコミュニケーション手法の考え方

とが重要である。また、ゲーム性の高いシミュレーションを行うことにより、まちづくりの目標イメージを共有することも参加型ワークショップの中では最も重要なプロセスの一つであると言われている。

　コミュニケーションの手法と媒体としては、計画そのものに発展性があり可変的であること、また微細な変更であればまだ盛り込むことが可能であるという表現が求められる。「ラフスケッチを壁に掲示するピンナップ」、「ラフな模型」、「CG（コンピュータ・グラフィック）によるシミュレーション」などの方法が考えられる。可変的な計画案についてシミュレーションを行うことにより誰もが「納得」できるプロセスを経ることが、最終的に「確信」の持てる意思決定に到達するための重要な条件である。

□認識レベル3：「確信」

　レベル2までのプロセスで、住民たちが十分に「納得」することができた提案内容について、最終的なプレゼンテーションを実施することにより、関係者間で同時に内容を確認し、お互いに「確信」することが重要である。そのためには、事業規模、方法、コスト、スケジュール等に関する現実的検証も事前に行われなければならない。

　コミュニケーションの手法や媒体としては、「共感」「納得」などの前段階から一貫性があり、メッセージ性の強い表現が求められる。「報告書」、「展示パネル」、「正確な模型」、「パワーポイントによる映写」などの方法が挙げられる。口頭で発表する際には、プレゼンテーションの順序に最大の配慮をしなくてはならない。

■コミュニケーション手法の選択における注意点

　コミュニケーション手法の選択時には以下の点に注意し、もっとも効果的なコミュニケーション媒体を選択することが重要である。

- **プロジェクトの目的**
  プロジェクト自体が「誰を対象」に、「何を目的とした」ものかを正確に把握する。
- **コミュニケーションの目的**
  その段階におけるコミュニケーションの「目的は何か」を明確にする。
- **媒体の選択**
  その目的を達するために最適なコミュニケーション媒体を選択する。
- **手順の検討**
  どのような手順で内容を伝達するかを考える。

■プレゼンテーションの役割と意味

　多数の人々を対象に強いメッセージを伝えるコミュニケーションの一形式としてプレゼンテーションを位置づけた場合、大小のプレゼンテーションの方法と効果をあらかじめ把握し、状況に合わせて実施することが重要である。

（A）**方法と効果**：大小のプレゼンテーションは共通に、自分や自分のグループのアイデア、討議内容、合意した事項などを正確に多数の人々に伝達し、経

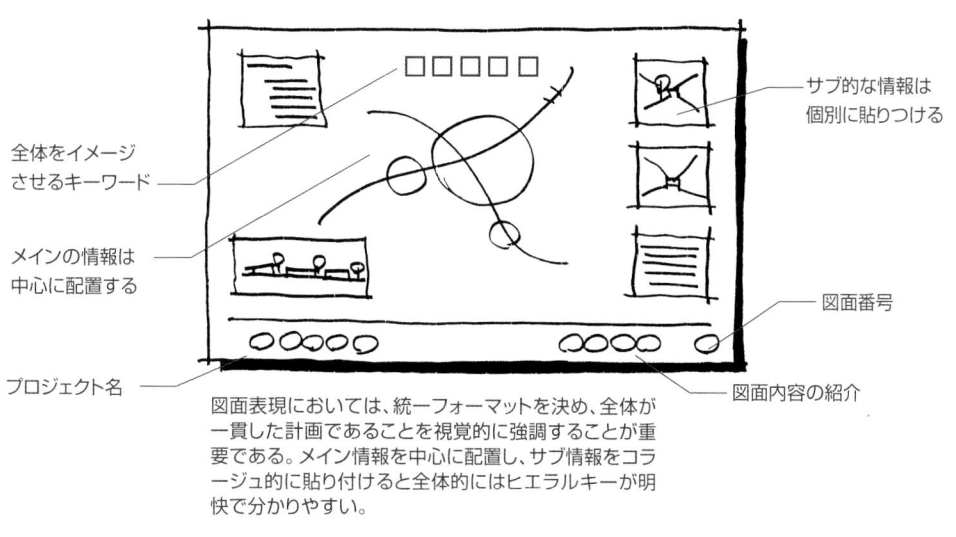

図面表現においては、統一フォーマットを決め、全体が一貫した計画であることを視覚的に強調することが重要である。メイン情報を中心に配置し、サブ情報をコラージュ的に貼り付けると全体的にはヒエラルキーが明快で分かりやすい。

図面表現のレイアウト例

験や情報を共有することを目的にしている。特に「認識レベル2」の段階では、小プレゼンテーションを繰り返し行うことにより、討議を活発化させ、「納得」が行くまでシナリオのあり方を検討することが重要である。また、「認識レベル3」の段階では、主として強いメッセージを盛り込んだ大プレゼンテーションを行い、提案内容や計画の妥当性などについて、多くの人々の「確信」と「合意（承認）」を得ることが重要である。

(B) 整理と洗練：大小のプレゼンテーションは、他人に自分の考えをメッセージとして伝えるために事前に自己の考えを整理し、論理的に組み立てる訓練の機会でもある。特に他人からの批評や参考意見に耳を傾けフィードバックを行うことは、より普遍性が強く「確信」の持てる提案や計画を生み出す契機となりやすい。これらのプレゼンテーションを繰り返すことにより、提案内容をより強化し、より合意を得やすい方向に洗練させることができることを頭に入れておきたい。

■図面表現によるプレゼンテーションにおける注意点

(A) 絵コンテによる把握：全体のレイアウトや図面の枚数を決定するために、事前にラフな「絵コンテ」を作成することが望ましい。特にプレゼンテーションの目的を考え、そのためのもっとも効果的な図面表現を考えるためには、図面展示の全体イメージをあらかじめ把握し、伝えるべき内容と図面表現が完全に一致しているかを確認する作業が必要である。この作業を怠ると、むだな作業にエネルギーを割いたり、時間切れで中途半端なプレゼンテーションに終わるケースが多々見られる。図面表現に没頭する前に、さめた眼で全体イメージを考える時間を持ちたい。

(B) 順番の検討：図面によるレイアウトは口頭説明と組み合わされる場合もあるが、時間的には同時に知覚されるため、それほど図面の順番にこだわる必要はない。しかし、最初の2〜3枚のパネルに全体の枠組みやダイアグラム、基本コンセプトなどを集中して表現し、残りのパネルを計画の説明に当てると全体構成が分かりやすい。

(C) 統一フォーマット：大小のプレゼンテーション共通に、一枚のパネルや図面に多様な情報を盛り込む際には、図面自体に共通のフォーマットを設定しておくと、プロジェクト全体の一貫性が強調され、図面表現として理解されやすい。特に強力なメッセージ性を期待したい大プレゼンテーションでは、洗練されたフォーマットが望まれるため、普段から参考とすべきプレゼンテーション図面を収集・研究しておき、自己表現のために準備しておくことも重要である。

(D) 美的アピール：各図面やパネルには優先して伝達すべきメイン情報とサブ情報がある。これらをうまくコラージュし、ビジュアルな美しさを訴えながら、立体的に表現することもメッセージを強く訴えかける意味では重要である。

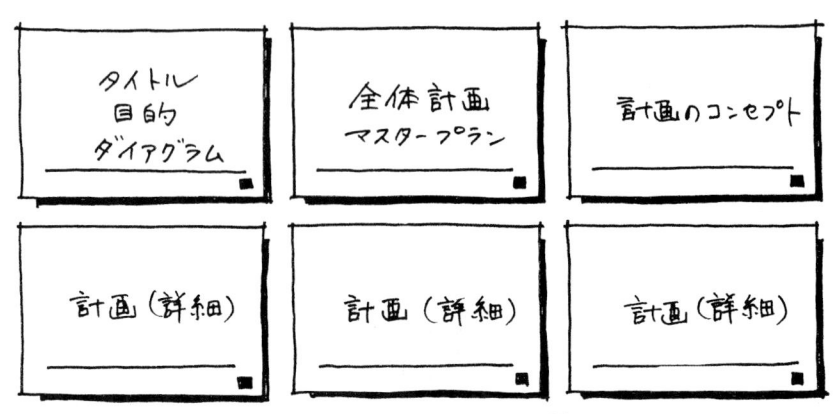

図面表現によるプレゼンテーション例
図面表現によるプレゼンテーションでは順序に自由度があるが、最初の2〜3枚のパネルに重要情報を示した方が全体を把握しやすい。

■ 口頭発表によるプレゼンテーションの注意点

(A) **絵コンテによる把握**：パワーポイントの映写によるプレゼンテーション手法が最近増加している。これは電子紙芝居ともいえるものだが、情報量も多く分かりやすいので、これからはプレゼンテーションの主流になると考えられている。この発表形式は時間的な流れが重要なので、画像の順番には細心の注意を払わなければならない。この場合も「絵コンテ」を作成し、口頭発表の流れをシミュレーションしておくことが重要である。

(B) **第三者による批評**：口頭発表の時間は短く限られている場合が多いので、事前に練習を行い、できるだけ第三者に聞いてもらうことで足りない表現や重複的表現がないかを確かめたほうがよい。パワーポイントの編集は比較的簡単にできるので、シナリオの流れに従って、いろいろ試みることも重要である。

(C) **発表順序の相違**：調査・研究の発表順序とプレゼンテーションの発表順序は一般的に異なっているので注意が必要である。調査・研究の場合には、論文の構成と同様に「研究の目的と方法」から、「調査」「分析」「まとめ」に至る流れが論理的に組み立てられているので、順番の組み替えは基本的に不可能である。一方、プレゼンテーションの順番では、よりインパクトの高い情報（キーワード、コンセプト、イメージ写真）などから始めることにより最初に聴取者の注意を引き、徐々に計画の説明に入る方法が効果的である。特に「結論的」メッセージは最後に表現せず、最初に述べた方が分かりやすい。

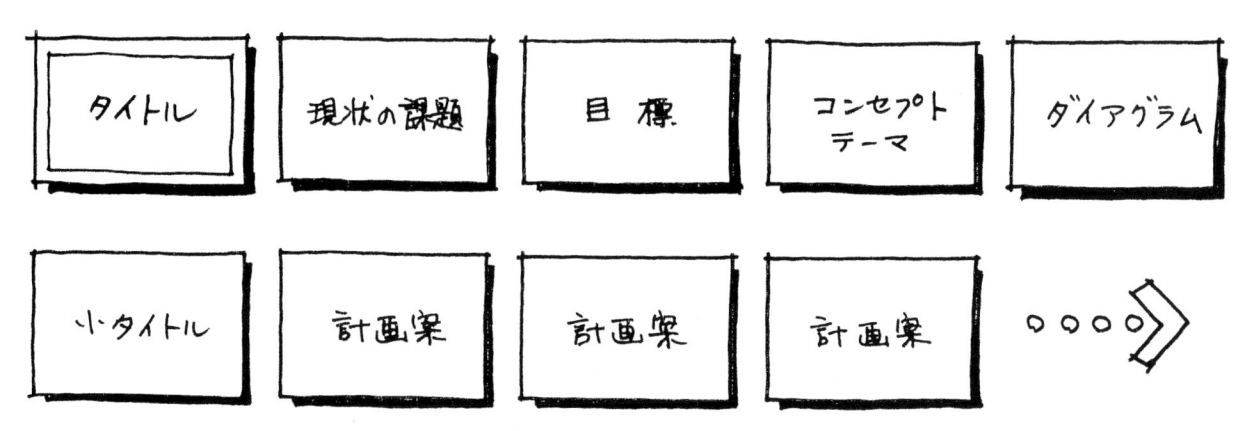

パワーポイントによるプレゼンテーション例
パワーポイントによるプレゼンテーションでは、発表順序が極めて重要である。インパクトの強い重要情報を最初に集中させたほうがメッセージ効果は高い

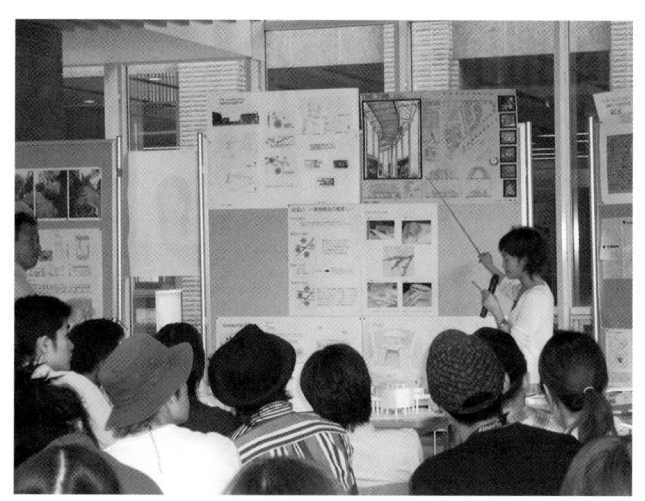

図面表現によるプレゼンテーション風景

パワーポイントを用いた口頭発表によるプレゼンテーション風景

C-2. 模型のシミュレーションを活用する

■模型を使用した3次元の空間像の代替案をいくつも作成してみる

まちの将来像の構想プロセスでは、住民等の関係者間の3次元の空間像の共有が重要なポイントとなる。

この空間像共有のため手法のひとつとして、模型によるシミュレーションが挙げられる。3次元空間をシミュレーションする方法としては、手描きまたはコンピュータグラフィックスによる透視図や、フォトモンタージュなどもあるが、いずれも3次元空間を2次元平面上に投影したものであり、非専門家の住民などがそれらから3次元空間をイメージし、かつその空間像を共有するには高度な装置や技術を必要とする。

それに対し、模型はそのものが立体であり、住民等非専門家にも理解しやすい。また、透視図やフォトモンタージュに比べ、まちづくりワークショップ等の場での操作性が高く、リアルタイムにいろいろな代替案を作成でき、その場での比較検討が可能となり、検討作業の効率化を図ることができる。

■作成した模型をいろんな視点や角度から点検する

模型のシミュレーションを行う場合、気をつけなければならないのが、模型を見る「視点」である。普通、われわれが模型をみる場合は、鳥瞰的に見ることにな

■イントロダクション
　○レクチャー：ワークショップの進め方について
　○グループ分け

■テーマ設定
　○レクチャー：まちづくりのテーマ設定について
　○地区の課題抽出・まちづくりの目標設定
　○発表

■ボリュームスタディ
　○ボリューム模型の作成（スタイロフォームを利用）
　○ボリュームスタディ（模型撮影装置を活用）
　○発表と質疑（模型撮影装置にてプレゼン）

■景観検討
　○建物ファサードの作成（準備した建物の写真を
　　ボリューム模型に貼付）
　○ストリートファニチャ・舗装材の作成
　　（準備した模型パーツ・舗装材シート等を使用）
　○代替案検討（模型撮影装置を活用）
　○発表と質疑（模型撮影装置にてプレゼン）

■全体評価
　○レクチャー：計画案の評価について
　○計画案の最終検討・評価（模型撮影装置を活用）
　○発表と質疑（模型撮影装置にてプレゼン）

模型を活用したワークショップのフロー例 01

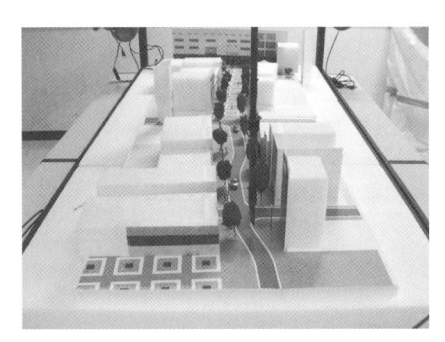

模型撮影装置（模型内を移動するCCDカメラ）による撮影の様子

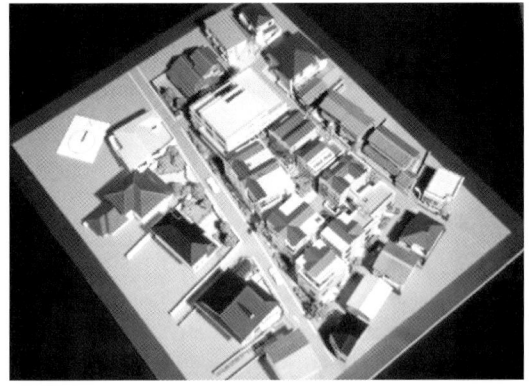

模型を上方から鳥瞰的に見ることで全体像を検討する。02

模型を活用して、建替えのルールがそれぞれの建築物に及ぼす影響を検討する。02

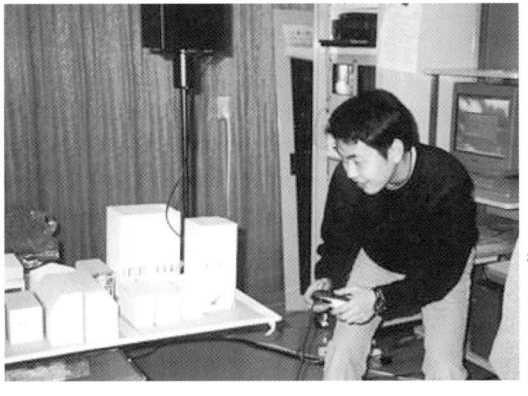

模型撮影装置を使用して、模型内のアイレベルの高さでカメラを連続的に移動させ、まちなみ景観を検討する。

模型を使った様々な地区や街区の空間像代替案の比較検討の方法

る。全体像をつかむには上方(空)から眺める鳥瞰的視点は有効であるが、現実にまちを鳥瞰で眺めることは少なく、地区レベルのまちづくりにおいては、実際の空間に立ってみたアイレベルの視点が重要となる。

この場合、小型CCDカメラを活用して模型内でカメラを移動させる模型撮影装置を用いて模型を撮影し、その映像をテレビモニターやスクリーンに映し出すことにより、さまざまな角度からアイレベルの視点での空間像の共有が可能となり、代替案の比較検討において非常に効果的である。

■空間像から建物の配置や建て方のルールを考える

模型を活用したシミュレーションは、建物の配置や建て方のルールを考えていくプロセスで極めて有効である。

例えば、まちなみ景観の保存活用のための沿道の建物の建て替えのルールづくり等では大きな成果を上げている。このような場合のルールの具体例として、1階部分の壁面後退距離の規定、建物階高や屋根勾配の規定などの効果の比較があげられる。

また、街路空間自体のデザインにおいても、デザインの代替案の現状との比較や、代替案の間での比較などを模型により行い、その地区にとって望ましい将来像を導き出すプロセスを支援する。

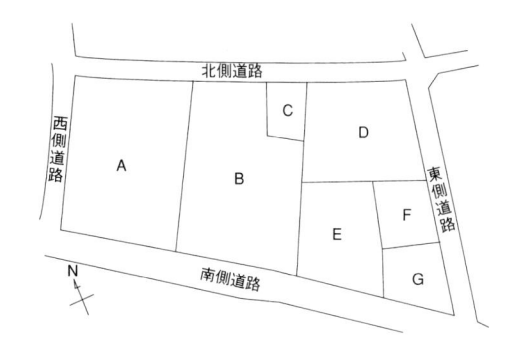

小規模敷地で構成される住宅街区(上図)における共同建替え案や協調的建替え案(右図)を実際に地権者の要望をヒアリングしながら設計する。

▲▼ 敷地ごとに個別建替えした案の模型(上写真)とセットバック等のルールの下での協調的建替え案の模型(下写真)を同じ視点から見てまちなみ景観を比較。

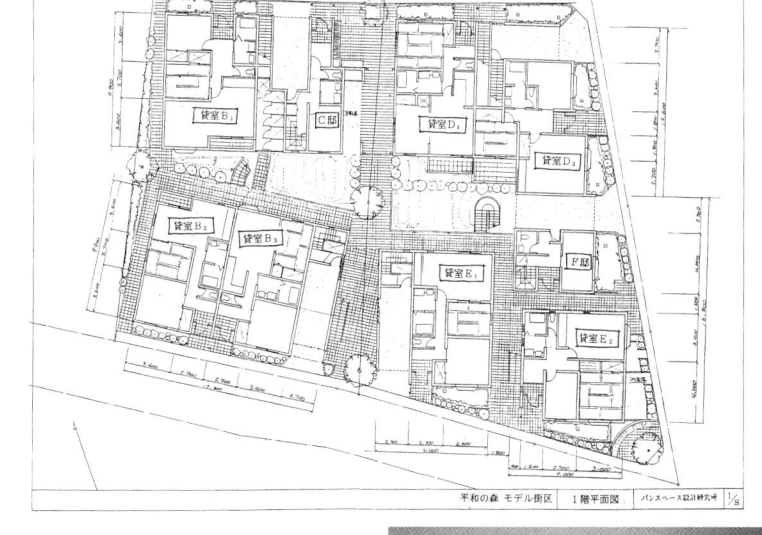

協調的建替え案(上図)から模型(写真)を作成。

協調的建替え案模型内の南側道路を歩いた(カメラを連続的に移動した)場合の沿道まちなみ景観の検証

模型を使用した住宅街区の共同建替えや一定のルールに基づく協調的建替えの検討シミュレーション 02

C-3. VRシミュレーションを活用する

■将来イメージの理解共有ツール

近年のまちづくりワークショップでは、まちなみ形成のルールづくりや公共空間のデザインといった専門性の高いテーマが取り上げられている。

このようなワークショップでは、参加者相互の議論を通して具体的な将来イメージを理解し共有するプロセスが求められる。従来はイメージ共有の手段としてスケッチやパースが用いられたが、近年ではCG(コンピュータ・グラフィックス)やVR(ヴァーチャル・リアリティ)の技術[※]を活用した新たな試みも見受けられるようになってきた。

■VR活用のメリット

VR活用のメリットとして次の三点が指摘できる。第一はリアリティの高さ、第二は視点の自由度、第三はモデルの可変性である。すなわち、VRは建物等を変更したまちなみ代替案を臨機応変に自由な視点でリアリティ高く描写できるため、ワークショップの限られた時間の中で、意思決定の有効な手段として活用できる。

■まちなみ検討VRの作成

まちなみルールを検討するためのVR作成手順を紹介しよう。まず対象地区内の建物と街路の測量を行い、

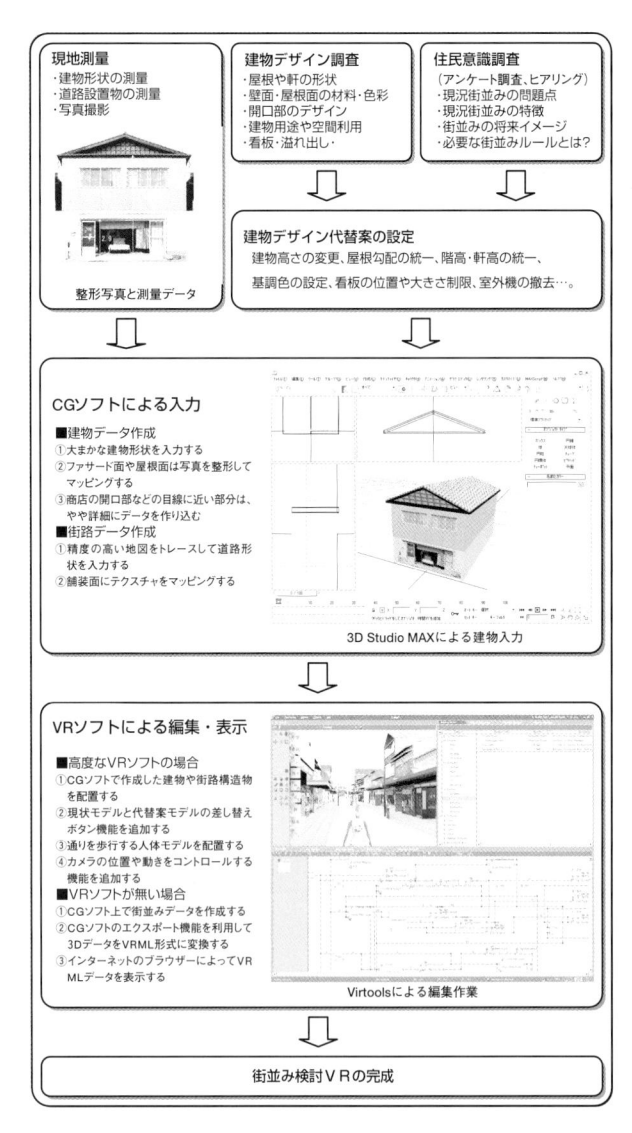

まちなみ検討VRの作成手順
VRの作成手順は、おおむね3つのステップ：①現地調査、②CGソフトによるデータ入力、③VRソフトによる編集、から構成される。

現状写真とVRの比較

VRの操作内容
VRの操作は一般的にマウス、キーボード、ジョイスティック等のコントローラを使用して行われる。

その結果を基にしてコンピュータの仮想空間にまちなみの現状モデルを構築する。ここで注意すべき点は、なるべくデータを軽量化することである。ＶＲはデータ量が膨大になると動作が鈍くなる。そこで、建物等は極力簡略化した形状モデルで表現し、細部は現況写真をマッピングして表現する。

次に、まちなみルールを適用した場合の代替案モデルを作成する。代替案の作成に当たっては、現地調査や住民の意識調査・ヒアリングの結果を踏まえ、代替案モデルの内容を十分に検討しなければならない。

■ワークショップにおけるＶＲの活用

ワークショップにおけるＶＲの基本的な活用法は、①ＶＲデータの作成⇒②ワークショップでの提示・議論⇒③アイデアや意見の収集⇒ＶＲデータの更新といったルーチンワークとなる。ＶＲは意見交換の材料として触媒的な役割を果たし、まちなみに対する問題の共有やデザイン案の検討を支援できる。その一方、具体的イメージを操作することから、主催者側が参加者の意思を誘導する恐れもある。ＶＲの提示にあたっては、代替案の選定理由等を客観的な観点に基づき明確に説明しなければならない。

※ＶＲの技術

CGや音響効果を組み合わせて、人工的に現実感を作り出す技術。まちづくりデザインでは、まちなみをコンピュータの仮想空間内に再現し、その中を自由に回遊すること等に用いられる。

左：現　状　⇔　右：和風建築に変更　　　　左：現　状　⇔　右：庇を統一

シミュレーションパタンの事例

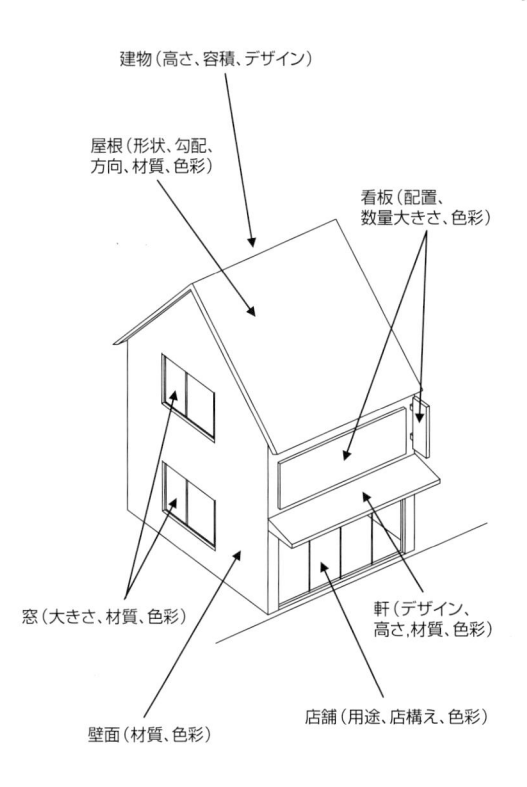

まちなみシミュレーションの検討要素
住民意識調査と現地の建築物の意匠・形態の調査の結果からシミュレーションの検討要素を決定する。

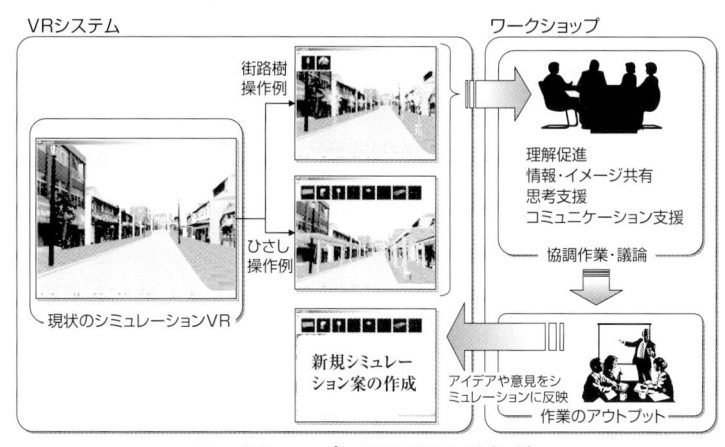

ワークショップにおけるＶＲの活用法
まちなみの将来像をＶＲを用いて検討する場合、一般的に上図に示す①ＶＲ作成⇒②ワークショップでの提示・議論⇒アイデア・意見の収集⇒ＶＲ更新のルーチンワークとなる。

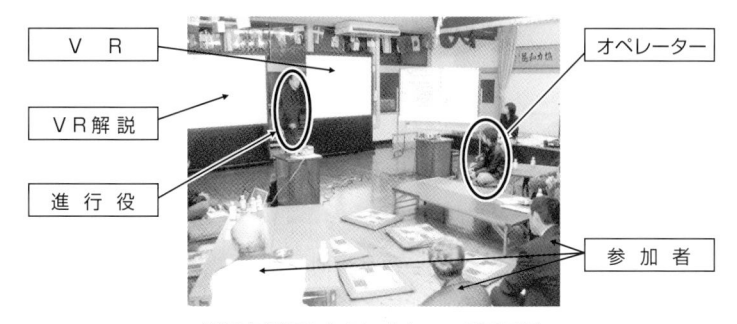

ＶＲを活用したワークショップの風景
ＶＲを見ながらまちなみデザインについて議論する市民。

C-4. WEBを活用する

■WEBを利用した住民参加

まちづくりにおける住民参加手法を検討するうえで重要な観点は、参加の広さと深さである。

例えば、ワークショップでは深い議論が行える反面、広い市民参加は難しい。その一方で、チラシやアンケートは、市民への広報や意見収集として有効であるが、対話を伴わないため相互の理解は難しい。このようにそれぞれの手法には得失があり、利点や欠点を吟味したうえで幾つかの手法を上手く組み合わせ、まちづくりを進める必要がある。

近年では住民参加の新たな手法としてWEB上の掲示板の機能を活用した電子会議室※が注目されている。この会議室の方法も得失があるが、参加の新たなチャンネルとして大きな期待が寄せられている。

現在、インターネット・プロバイダーの多くが掲示板の設置サービスを実施していることから、インターネットの専門的知識を持たない者でも会議室の開設が容易な状況となっている。

■知的情報基盤ツールとしてのWebGIS

WEB上で稼動するGISをWebGISという。このWebGISの機能を利用したコミュニケーション・ツールの提案が盛んである。「福岡市まちづくり点検マップ」

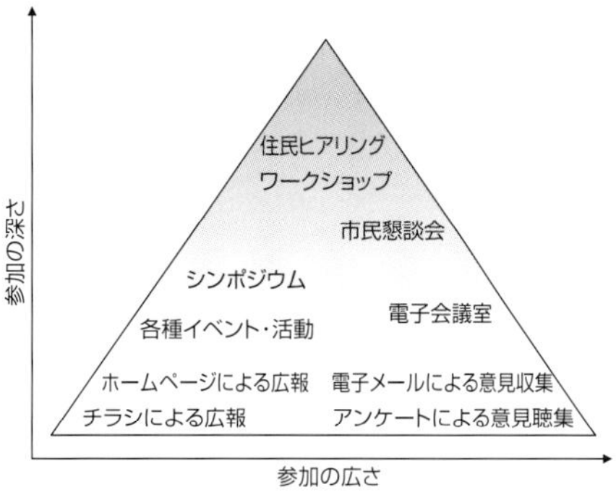

住民参加の広さと深さ
住民参加の手法は、参加の広さと深さの観点から検討しなければならない

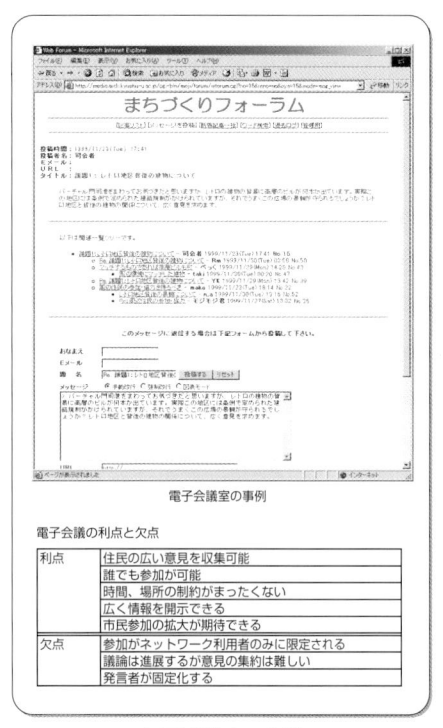

電子会議室の事例
先進的な自治体では電子会議室を積極的に活用し、市民からの意見や提案を市政に反映している。

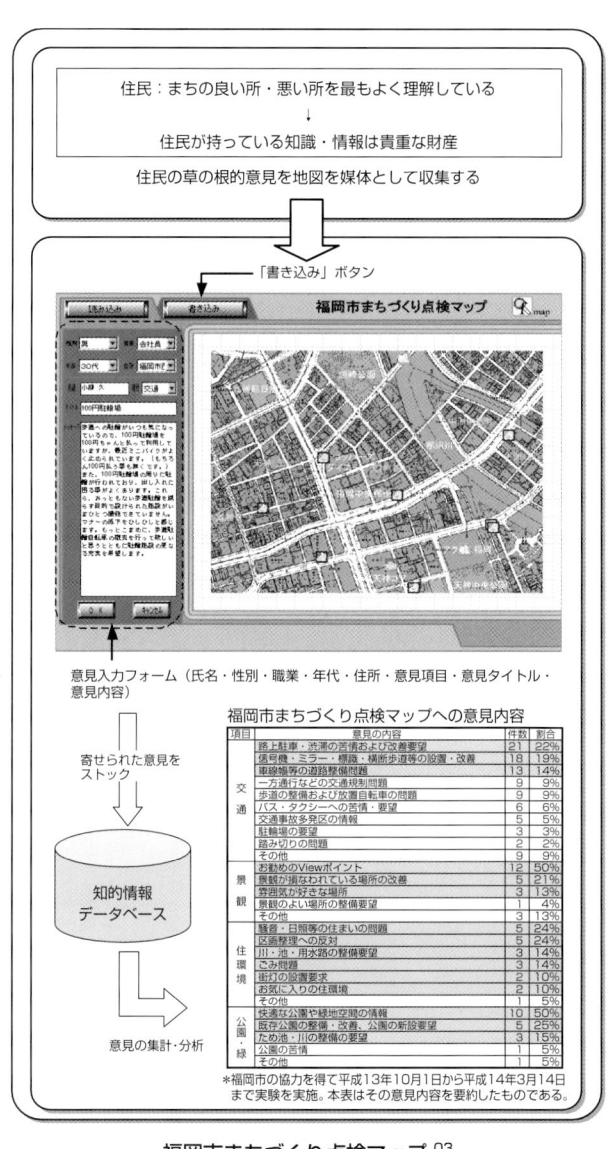

福岡市まちづくり点検マップ [03]
地図を媒体とした意見収集ツールの事例。これらの多くはWebGISの機能を活用している。

※福岡市の協力を得て平成13年10月1日から平成14年3月14日まで実験を実施。本表はその意見内容を要約したものである。

はその一例である。本システムは、地図を媒体として住民からまちづくりにかかわる意見を収集ストックし、行政の政策立案に反映させることを意図している。

地図を媒体とするメリットは意見とともに位置情報を取得できる点であり、物的計画の情報収集に有用なツールといえる。

■協調設計支援ツールとしてのWeb3D

市民参加型の協調設計活動は、対話や合意形成を重視するため、一般にワークショップなどのフェイス・ツー・フェイスの現場で行うことを基本とする。

しかし、デザイン案に対する意見やアイデアを広く求める場合には、WEB上に計画案を2次元あるいは3次元モデルとして表現し、将来像を検討する方策も考えられる。

さらに、技術的にはインターネットのユーザーがWEB上の仮想3次元空間において建物やまちなみのデザイン案を作成し、そのアイデアをワークショップの主催者へ提案することも可能である。

このような技術提案は、これまで時間的制約上、ワークショップに参加できなかった者に参加の機会を与えることができる。しかし、これらのツールを活用したアイデアの集約方法にはまだ検討の余地があり、試行を繰り返しながら活用法を確立しなければならない。

※電子会議室
　ホームページ上に設置した掲示板などを使って意見交換や情報交換する仕組みを示す。

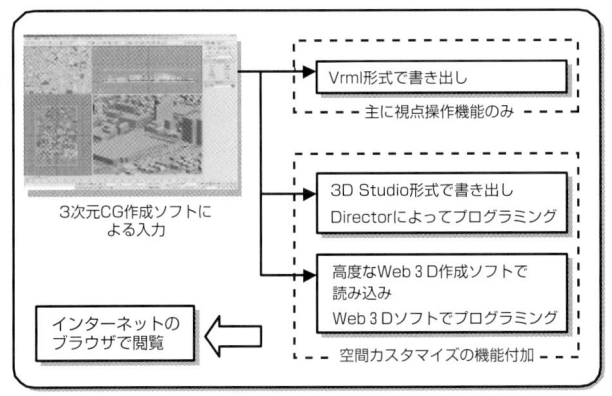

Web3Dの作成
Web3Dとは、インターネット上でリアルタイムに3次元コンピュータグラフィックスを表現するための技術を示す。

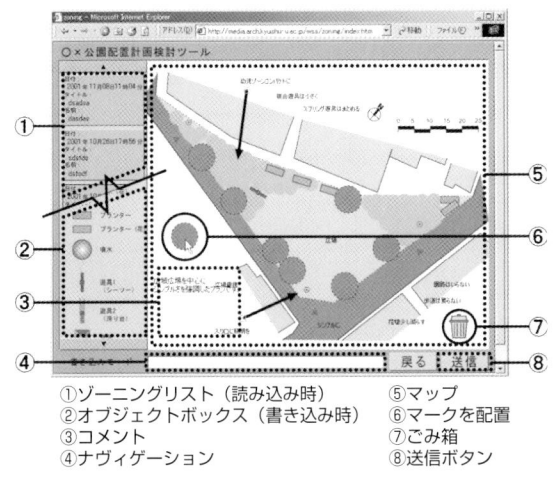

公園デザイン検討Web3D 04

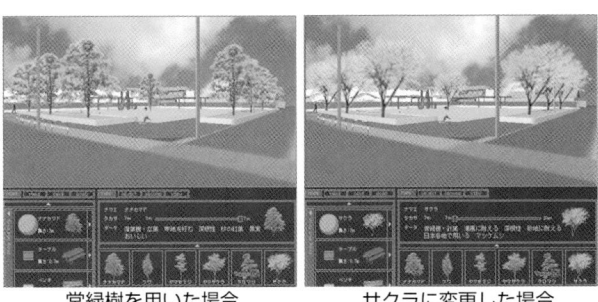

①マップ　　　　　　　⑤VRウィンドウ
②マークを配置　　　　⑥高さを調節
③視点　　　　　　　　⑦ステージ
④オブジェクトスロット　⑧タイプスロット

右下のタイプスロットに表示されたファニチャーをマップ画面にドラッグするだけで、簡単に公園のレイアウト案を作成できる。また左のマップ画面と右上の3D画面は連動しており、マップ画面の更新はリアルタイムに3D画面へ反映される。

公園ゾーニング検討ツール 04

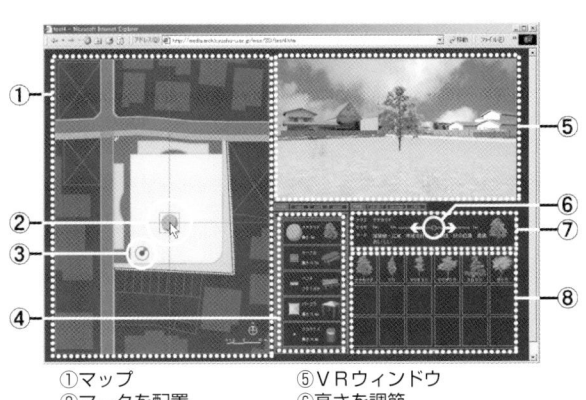

①ゾーニングリスト（読み込み時）　⑤マップ
②オブジェクトボックス（書き込み時）⑥マークを配置
③コメント　　　　　　　　　　　　⑦ごみ箱
④ナヴィゲーション　　　　　　　　⑧送信ボタン

左下のオブジェクトボックスからオブジェクトを選択し、マップにドラッグ・アンド・ペーストすることによって簡単なゾーニング案を作成できる。作成した案は主催者に送信することも可能であり、また他人が作成した案を読み込むこともできる。

常緑樹を用いた場合　　　サクラに変更した場合

公園デザイン検討Web3Dによるシミュレーション 04

Appendix さまざまなグラフィックスの事例

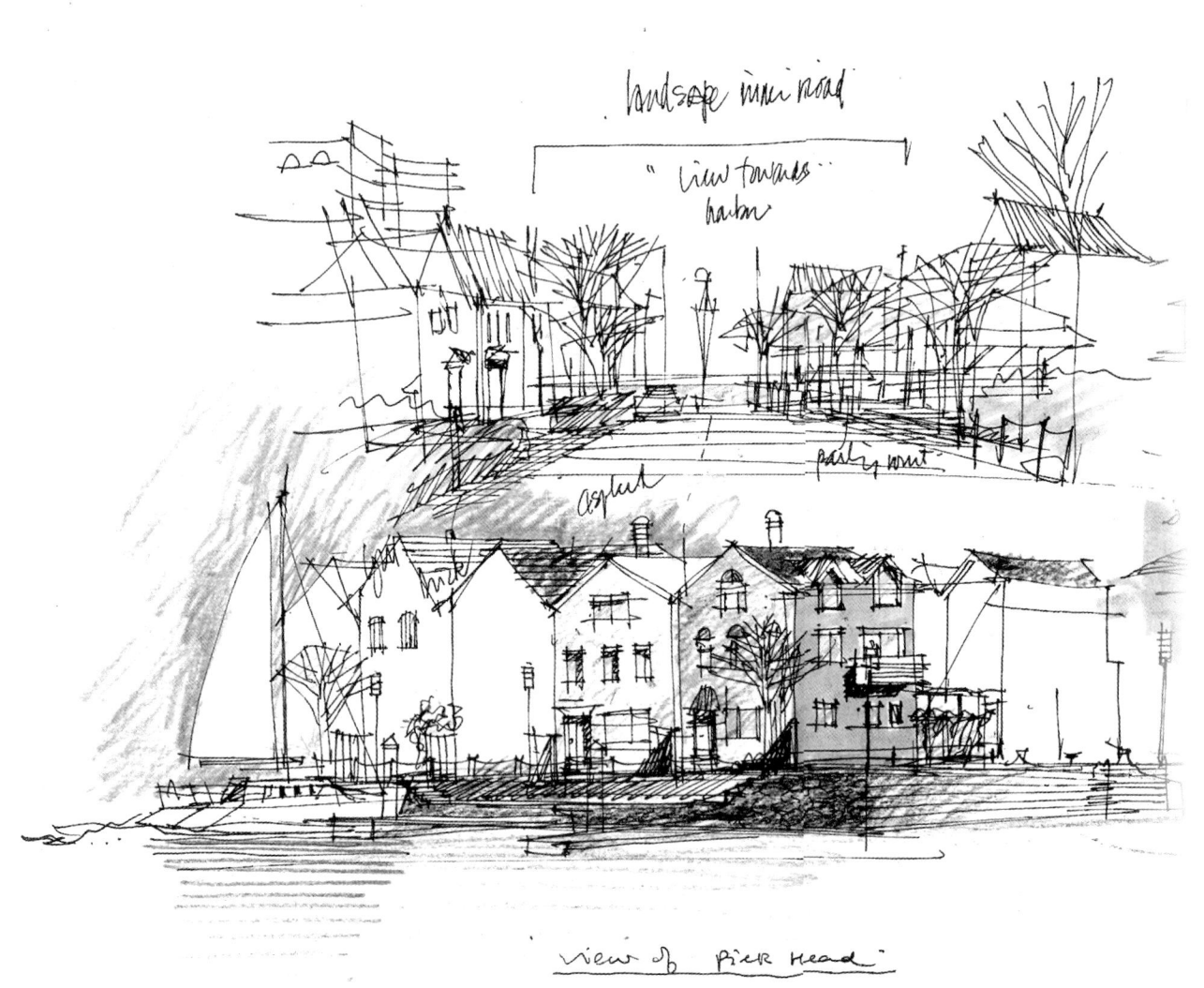

フリーハンドスケッチ（上・下）：Thomas C.Wang

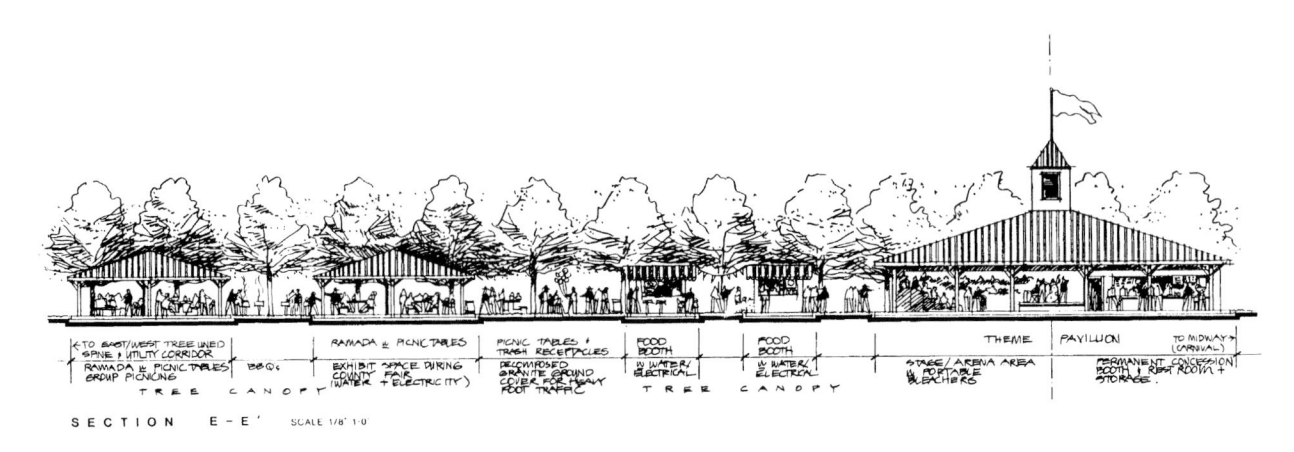

ハードラインとフリーハンドによる立面図 05：Cella Barr Associates

フリーハンドスケッチ（上・中・下）：Thomas C.Wang

Conceptual Diagram

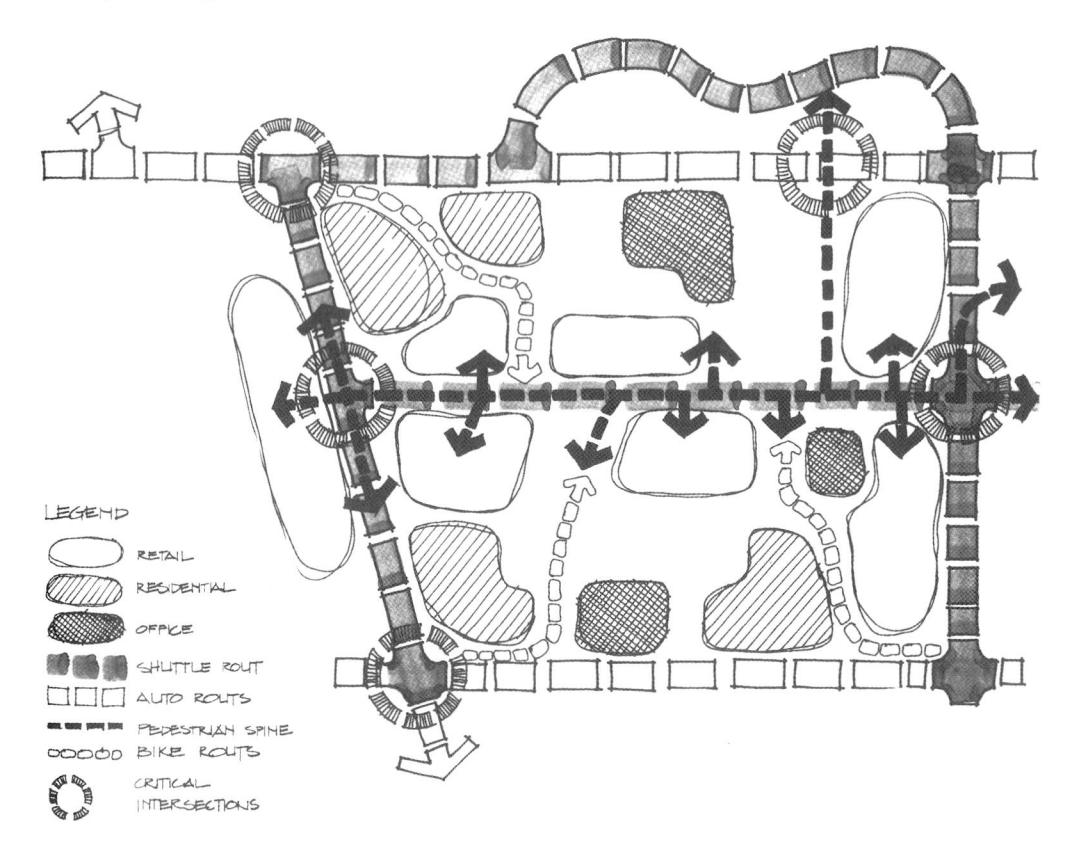

フリーハンドによるコンセプチュアル・ダイアグラム 06：Grant W. Reid

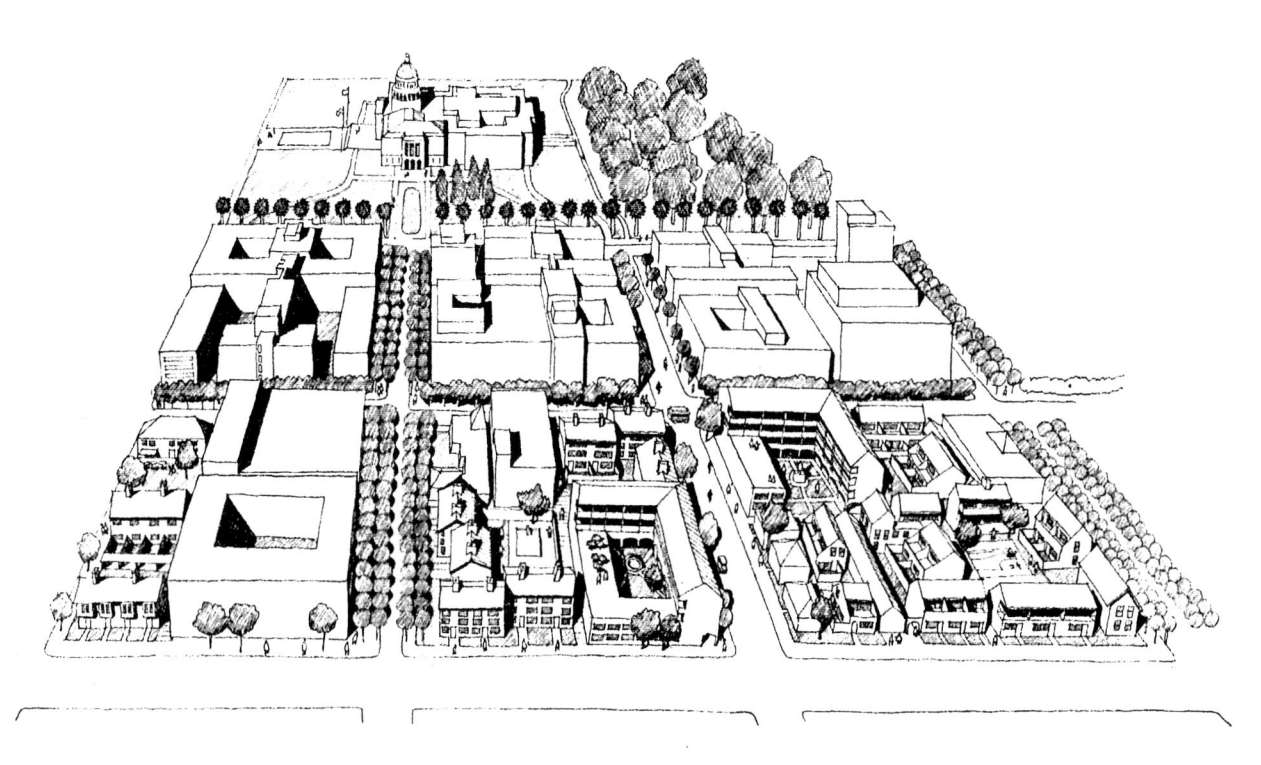

地方都市の鳥瞰スケッチ 07：Skidmore, Owings & Merrill

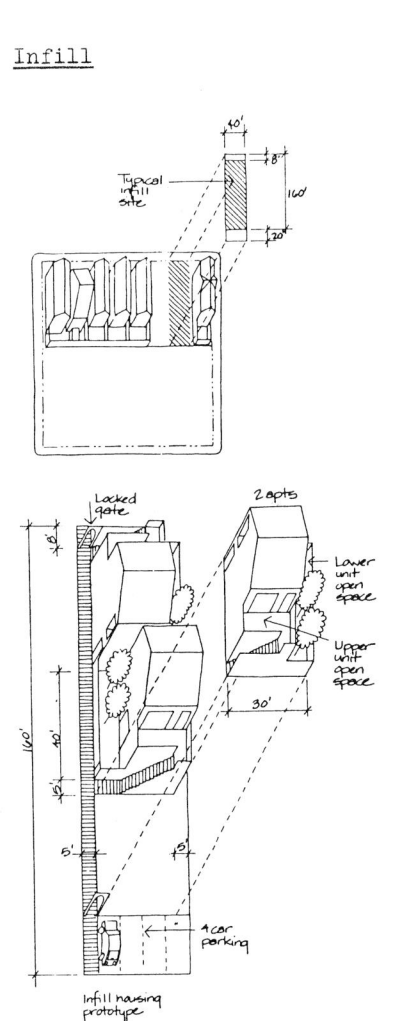

地方都市を構成する街区を再編するためのダイアグラム図 07：Skidmore, Owings & Merrill

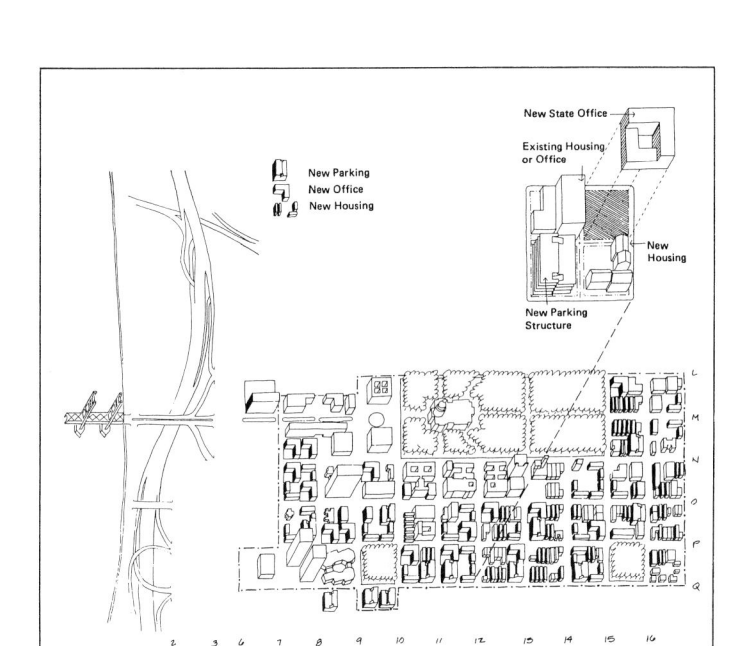

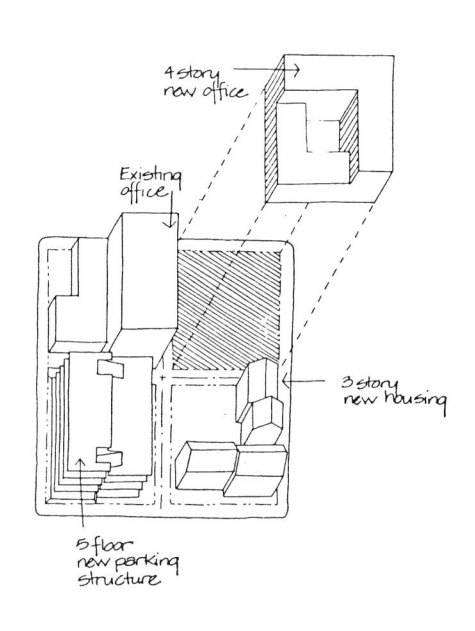

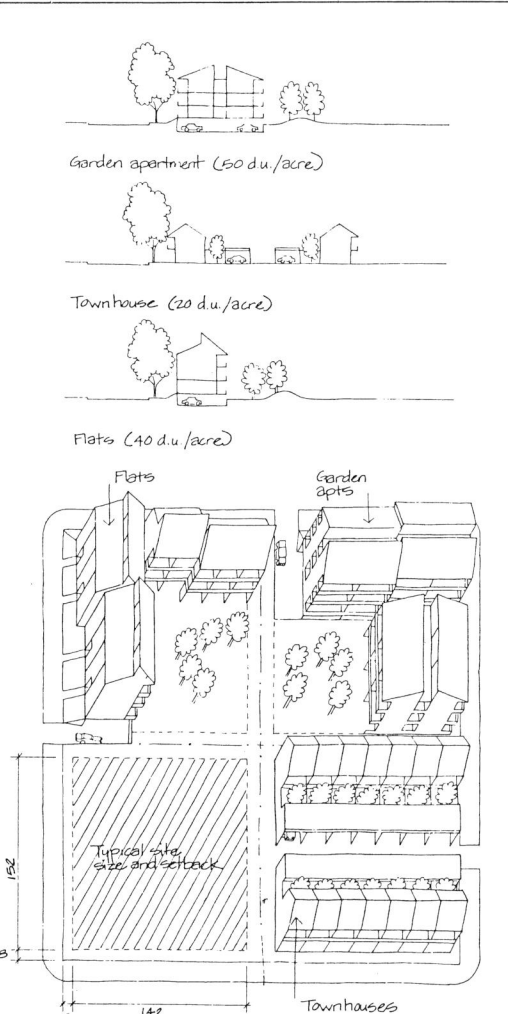

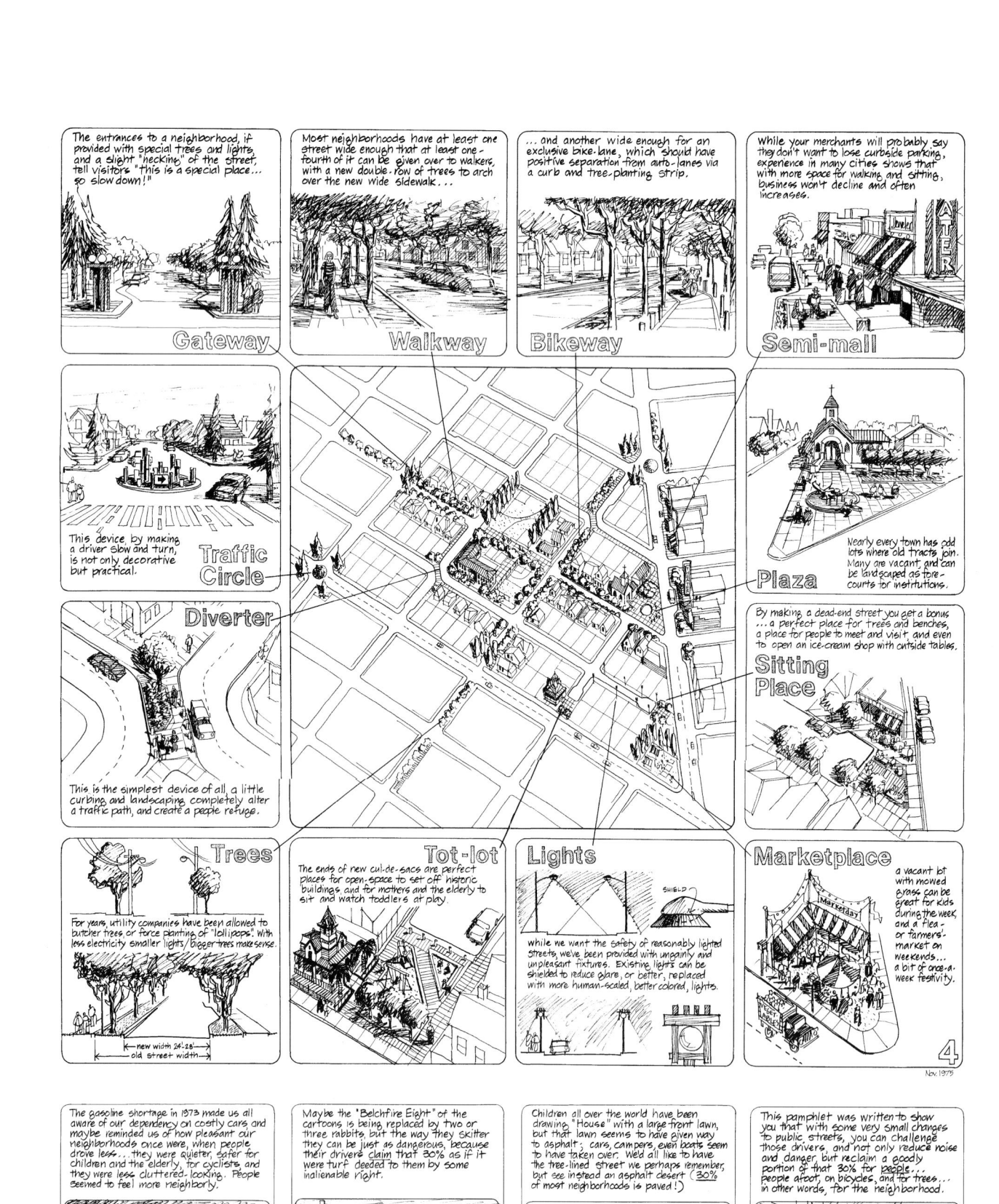

近隣コミュニティーの改善計画のスケッチ 08: Jack Sidener

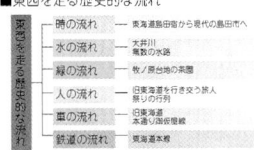

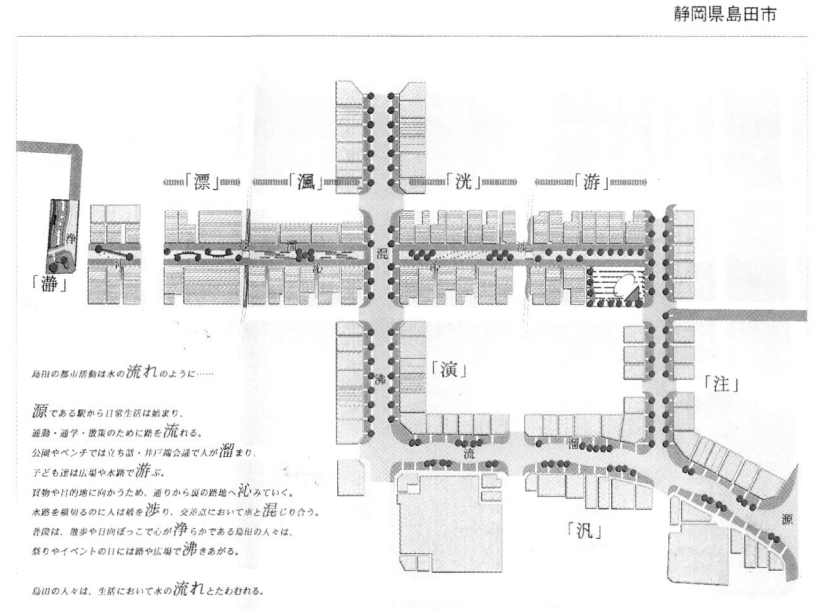

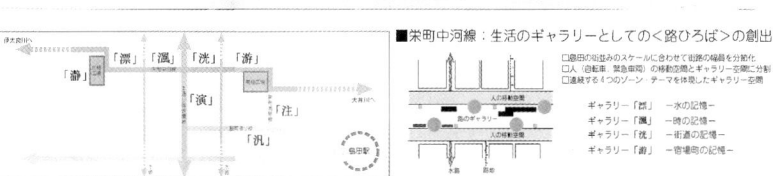

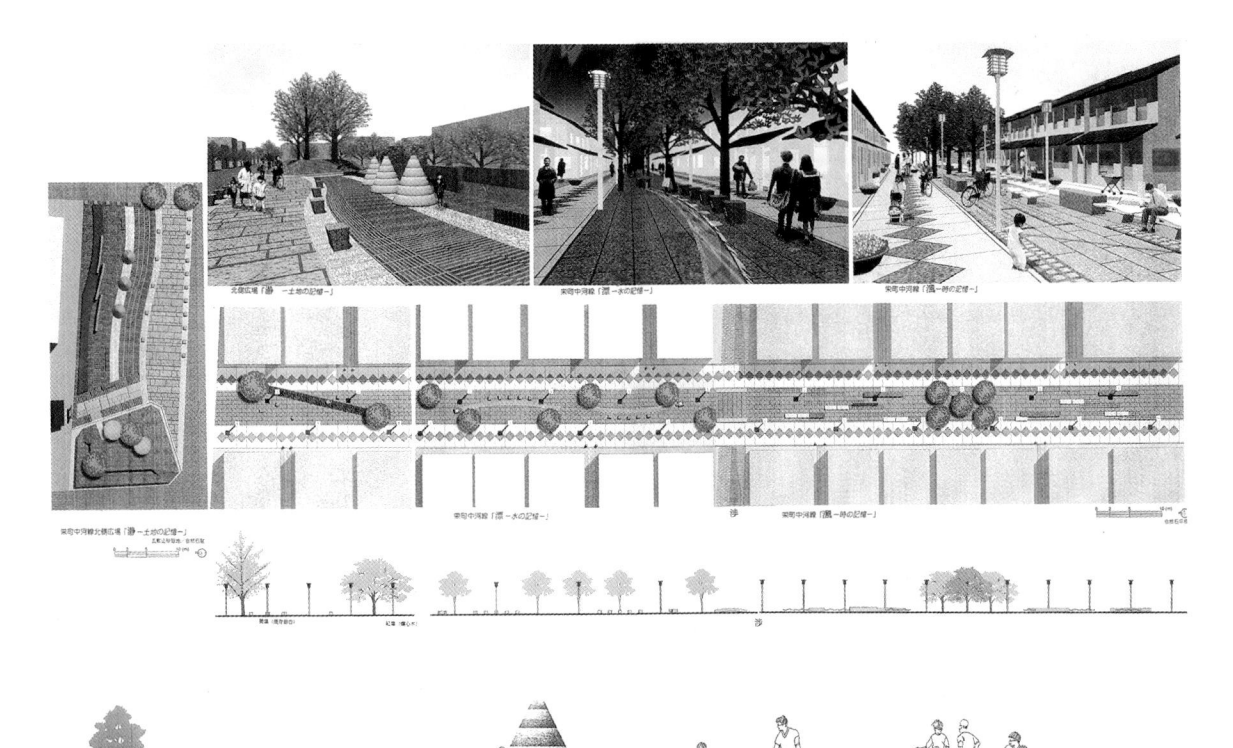

ふるさとの顔づくり設計競技　最優秀案 09：倉田直道

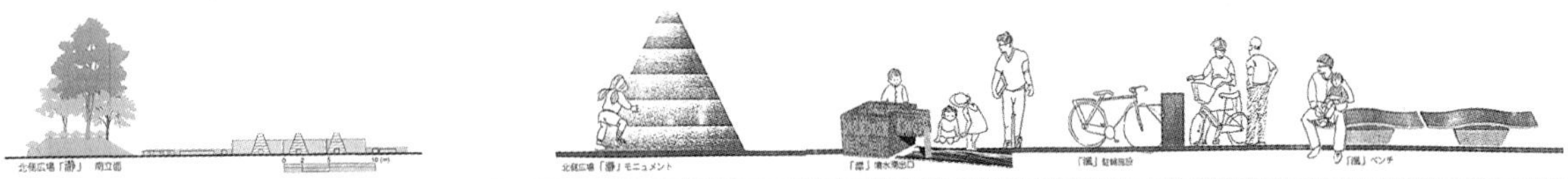

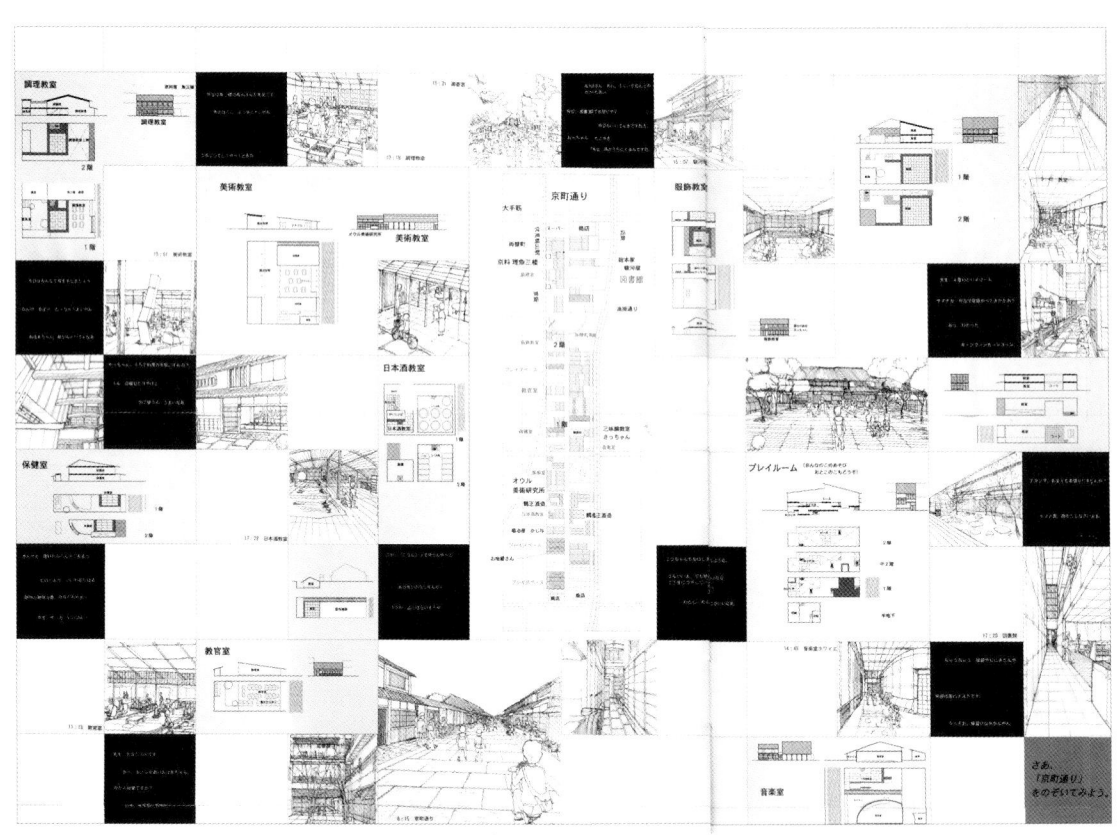

設計競技応募案 [10]：多田正治、南野好司、大浦寛登

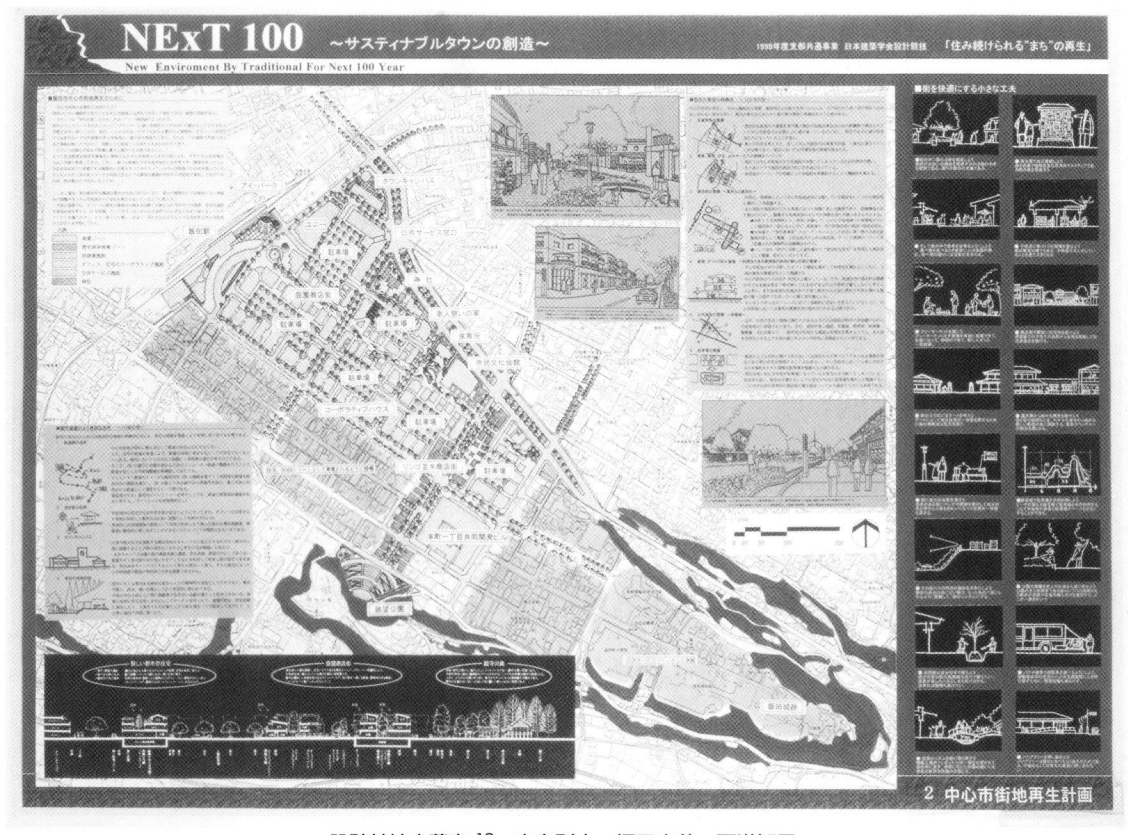

設計競技応募案 [10]：森島則文、堀田忠義、天満智子

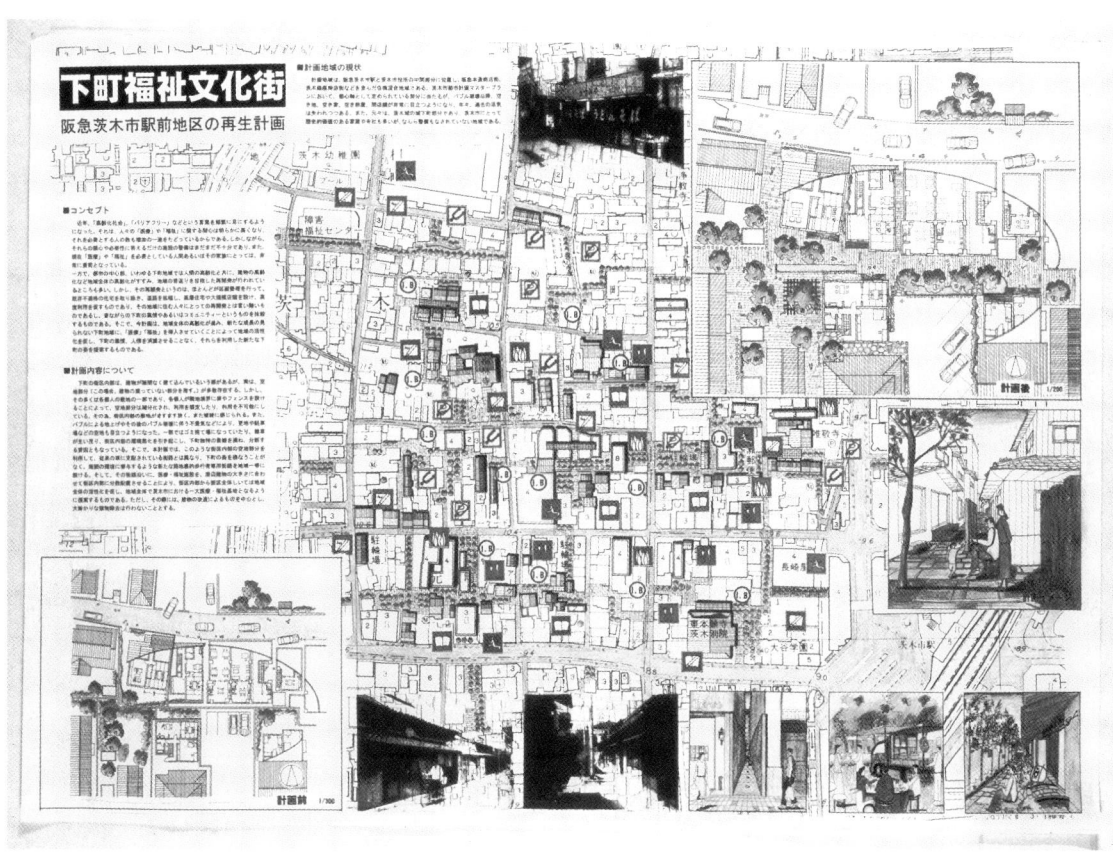

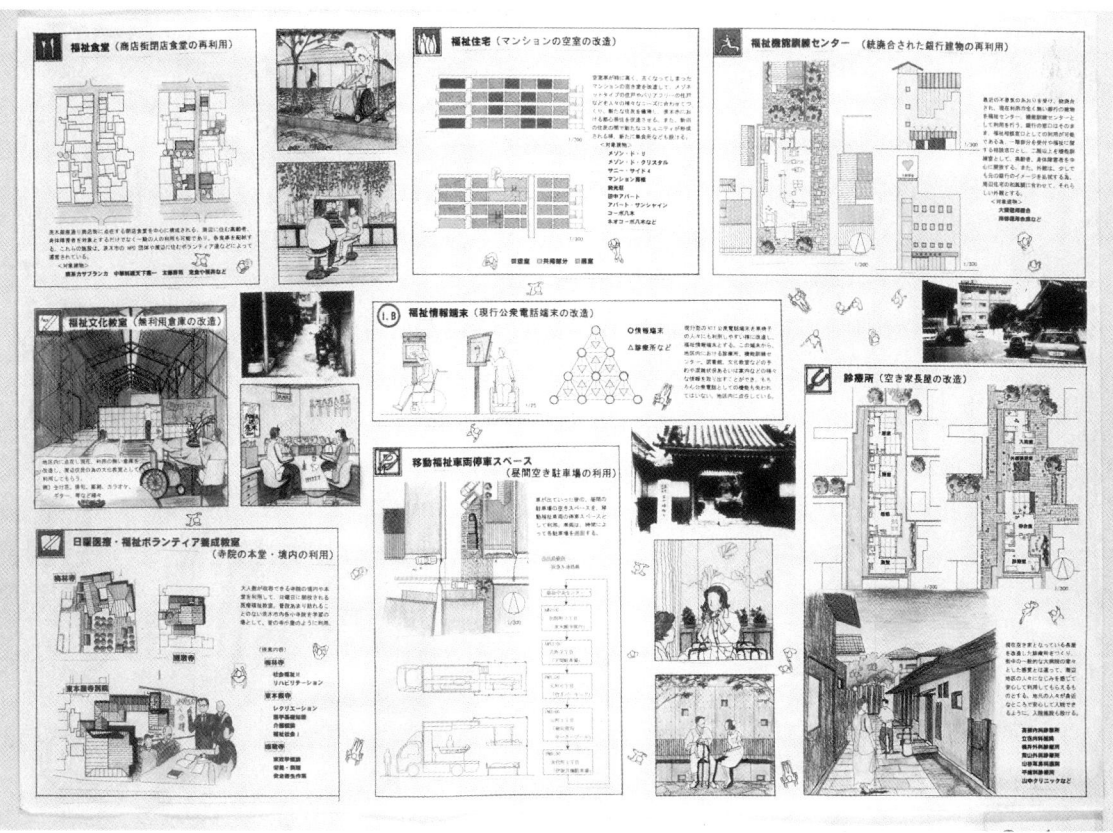

PROCESS-1 / PROCESS-2 / PROCESS-3 / PROCESS-4 / PROCESS-5 / Studio & Practice

Communication & Presentation

設計競技応募案 [10]：松島啓之

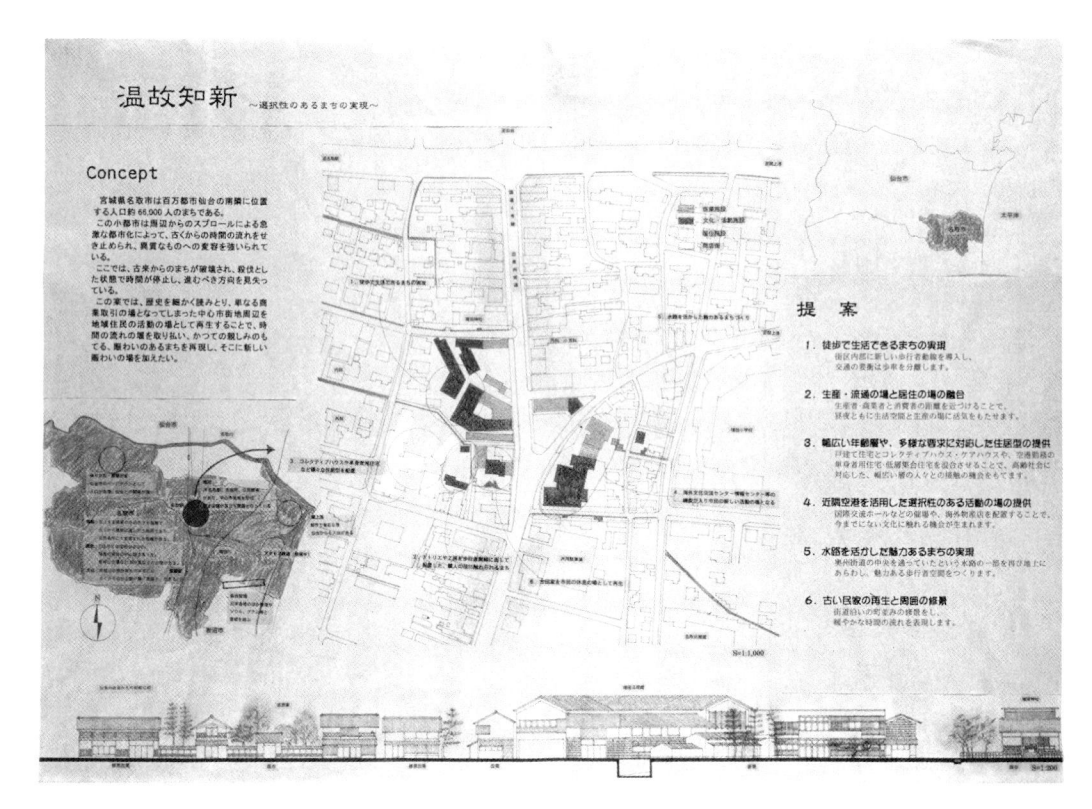

設計競技応募案 10：開　歩

設計競技応募案 10：中楯哲史、西牟田奈々、安倉公治、白川在、岡本欣士、増見収太、熊崎敦史

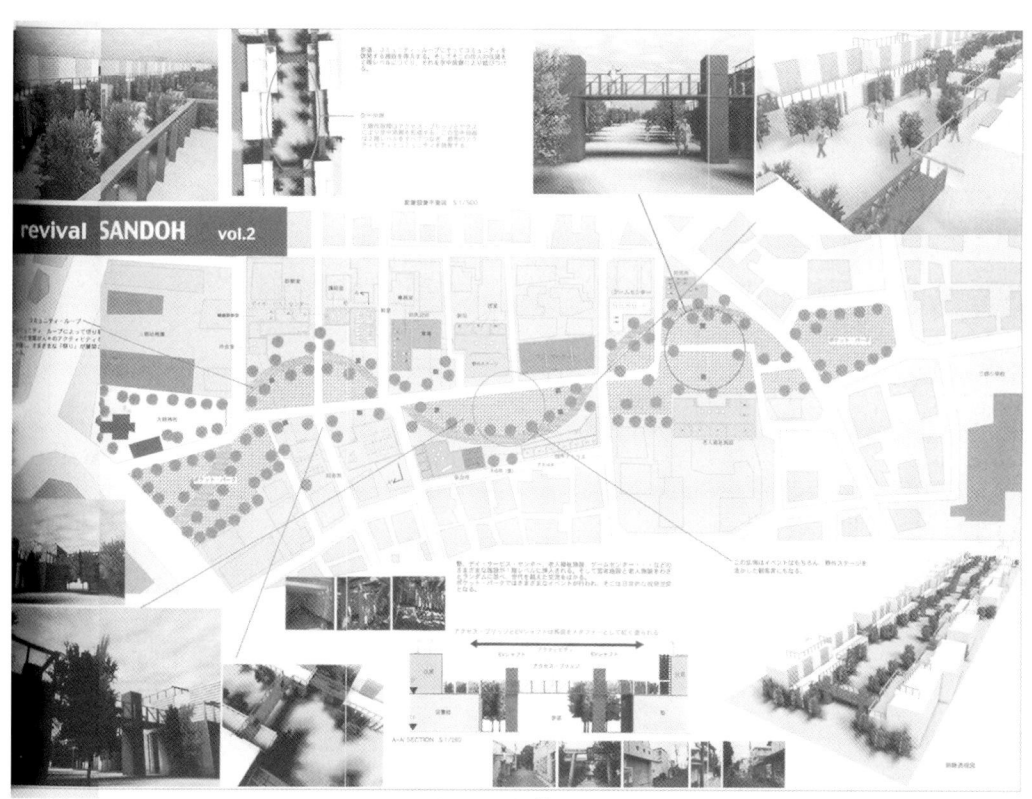

設計競技応募案 10：富田祐一

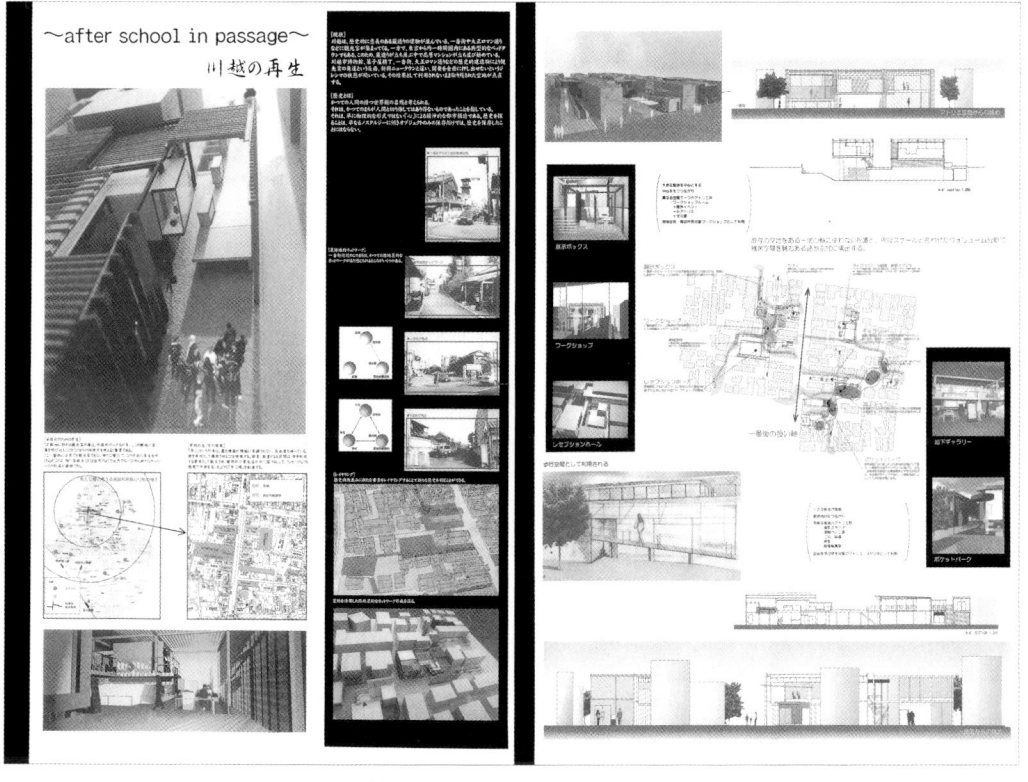

設計競技応募案 10：出原賢一、松木新太郎、小布施幹、鳴海剛士

■引用文献・引用ホームページ

01 伊藤滋・監修、環境シミュレーションラボ研究会・編著（1999）「都市デザインとシミュレーション　その技法とツール」鹿島出版会
02 渡辺定夫・編著（1993）「アーバンデザインの現代的展望」鹿島出版会
03 九州大学大学院人間環境学研究院有馬研究室ホームページ ……………………http://media.arch.kyushu-u.ac.jp/fmap/
04 九州大学大学院人間環境学研究院有馬研究室ホームページ ……………………http://media.arch.kyushu-u.ac.jp/wss/
05 David A.Davis and Theodore D.Walker（2000）"Plan Graphics" John Wiley & Sons
06 Grant W.Reid（2000），"Landscape Graphics" ,Watson-Guptill Publications
07 Skidmore,Owings & Merill, "Urban Design Element,Capital Area Plan" ,Sacramento
08 Jack Sidener "Recycling Streets" リーフレット
09 株式会社アーバン・ハウス都市建築研究所制作
10 日本建築学会・編（1999）「住み続けられるまちの再生―1999年度　日本建築学会設計競技優秀作品集」建築資料研究社

『まちづくりデザインのプロセス』参考文献

●まちづくりの全体像を学ぶ
日本建築学会・編(2004〜2007)「まちづくり教科書　第1巻〜第10巻」丸善
佐藤　滋・編著(1999)「まちづくりの科学」鹿島出版会
西村　幸夫＋町並み研究会・編著(2003)「日本の風景計画」学芸出版社
西村　幸夫＋町並み研究会・編著(2000)「都市の風景計画」学芸出版社
森村　道美(1998)「マスタープランと地区環境整備」学芸出版社
住環境の計画編集委員会・編(1987〜)「住環境の計画1〜5」彰国社
鳴海　邦碩 他・編（1998)「都市デザインの手法・改訂版」学芸出版社
彰国社・編(1974)「都市空間の計画技法」彰国社
三船　康道＋まちづくりコラボレーション(2002)「まちづくりキーワード事典　第二版」学芸出版社
日笠　端(1993)「都市計画　第3版」共立出版
都市計画教育研究会・編(2001)「都市計画教科書　第3版」彰国社
都市計画国際用語研究会・編（2003)「都市計画国際用語辞典」丸善
※その他、都市計画に関する教科書は多数あり。

●まちづくりに必要な技術を学ぶ
◆調査・分析の方法
K．リンチ（丹下 健三他・訳）(1968)「都市のイメージ」岩波書店
G．カレン（北原 理雄・訳）(1975)「都市の景観」鹿島出版会
陣内　秀信・中山　繁信・編著(2001)「実測術　サーベイで都市を読む・建築を学ぶ」学芸出版社
日本建築学会・編(1987)「建築・都市計画のための調査・分析方法」井上書院
大場　亨(2001)「ArcViewによる地域分析入門」成文堂
Urban Design Associates (2003)"The Urban Design Handbook", W.W.Norton & Company
Cliff Moughtin (2003) "URBAN DESIGN" Method and Techniques, Architectural Press
Cliff Moughtin (2003) "URBAN DESIGN" Street and Square, Architectural Press
Cliff Moughtin (1999) "URBAN DESIGN" Ornament and Decoration, Architectural Press
Peter C. Bosselmann (1998) "Representation of Places" Reality and Realism in City Design, University of California Press

◆プレゼンテーションの技法
D．プリンツ／小幡　一・訳(1984)「イラストによる都市計画のすすめ方」井上書院
D．プリンツ／小幡　一・訳(1984)「イラストによる都市景観のまとめ方」井上書院
宮後　浩(2002)「景観スケッチのコツ」学芸出版社
Thomas C. Wang(1996) "Plan and Section Drawing, second edition", John Wiley & Sons, Inc.
Theodore D. Walker & David A. Davis (1990) "Plan Graphics 4th Edition", Van Nostrand Reinhold
環境シミュレーションラボ研究会・編著(1999)「都市デザインとシミュレーション」鹿島出版会

◆参加の技術・まちづくりの組織
H．サノフ／小野 啓子・訳(1993)「まちづくりゲーム」晶文社
浅海　義治・伊藤　雅春・狩野　三枝・大戸　徹・中里 京子 (1993〜2002)
　　　「参加のデザイン道具箱 PART1〜4」世田谷区都市整備公社まちづくりセンター
大戸　徹・鳥山　千尋・吉川　仁(1999)「まちづくり協議会読本」学芸出版社
渡辺　俊一・編著(1999)「市民参加のまちづくり　マスタープランづくりの現場から」学芸出版社
渡辺　俊一・太田 守幸(2001)「市民版まちづくりプラン　実践ガイド」学芸出版社
佐谷 和江・須永 和久・日置 雅晴・山口 邦雄(2000)「市民のためのまちづくりガイド」学芸出版社
高田　昇(1991)「まちづくり実践講座」学芸出版社
Randolph T. Hester, Jr. (1990) "COMMUNITY DESIGN PRIMER", Ridge Times Press

●まちづくりの事例を学ぶ
日本建築学会・編(2001)「建築設計資料集成・総合編」丸善
日本建築学会・編(2003)「建築設計資料集成　地域・都市Ⅰ－プロジェクト編」丸善
日本建築学会・編(2004)「建築設計資料集成　地域・都市Ⅱ－設計データ編」丸善
中出 文平＋地方都市研究会・編著(2003)「中心市街地再生と持続可能なまちづくり」学芸出版社
まちづくりブック伊勢制作委員会・編著(2000)「まちづくりブック伊勢」学芸出版社
浦安まちブックをつくる会・編著(1999)「まちづくりがわかる本－浦安のまちを読む」彰国社
佐藤　滋＋新まちづくり研究会・編著(1995)「住み続けるための新まちづくり手法」鹿島出版会
西村　幸夫(1997)「町並みまちづくり物語」古今書院
高橋　康夫他・編(1993)「図集日本都市史」東京大学出版会
都市史図集編集委員会・編（1999)「都市史図集」彰国社

本書作成関係委員会 （敬称略）

●教材委員会
委員長　吉野 博
幹事　　石川 孝重
委員　　（略）

●教材検討小委員会
主査　石川 孝重
幹事　伊村 則子　　久木 章江
委員　兼松 学　　高橋 純一　　高橋 徹　　田路 貴浩　　名取 発　　野澤 康　　光田 恵　　三原 斉　　門馬 進

●都市デザイン教材編集ワーキンググループ
主査　　野澤 康
委員　　有賀 隆　　倉田 直道　　小林 正美　　出口 敦　　鵤 心治
協力委員　佐藤 滋　　鳴海 邦碩　　山本 俊哉

●制作協力
株式会社ビオシティ

布施大輔（カバーデザイン／明治大学理工学部建築学科 小林ゼミナール）

曺 正潔（章扉デザイン／九州大学大学院人間環境学研究院都市・建築学部門出口研究室）

●執筆委員一覧
□Process1　まちを調べる	野澤 康	窪田 亜矢		
□Process2　まちを分析・評価する	野澤 康	鵤 心治		
□Process3　まちの将来像を構想する	鵤 心治	大貝 彰		
□Process4　まちの空間をデザインする	出口 敦	黒瀬 重幸		
□Process5　まちづくりのルールをつくる	鵤 心治	出口 敦	宇於﨑 勝也	
◇Studio & Practice　まちづくりを実践しよう	有賀 隆	小林 正美	倉田 直道	
◇Communication & Presentation　コミュニケーションの手法	小林 正美	出口 敦	日高 圭一郎	有馬 隆文
◇Appendix　さまざまなグラフィックの事例	小林 正美			

執筆者紹介 (2013年6月現在)

野澤　康（のざわ　やすし）
工学院大学建築学部まちづくり学科教授。1964年北海道生まれ。東京大学工学部都市工学科卒業、同大学院工学系研究科都市工学専攻博士課程修了。博士（工学）、技術士（建築部門/都市及び地方計画）。主な著書に、「住環境　評価方法と理論」（共著、2001年、東京大学出版会）、「建築設計資料集成　地域・都市II　設計データ編」（共著、2004年、丸善）。

有賀　隆（ありが　たかし）
早稲田大学大学院創造理工学研究科建築学専攻教授。1963年東京都生まれ。早稲田大学理工学部建築学科卒業、カリフォルニア大学バークレー校大学院環境デザイン学研究科Ph.D.課程修了。名古屋大学大学院環境学研究科都市環境学専攻助教授を経て現職。Ph.D.（Environmental Planning and Urban Design）。主な著書に、「まちづくりの科学」（共著、1999年、鹿島出版会）、「都市計画国際用語辞典」（共著、2003年、丸善）、「景観法活用ガイド」（分担、日本建築学会編著、2008年、ぎょうせい）、「いまからのキャンパスづくり」（共著、2011年、日本建築学会）、「唐津：都市の再編　歩きたくなる魅力ある街へ」（共著、日本建築学会編著、2012年、鹿島出版会）。

鵤　心治（いかるが　しんじ）
山口大学大学院理工学研究科教授。1964年福岡県生まれ。九州大学工学部建築学科卒業、同大学院工学研究科建築学専攻修士課程修了。博士（工学）。主な著書に、「まちづくりの方法」（共著、2004年、丸善）、「広重の浮世絵風景画と景観デザイン」（共著、2004年、九州大学出版会）。

倉田　直道（くらた　なおみち）
工学院大学建築学部まちづくり学科教授。1947年長野県生まれ。早稲田大学理工学部建築学科卒業、早稲田大学大学院理工学研究科建設工学専攻修士課程修了、カリフォルニア大学バークレー校大学院環境デザイン学部アーバンデザイン・プログラム修了。M.Arch、M.C.P.。主な著書に、「都市計画国際用語辞典」（共著、2003年、丸善）、「交通まちづくりの思想」（共著、1998年、鹿島出版会）。

小林　正美（こばやし　まさみ）
明治大学理工学部建築学科教授。1954年東京都生まれ。東京大学工学部建築学科卒業、ハーバード大学修士課程修了、東京大学大学院工学系研究科建築学専攻博士課程修了。博士（工学）、一級建築士。主な著書に、「東京再生」（単編共著、2003年、学芸出版社）、「Interventions II」（単著、2003年、鹿島出版会）、「フランスの流通・都市・文化」（共著、2010年、中央経済社）。

出口　敦（でぐち　あつし）
東京大学大学院新領域創成科学研究科社会文化環境学専攻教授。1961年東京都生まれ。東京大学工学部都市工学科卒業、同大学院工学系研究科都市工学専攻博士課程修了。工学博士。主な著書に、「中心市街地再生と持続可能なまちづくり」（共著、2003年、学芸出版社）、「ヴィジュアル版建築入門10　建築と都市」（共著、2003年、彰国社）。

有馬　隆文（ありま　たかふみ）
九州大学大学院人間環境学研究院都市・建築学部門准教授。1965年長崎県生まれ。大分大学工学部建設工学科卒業、同大学院工学研究科建設工学専攻修士課程修了。博士（工学）。主な著書に、「Urban Growth and Development in Asia」（共著、1999年、Ashgate Publishing Company）。

宇於崎勝也（うおざき　かつや）
日本大学理工学部建築学科准教授。1963年東京都生まれ。日本大学理工学部建築学科卒業、同大学院理工学研究科建築学専攻博士後期課程修了。博士（工学）。主な著書に、「都市の計画と設計」（共著、2002年、共立出版）、「生活景　身近な景観価値の発見とまちづくり」（共著、2009年、学芸出版社）。

大貝　彰（おおがい　あきら）
豊橋技術科学大学建築・都市システム学系教授。1953年福岡県生まれ。九州大学工学部建築学科卒業、同大学院工学研究科建築学専攻修士課程修了。工学博士、一級建築士。主な著書に、「都市計画」（共著、1999年、朝倉書店）、「中心市街地再生と持続可能なまちづくり」（共著、2003年、学芸出版社）、「都市・地域・環境概論－持続可能な社会の創造に向けて－」（編著、2013年、朝倉書店）。

窪田　亜矢（くぼた　あや）
東京大学工学部都市工学科准教授。1968年東京都生まれ。東京大学工学部都市工学科卒業、同大学院工学系研究科都市工学専攻博士課程修了。博士（工学）、一級建築士。主な著書に、「界隈が活きるニューヨークのまちづくり」（単著、2002年、学芸出版社）、「日本建築学会叢書1　都市建築の発展と制御シリーズI　都市建築のビジョン」（共著、2006年、日本建築学会）。

黒瀬　重幸（くろせ　しげゆき）
福岡大学工学部建築学科教授。1949年大分県生まれ。九州大学工学部建築学科卒業、同大学院工学研究科建築学専攻博士課程単位取得退学。工学博士。一級建築士。主な著書に、「イスラームの都市性」（共著、1993年、日本学術振興会）、「Pedestrian Behaviour : Models, Data Collection and Applications」（共著、2009年、Emerald Group Publishing Limited）、「シリーズ〈建築工学〉7　都市計画」（共著、2010年、朝倉書店）。

日高圭一郎（ひたか　けいいちろう）
九州産業大学工学部建築学科教授。1966年大分県生まれ。九州大学工学部建築学科卒業、同大学院工学研究科建築学専攻博士後期課程修了。博士（工学）、一級建築士。主な著書に、「シリーズ〈建築工学〉7　都市計画」（共著、2010年、朝倉書店）。

【ご案内】
本書の著作権・出版権は(社)日本建築学会にあります。本書より著書・論文等への引用・転載にあたっては必ず本会の許諾を得てください。

Ⓡ〈学術著作権協会委託出版物〉
本書の無断複写は、著作権法上での例外を除き禁じられています。本書を複写される場合は、学術著作権協会(03-3475-5618)の許諾を受けてください。

社団法人　日本建築学会

まちづくりデザインのプロセス

2004年12月 5日　第1版第1刷
2018年 3月15日　　　　第5刷

編集著作人	一般社団法人　日本建築学会
印　刷　所	株式会社　東　京　印　刷
発　行　所	一般社団法人　日本建築学会

　　　　　108-8414 東京都港区芝5-26-20
　　　　　電　話・(03)3456-2051
　　　　　FAX・(03)3456-2058
　　　　　http://www.aij.or.jp/

発　行　所　丸善出版株式会社
　　　　　101-0051 東京都千代田区神田神保町2-17
　　　　　　　　　神田神保町ビル
　　　　　電　話・(03)3512-3256

© 日本建築学会　2004

ISBN978-4-8189-2214-3 C3052